ランド
RAND CORPORATION
世界を支配した研究所

SOLDIERS OF REASON
THE RAND CORPORATION
AND THE RISE OF
THE AMERICAN EMPIRE

Alex Abella
アレックス・アベラ
Yo Makino
牧野 洋［訳］

文藝春秋

殺しも、古代から続く災いの形の一つ

——オーストリアの詩人R・M・リルケ

マトリックスはあらゆる所にある。我々の身の回りに存在しているのだ。今、まさにこの部屋の中にも。窓の外を眺めれば見えるし、テレビをつけても見える。仕事に出かけるときも、教会へ行くときも、税金を納めるときも、どんなときでも感じることができる。

——一九九九年のハリウッド映画『マトリックス』

理性の眠りは怪物を生む

——スペインの画家フランシスコ・デ・ゴヤ

目次

第二部

軍産複合体に成長

1950-

大戦後、空軍の戦略研究のために生み出された研究所、ランド。
物質的な合理性と数値を土台とする研究は、
その後のアメリカ政治の巨大な礎となった。

ソ連との核戦争間近。
いかに防ぐか、そして核戦争に生きのこるか――。
高まる緊張のなかで、それは生まれ、アイゼンハワーは倒された。

第三部 ケネディとともに 1960-

力強さを掲げた新政権は、若い人材を登用していった。
ランドのスタッフも次々と政権に入りこみアメリカを動かしていく。
ベトナム戦争へと――。

第四部 ペンタゴンペーパーの波紋 1970-

一九七一年六月、ベトナム戦争の機密レポートが暴露され、
ニクソンの政権は動揺する。
それは将来を期待されたスタッフがランドから持ち出したものだった。

第五部　アメリカ帝国

1980–

レーガン政権はランド出身者を重用。
対ソ強硬路線、市場原理主義がとられる。
ソ連の崩壊は彼らに大いなる自信を与えたが——。

第六部　そしてこれから　2000-

二十一世紀。いまや多くのシンクタンクが生まれ、
ランドの絶対的地位は失われた。
しかしランドの生み出したこの世界に、私たちはいまも疑いもなく住んでいる。

ランド　世界を支配した研究所

装幀　坂田政則
本文デザイン　中川真吾

序章

「すべてを見渡す最高の『合理性の帝国』を築くために」

――第四代アメリカ大統領ジェームズ・マディソン

RAND。

ランドという名称は、「Research and Development（研究と開発）」から来ている。「研究」の頭《かしら》文字R、「と」を意味するANDのAN、それに「開発」の頭文字Dを組み合わせたものだ。しかし、ランドが誕生したそのときから、ランドについて「Research and No Development（研究だけで開発なし）」と言う人もいる。

ランド研究所はカリフォルニア州の海岸沿いの都市サンタモニカにある。所在地は市役所と埠頭に挟まれた所で、何十年もの間、引退した高齢者が住む、衰退した地域として知られていた。その後の不動産ブームで、時代遅れの高齢者コミュニティーは「海岸沿いのビバリーヒルズ（ハリウッドの高級住宅街）」へ変貌した。

ランドの古い本部ビルは二階建ての鉄道貨車のような造りで、五階建ての建物と交差していた。今では取り壊されているが、それは「学生なき大学」のキャンパスのようなデザインだった。教授陣だけがキャンパスにいて自分たちの専門分野の移り変わりを思案しているような、そんな情景がぴったりする所だった。長い廊下を通り抜けなければ共用スペースへたどり着けなかったが、そんな設計になっていたのも研究者が個室から出て相互に接触する機会を設けるようにする狙いがあったからだ。新しい本部ビルは古いビルの敷地を売却した資金を主に使って建てられた。新しいビルはまさに我々の時代の雰囲気を反映しており、曲線やガラスが多用され、オランダの建築家レム・コールハース風の最先端のカッコよさがある。古いビルが角張った、二十世紀半ばのモダニズム式建築のデザインだったのと対照的だ。ただし、変わらない部分もある。ビルの中をある場所から別の場所へ移動しようとしても、一直線では移動できないということだ。人々が密《みつ》に交流し、情報が十分に行き来するような環境を作るというはっきりとした目的を持って、研究所内のすべてが相互に結び付くように設計されているのだ。

というのも、ランドの存在意義はいつもアイデアであり、仮説であり、空想であるからだ。ある時点では、ランドは数十に及ぶ工場を動かし、何千人もの労働者を雇い、数十億ドルの予算を持つ防衛関連の大企業にもなりえた。だが、そうはならなかった。ランドの指導者は、名誉や富と引き換えに、意識的に工場ではなく知力を武器にしていく選択をした。アイデアが力を生み出す時代が到来したときに、アイデアの力を使う決断をしたのだ。

マフィアの顧問、それがランドだ

ランドの物語が正式に始まった一九四六年、アメリカはまだ日独伊の枢軸国に勝利した余韻に浸っていた。それからたったの四年間で、アメリカは二流の大国から世界がかつて見たこともないような強大な軍事大国へ成長した。首都ワシントンには、アメリカを軍事超大国にする原動力になったマン

1950年代、カリフォルニア州サンタモニカにあったランドの本部ビル。
ビーチから数ブロック離れた場所に位置していた。
ランドに所属するアナリストの勤務時間は不規則だったため、
本部ビルは昼夜を問わず出入りできるようになっていた。
Photo : Julius Shulman

ハッタン計画（原子爆弾開発・製造のための国家計画のこと）が象徴するように、科学技術力と軍事力をみごとに統合させようという、飽くなき欲求があった。アメリカは新種の政治大国だった。古典的な意味での帝国ではなく、それよりももっと優れたもの、つまりラテン語で言う「対等な仲間のうちの第一人者（primus inter pares）」だ。アメリカによる新秩序の夜明けだった。古代のアテネとその同盟国のように、アメリカは自発的な同盟国で構成される帝国になるのだった。言い換えれば、アメリカの同盟国がアメリカに対して世界を支配するように望んだのだ。

しかし、苦闘の末に築き上げた帝国も万全ではなかった。戦争を勝利に導いた科学者や軍人、政治家の連合勢力が平和を守ろうとしなくなる恐れがあったからだ。アメリカ政府は日独伊の枢軸国との戦争に際して多くの人材を集めた。かたや、ゼネラル・モーターズ、フォード・モーター、USスチール、ゼネラル・エレクトリックなどアメリカの大企業は、マサチューセッツ工科大学（MIT）、プリンストン大学、コロンビア大学にある最高峰の科学研究所から、最高の頭脳を集めた。そのような頭脳に生産を管理させ、レーダーやジェット戦闘機、原子爆弾を作り出していたのだ。そして戦争に勝つと、アメリカを勝利に導いた不思議な連合勢力は分裂し始めた。戦争に勝つという共通目標がなくなり、大企業はカネ儲けに、科学者は研究に専念したいと思うようになった。軍事関連の仕事では制約が多く、報酬も低いから、我慢できる人はあまりいなかった。そんな状況下で、一部の賢明な人たちはアメリカの将来を憂いた。みんなが好き勝手にカネ儲けや研究に没頭してしまったら、アメリカの敵国が圧倒的な力を手に入れてしまう――。敵国として最も恐れなければならないのは、戦時中のかつての同盟国、ソ連だ。

すでに一九四六年三月、イギリスの元首相ウィンストン・チャーチルはヨーロッパを分断する「鉄のカーテン」について警告を発していた。ソ連の指導者ヨシフ・スターリンはアメリカとの戦時同盟を破棄し、スターリンの兵士は中央ヨーロッパと東ヨーロッパを完全にコントロールしたうえにイタリアとフランスに圧力をかけていた。ソ連兵は政治上の反対派を根こそぎたたきつぶす準備ができているようであり、アメリカとソ連が正面から激突するのは時間の問題と考えられた。

だからこそ、将軍、在サンフランシスコ弁護士、航空機製造会社経営者の三人が登場し、軍の支援を受けた科学的な研究開発を行うセンターの設立で一致協力したのだ。つまり、アイデアの工場ともいえる「シンクタンク」の設立だ。そのシンクタンクの名称も、軍人のように強靱《きょうじん》で、謎めいたものを思い起こさせた。RAND（ランド）である。象牙の塔のようなブルッキングス研究所とは違い、ランドはマフィアのボスに助言する顧問団のようなものだった。どのように戦争を展開し、どのように勝つかについて、政府、なかでもアメリカ空軍に助言する――これがランドの設立目的だ。

数値至上主義

時代とともにランドはその本来の使命を巧妙に隠していくことになる。法人化する際にランドがカリフォルニアの州政府に提出した書類には、ランドの目的として「すべてはアメリカ合衆国の公共福祉と安全保障のために、科学、教育、慈善活動を一層振興する」と記してある。本当の目的は、自らのイメージするところに従って、神のように世界を作りかえることにあった。つまり、止めどなく拡大していくアメリカにおいて、ランドの研究者が国全体の主導者、計画者、廷臣の役割を担うことだった。あまりに明白であるためあえて説明する必要もなかったのだが、そういうことだったのだ。こんな目的を持つようになったのも、当時はあやふやな三段論法がまかり通っていたことと関係がある。「アメリカは善良であり、だれもが善良でありたがっている。だからだれもがアメリカのようになるべきだ」「ワシントンの政治家が主張するところでは、我々は善良な意図を持っており、何が最善であるか知っている」「だから我々を信用しろ」——こんな論法だった。

一九五〇年代と一九六〇年代、さらに一九八〇年以後にも、アメリカは国家安全保障法に裏付けされた国防体制を確立した。そこで大きな役割を果たした組織は多数あるが、その中でもランドは抜きん出た存在だ。十七世紀のイエズス会のように、ランダイト（ランドの研究者や出身者の総称）はある種の信仰を信じる兵士となったのだ。もちろん、その信仰はキリスト教会のものではなく、いわば「合理性教会（チャーチ・オブ・リーズン）」のものだ。ランダイトとその支持者は権力の廊下を渡り歩き、宣教師のようにワシントンをはじめ世界主要国の首都で「ランド信仰」の布教に努めたのである。

ランド信仰では、人間は物質的利益という意味での合理性に基づいて行動する合理的な存在だ。自己の利益に結び付かないものはなんでも非合理であり、それが宗教であれ、愛国心であれ、どんな種類の利他主義であれ、避けなければならない。また、ランド信仰には、どのような歴史の教訓があろうが、人間の行うことはすべて分類できて、計測できて、配分できるという信念がある。この物質主義は、特定の政治家や企業の利益になるような政策を打ち出す際の道具として使うことができる。

要するに、マルクス主義者が歴史から決定論を見いだしたように、ランド信者は数値至上の世界観に決定論を見いだしているのだ。このようにして、客観的な合理性といわれるランド信仰を発展させ、国家安全保障政策を決定する支配階級にとっての武器へと変貌させたのだ。

変革をもたらした数々の功績

一九五〇年代にアイゼンハワー政権がソ連との水爆戦争という〝化け物〟を退治できたのも、ランドの力添えがあったからこそだ。一九六〇年代にはアメリカは東南アジアへ積極的に介入し、「貧困との戦争」を打ち出したが、これに関係した主要政治ポストはランド出身者で占められた。一九八〇年代にレーガン政権が「小さな政府」を目指し、介入主義的な外交政策を展開したのも、ランドの研究者の存在があったからである。湾岸戦争やイラク戦争のほか、いわゆる「軍事革命（RMA）」による国防総省《ペンタゴン》の改革も、ランドの同窓生が長い間温めてきた計画が最終的に実行された結果といえる。

ランドが残した軌跡は国家安全保障に限られているわけではない。確かに、ランドが発案したことの多くが国家安全保障の分野での研究が基盤になっていることは間違いない。しかし、一九五〇年代にはインターネットの土台となる技術の開発も行っている。つまり、核攻撃を受けた際にも通信を行えるような環境を作ろうと考え、ランドの技術者は「パケットスイッチング」（データを小分けして、複数のルートから送り先に届ける方法）の概念を編み出したのだ。医療分野では、ランドが十年がかりで続けてきた研究の結果として、患者の自己負担方式が医療保険プランで一般化した。また、陰謀説を信じる人たちや政治的に過激な人たちが長らく扱ってきたテロの研究について、新しい研究分野としてきちんと取り扱うことを決めた最初のシンクタンクもランドだ。

ランド所属の経済学者が行った研究も同じように世の中に変革をもたらすものだった。たとえば、ソ連の行動を予測するモデルを構築するために一九五〇年にランドに採用されたノーベル経済学賞受賞者、ケネス・アロー。彼は『社会的選択と個人的評価』という本を書いて近代経済学の基本原則を書き換えた。経済学者ミルトン・フリードマンとシカゴ学派の業績とともに、アローが書いたこの論文は合理的選択理論の基盤となった。すなわち、小さな政府や減税で特徴づけられる共和党主導の時代の理論的支柱になったのだ。ランド出身のノーベル経済学賞受賞者にはポール・サミュエルソンもいる。サミュエルソンは経済理論のカギとして消費行動を研究したことで、アメリカ政治に大変革をもたらすきっかけを作った。それはレーガン政権で始まり、今も続いている。

「合理性の宮殿」を捉える

毎年、ランドの研究者は数百冊に上る書籍や小冊子を出版し、飢餓や戦争、麻薬取引、さらには交通渋滞など世界のさまざまな問題を解決するための最善の方法、つまり合理的な方法を提案する。しかしながら、ランドが輩出した最も有名な放蕩《ほうとう》息子で、一九七〇年代にペンタゴンペーパー（ベトナム戦争に関する国防総省機密文書）をランドの金庫から盗みだして物議をかもした経済学者、ダニエル・エルスバーグは違う見方をしている。ランドの本当の影響力は、ランドの研究者が書いた大量の書物からくるのではなく、ランド在職中に優れたアイデアを生み出した研究者からくるというのだ。

また、ランドの執行副社長マイケル・リッチが言うように、ランドの目的は、政府が最善の政策を実行できるように、最も関連性が高い情報を最適な政策担当者に届けることにある（これは次のような問題も提起する。我々のように代議員制度を採用している国では、最善の政策はだれが決めるのか？　有権者なのか、それとも政治家や政府高官ら権力者なのか？）。

本書では、ランドという組織がどのように発展してきたかについて、ランドに所属した人たちやランドが手掛けた研究を通してみていく。大きな影響を世の中に与えたかどうかと同じように、大きな論争を引き起こしたかどうかも重視し、本書で使う材料を選んだ。主要な登場人物を以下に挙げておこう。ネオコン（新保守主義）の始祖の一人である核戦略家アルバート・ウォルステッター、元国務長官ヘンリー・キッシンジャー、元国防長官ドナルド・ラムズフェルド、現国務長官コンドリーザ・ライス、元国防副長官ポール・ウォルフォウィッツ（イラク戦争の推進者）、現国連大使ザルメイ・ハリルザド、空軍のカーティス・ルメイ将軍、軍事理論家ハーマン・カーンらだ。長い間にわたってランドと関係を持った人たちの中には、数学者ではジョン・ナッシュ、ジョン・フォン・ノイマン、ジョージ・ダンツィーク、人類学者ではマーガレット・ミード、中性子爆弾の発明者であるサミュエル・コーエン、歴史家ではバーナード・ブロディーとフランシス・フクヤマがいる。

本書の中で、こうした人たちの政策説明資料や研究論文を詳細に分析したところで、本当の物語を語ったことにならない。もっと大きなものに注目して語らなければならない。ここで登場する人物は、卓越した才能に恵まれながらも、非常に複雑な面を持つ人たちで、海に面した「合理性の宮殿」のような研究所の中で一生懸命に働いている。彼らが持つ野心や夢は大きい。それと同じぐらい大きな構図の中で本書を書いたつもりである。

第一部

ランド誕生

大戦後、空軍の戦略研究のために生み出された研究所、ランド。
物質的な合理性と数値を土台とする研究は、
その後のアメリカ政治の巨大な礎となった。

1946-

扉写真

1945年の東京大空襲直後。10万人を超える死者行方不明者を出した。

Photo:Kyodo

アメリカ大統領

ハリー・トルーマン(1945～53)

主な出来事

1945	8月	日本無条件降伏、第2次大戦終結
1946	3月	「鉄のカーテン」チャーチルによるソ連非難演説
1947	3月	「自由主義を守る」とトルーマン・ドクトリン
1948	6月	ソ連、西ベルリンの完全封鎖
1949	10月	中華人民共和国成立
1950	6月	朝鮮戦争勃発

第1章　「東京大空襲」からはじまった

ランド研究所は世界の利益を一人占め
彼らは手数料を得ようとして一日中考え通し
彼らは座って、炎の中で燃え上がるゲームをする
ゲームのチップとして彼らが使うのは、君や私さ

――マルヴィナ・レイノルズ作詞・作曲の『ランド賛美歌』

一九四五年十月一日、日本へ二つの原子爆弾が投下されてから二カ月足らずのころ、アメリカ陸軍航空軍の元帥はワシントンからサンフランシスコへ飛び立った。彼はこの旅が原子爆弾を開発したマンハッタン計画と同じぐらいに重大なものになるだろうと確信していた。

体形は中背でずんぐり。目は澄んでいて笑顔を絶やさない。本名ヘンリー・ハーレー・アーノルド、通称「ハップ」と呼ばれる元帥は空軍の潜在力を心底信じていた。彼は、これまで五つ星を与えられたたった九人の元帥のうちの一人であり、空軍では唯一の五つ星である。一九一二年に空軍パイロットのライセンスを取得し、それ以来、一貫して陸軍からの空軍の分離を主張してきた。戦闘においては、最大限の破壊力が有用であることに揺るぎない確信を持ち続けている。ドイツの古都ドレスデン

を連合国が空爆で徹底的に破壊したことの妥当性をめぐり疑問が出てくると、「我々は弱腰になってはならない。破壊的でなければならないし、ある程度においては非人間的にも冷酷にもならなければならない」と記したものだ。

アーノルド元帥——空軍の創設者

アーノルド元帥は核爆弾の開発と配備を喜んで受け入れた。最強の兵器を配備し、管理する役割を担うのは陸軍航空軍になっていたから、当然のことだった（一九四七年までにトルーマン大統領は空軍を陸軍から切り離し、空軍と陸軍の両軍がペンタゴンの援助を求めて競い合うライバル関係を作り出した）。アーノルドは、マンハッタン計画を可能にしたような最高の科学頭脳の結集は平時では困難ではないか、と危惧していた。公務員として働くと自由が制限され、給与も低く抑えられるため、優秀な研究者を集めるのは難しかった。

それよりも一年前、つまり大戦中にあっても、アーノルドは平時になってからどのように科学者を集めて、空軍のために働かせるかを考えていた。実際、彼の科学顧問を務めていたセオドア・フォン・カルマンに平時体制を考えるよう指示を出していた。その指示の通りに、ハンガリー生まれの才能豊かな物理学者で、グッゲンハイム航空研究所所長も務めていたフォン・カルマンは、「新たな限界に向けて」と題した報告書をまとめ、新しい科学コミュニティーの創設を訴えた。それは、フォン・カルマンいわく「戦時中に戦場の司令官と参謀をうまく支援した科学グループの中核」になるようなコミュニティーであり、空軍を唯一の顧客とする「学生なき大学」でもあった。言い換えると、いずれランドとなる組織の原型であったのだ。アーノルドはフォン・カルマンの構想に喜んだが、戦争という切迫した事情があったことから、この構想は来たるべきときが来るまではわきに置いておくことにした。来たるべきときは一九四五年九月のある日にやってきた。そのとき、体が締っていて、鋼鉄のようなあごをした元テストパイロット、フランクリン(フランク)・R・コルボムがカリフォルニアからワシントン入りし、アーノルドのオフィスを訪ねたのだ。

ダグラス社幹部フランク・コルボム

青い目をしたコルボムは元海兵隊員だ。晴天だろうが雨天だろうが関係なく、仕事の前に毎朝必ずプールで泳ぐほど、徹底的に身体を鍛え抜いていた。故郷のニューヨーク州北部に住み続けることには満足できず、大きな空と可能性を追い求めて、西海岸へ飛び出していった。そこで最終的に、アメリカ最大の航空機製造会社ダグラス・エアクラフトの経営トップ、ドナルド・ダグラスの右腕になった。また、ダグラス・エアクラフトの副社長兼エンジニアリング部長であるアーサー・レイモンドの特別補佐も務めた。アーノルドとコルボムが最初に出会ったのは一九四二年のことだ。その年、コルボムは、マサチューセッツ工科大学(MIT)が陸軍航空軍のために開発した初期のレーダー技術を調達したのだ。二人は航空機に対する情熱と軍隊に対する深い愛情を共有していた。二人はまるで、お互いを逆にしたイメージのようでもあった。アーノルドは軍隊の中での科学者の役割向上を主張し、コルボムは科学者ら知識階級の中での空軍の役割向上を主張していたのだ。

アーノルドと同様に、コルボムもアメリカ最高の頭脳が離散する事態を憂えていた。そして、戦後にもトップクラスの科学者をアメリカにとどめておく方法を見つけようとして、首都ワシントンを訪問して多くの人たちに接近してみたが、あまり成果は上がらなかった。しかし、アーノルドのオフィスを訪ねたときには、軍隊のために科学者顧問団を創設する案を説明し終える必要もなかった。そのオフィ前に、アーノルドが机をたたき、「君が語ろうとしていることはもう分かった。それは、我々ができることとしては最も重要なことだよ」と叫んだからだ。アーノルドはコルボムに対して、ダグラスを呼んで彼の協力を得るよう指示した。それから二日後に、コルボムとダグラスはサンフランシスコ北部のハミルトン空軍基地で会うことになった。コルボムは必要なことをすべて書き込んだリストを携えていくのだった。つまり、このプロジェクトがきちんと実を結ぶようにするために欠かせない人材、機材、資金を書き込んだリストだ。

コルボムは、アーノルドとの会合後に一番早くワシントンを飛び立つ飛行機に乗り込んだ。爆撃機B25だ。そして、ダグラス・エアクラフトが西海岸サンタモニカに持つ工場に着陸した。そこで、ダグラスとの会合に必要なダグラス・エアクラフト社員を招集し、彼らをサンフランシスコのベイエリアへ連れていくのに必要な飛行機を探した。利用可能な飛行機が一機だけあったが、それはルーズベルト大統領のプライベート機だった。「セイクリッド・カウ（聖なる牛）」と呼ばれるダグラス・エアクラフト製C54だ。コルボムと同行者はそれに乗り込み、ハミルトン基地へ飛び立った。アーノルドよりもちょうど一時間早く到着し、ダグラスとのランチミーティング向けの食事を用意するのに辛うじて間に合った。

「プロジェクト・ランド」

アーノルド元帥が乗るB21がハミルトン基地に降り立ったとき、そこで彼を待ち受けていたのはコルボム、レイモンド、それとダグラスだった。ダグラスはアーノルドの古い友人で、彼の娘はアーノルドの息子と結婚していた。一方、アーノルドはエドワード・ボウルズというMITのコンサルタントを連れてきていた。ボウルズは、一九四四年の「B29特別爆撃プロジェクト」という、戦時に民間と軍隊が協調する最初の実例を立ち上げる際に、コルボムに力を貸したことがあった。

昼食が出されると、男たちはさっそく本題に入った。会合での最大の関心事の一つが、新しい組織がどのようにして長距離ミサイルの技術開発に関与するか、ということだった。アーノルドは長距離ミサイルこそ未来のカギを握ると確信していた。ほかの空軍幹部たちと同様に、空軍こそが長距離ミサイルに責任を持つべきであって、陸軍や海軍は排除しなければならないとかたくなに主張していた。食後のコーヒーを飲み終えてワシントンへ帰る準備に取りかかるころには、未使用の戦時研究費から一千万ドルを拠出し、新しい組織の設立と運営に充てることを約束していた。この資金があれば、新しい組織は追加の資金援助なしに数年間は存続できる見込みだった。アーサー・レイモンドは、この新組織プロジェクトを「プロジェクト・ランド（RAND）」と命名した。「Research and Development（研究と開発）」のRANDである。コルボムは新組織の責任者になると申し出た（コルボムは本来の責任者が見つかるまで暫定的に新組織を率いるということだったが、結局のところ、二十年以上もランドを率いることになった）。このようにしてランドは産声《うぶごえ》を上げた。

ルメイの進撃

最初のうち、プロジェクト・ランドは明確な目的を持たなかった。はっきりしていたのは、ハミルトン基地の格納庫の中で合意された枠組みだけだった。それは、民間の組織が新しい兵器を開発するという、極めて大雑把なものだ。どのようにして開発するのか？　長距離ミサイル以外にどんな兵器を研究対象にするのか？　いったいどのぐらいの数の兵器を作る必要があるのか？　このような疑問について数カ月の間、アーノルド、コルボム、ボウルズ、ダグラスはメモや手紙などを通じて意見交換して新組織の将来を語り合ったが、最終的な詳細が固まるのは、カーティス・ルメイ将軍が登場する十二月の終わりになってからだった。

ルメイはしわがれ声で、攻撃的で、仕事では非常にきつい要求をすることで知られ、一部の人からは「発狂している」とまで言われていた。冷酷な軍人の中でも最も冷酷だった。葉巻をかみつつ、ブルドッグのように威張った歩き方と「決して屈服するな」的な態度を見せながら、アメリカの敵に対しては大規模攻撃を仕掛けるよう主張していた。時によってその敵は違ったが、通常はソ連を想定していた。そんなことから、スタンリー・キューブリック監督の映画『博士の異常な愛情——または私は如何《いか》にして心配するのを止めて水爆を愛するようになったか』（原題は『ドクター・ストレンジラブ』）に登場する何人かの将軍の原型にもなった。

戦後、ペンタゴンで空軍の研究開発を指揮する副参謀総長ポストを与えられると、ルメイは自分の担当任務の中にプロジェクト・ランドの監督も加えた。ルメイは新組織の立ち上げには理想的ともいえる才覚を見せた。ひょっとしたら、偶然に思わぬものを発見する才能があったのかもしれない。いずれにせよ、持ち前のせっかちさを発揮して、彼はランドの誕生を邪魔するあらゆる官僚主義的なものを打ち破っていった。

予算の承認に欠かせない空軍関係の官僚を一部屋に集め、全員がプロジェクト・ランドを承認するまで退出を許さなかったほどだ。結局、一九四六年の三月一日に、ランドは正式に誕生した。その設立綱領は明確だった。そこには「プロジェクト・ランドは、空戦という幅広いテーマについて科学的な研究を行うという、進行中のプログラムである。研究の目的は、空軍にとって望ましい方法や技術、手段を推奨することである」と記してあった。

空軍から独立した立場に

政府から業務の委託を受けている一般の業者とは違い、ランドは契約上の報告義務を免除された。

代わりに、研究成果がそのまま直接ルメイへ届けられることになった。ルメイの考えによって、プロジェクト・ランドは空軍からの研究提案を受け入れてもいいし、拒否してもいいことになった。また、研究の全体のバランスを決めるのはランド自身という仕組みも取り入れられた。一方で空軍は自らの研究の価値を最大化するため、ランドの諜報や計画、プログラムに関する情報をもらうことになった。しかしながら、プロジェクト・ランドができたからといって、空軍が自ら意思決定することには変わりなかった。言い換えれば、何をどのように作るのかという空軍の決定には、ランドはいつでも空軍の言うことを聞く立場にあるということだ。

平時になっても、独立した民間の科学者からの協力を引き続き政府が必要とするだろう――。このように考えていた点においてはアーノルド、コルボム、ルメイの三人は先見の明があった。数年のうちに、政府の中で新しい思考方法が主流になるのだった。すなわち、強大化するソ連の軍事力をはじめとする国家安全保障上の脅威に対処するうえで必要な解は、外交よりもむしろ科学にある、という思考方法である。

第二次世界大戦後、アメリカは軍隊の戦時体制を解いた。原子爆弾のような新しい兵器がより安くて効率的だと判断するようになり、海外に大規模な軍隊を配備しておくことには後ろ向きになっていった。また、イギリスやフランスのように軍事産業を国有化するのではなく、アメリカ政府は科学的な研究開発については民間企業へ業務委託することを好んだ。一方、民間企業は武器調達や人材確保についてペンタゴンの指令に縛られることなく、新しい武器をすばやくしかも安く開発・製造できた。いうなれば、ランドは軍事計画と民間開発という二つの世界を結び付ける橋のような存在になるのだった。

すでに、トルーマン大統領の科学顧問を務めていたヴァネヴァー・ブッシュは、大きな注目を集めた「科学――この終わりなきフロンティア」という報告書を書いていた。その報告書の中で彼は、政府がいわゆる「基礎研究」の分野に引き続き資金を投じるだけでなく、従来以上に多額の資金を投じることを提唱した。何の制約もない環境下で新しい知識を無限に生み出すために、である。だからこそ、ランドの独立性は保障されるべきであり、ランドに委託する業務も応急のものではなく長期の研究プロジェクトに限られるべきである、とルメイは公言し、そんなルメイの考えは軍関係者の最高レベルでも支持されたのだ。当時は陸軍参謀総長だったアイゼンハワー将軍も、一九四六年四月三十日付の覚書の中で次のように指摘している。

陸軍は、武器生産とともに軍事計画においても民間の支援を得なければならない。民間の科学者や産業人には、彼ら自身の研究を進めるうえで必要な自由を最大限与えるべきである。いろいろな制約を最小限にとどめれば、彼らは陸軍の発展に今まで想像できなかったような新しい貢献をすると考えられる。外部の組織を軍の内部に複製することには、あまり意味がないと思える。我々が自ら研究活動を行うよりは、すでに経験を積んでいる外部の組織に任せたほうがいい成果を生み出せる。経済性の点で我が国に、効率性の点で陸軍にとってのメリットは大きく、この方法を採用すべき理由は十分すぎるほどある。

東京大空襲を企画

仮にアーノルドと彼のグループがランドの建国の父であるとすれば、ルメイはランドのドンといえるだろう。恵まれた環境でスタートした同僚とは違って、ルメイの当初の経歴はつつましやかなものだった。彼はウェストポイントとして知られる名門の陸軍士官学校ではなく、予備役将校訓練隊（ROTC）を通じて最初の任務を与えられている。五歳のときにはじめて航空機を見てからずっとあこがれ、彼の言葉を借りれば「飛ぶということはほとんど神のようになること」と思うようになり、空軍の前身である陸軍航空隊では伝説的なパイロットになった。一九三七年には、軍事訓練中にカリフォルニア沖の広大な海に浮かぶ戦艦ユタを見つけ出し、その上に訓練用の水爆弾を投下した。ユタの位置については間違った情報を与えられていたにもかかわらず、である。次の年には、B17爆撃機の航空隊を南アメリカまで率いて、B17の航続距離と国防上の有効性を誇示した。

大戦が始まると、ルメイは第八空軍の一部を指揮。組織を率いる能力と、決して妥協しない態度が評価され、十八カ月のうちに中佐から少将へ昇進し、航空師団長になった。強力な最新型のB29爆撃機を導入したアーノルド将軍は、ルメイに戦術家として恵まれた才能があると考え、爆撃機が最も緊急に必要とされていた中国へB29を投入する際には、ルメイにその指揮を委《ゆだ》ねた。中国では、ルメイは共産党指導者の毛沢東と一致協力し、侵略してきた日本軍と戦った。毛沢東は国民党政権の軍事指導者である蔣介石と内戦を展開していたが、日中戦争を機会に日本との戦いへ全力を投入するようになった。その後、アーノルドの指示によってルメイはマリアナ諸島へ派遣された。そこで第二一爆撃集団の司令官として、のちに論争のタネとなる一九四五年の東京大空襲などを指揮することになった。

ルメイが最初にコルボム、レイモンド、ボウルズの三人と一緒に働いたのはマリアナ諸島である。コルボムら三人の文官は、ダグラスの依頼を受けて、日本へ出撃するB29の効果を高めるにはどうしたらいいのか、研究を行うことになっていた。のちにランド流の分析手法の決定版となる「オペレーショナル・リサーチ」と呼ばれる新手法を用い、コルボムらは「機上に搭載する装甲機器のほとんどを捨て去れば、B29は基地からより遠くまで、より上手に、より安全に飛べる」ことを発見した。この結論は、多くのパイロットの直観とは相いれなかった。パイロットにしてみれば、日本軍の攻撃から自らを守る装甲機器を搭載しないで飛ぶという考えは、受け入れがたいものだった。しかし、コルボムらの指示によって変更が行われると、驚くほど爆撃の効果が上がった。ルメイが記したところによると、コルボムのチームの助言に従ってＢ29から装甲機器を取り外したことで、Ｂ29はそれまでのどんな爆撃機と比べても精密さで上回ったという。

　オペレーショナル・リサーチは、コルボムのチームがＢ29の性能を最大化させる目的で使った概念だが、もともとは第二次大戦中のイギリスで開発されたものだ。爆撃機や長距離ミサイル、レーダー、魚雷など新兵器の能力を計測し、改善するのを狙いにしていた。オペレーショナル・リサーチは、最初は頭文字を取って「ＯＲ」として知られていた。軍隊の司令官が戦場で直面する緊急の問題に対する解決策を提供するために、あらゆるデータを収集し、分析し、比較することに特徴がある。たとえば次のような問題に対処する。狙った標的を最大の衝撃をもって破壊するためには、爆撃機への搭載機器などの荷重は全体でどのぐらいにしたらいいのか？　敵の攻撃を防ぐために対空砲をどこに配置すべきか？　護送船団の規模はどのぐらいの大きさにすべきか？　要するに、科学の世界で使われる標準的な研究方法を戦争へ適用しているわけだ。目的を述べ、利用可能なデータを分析し、改善策を提案し、現場で実験し、結果を分析し、さあ、これで解決策ができあがり――こんな具合である。

　不思議なもので、このように実践的な方法が、それまでは軍関係者の間でめったに採用されることがなかった。コルボムのチームのように多様な頭脳を集めて大規模に展開するという意味では、前例がなかった。ノーベル物理学賞の受賞者で、ＯＲの創始者の一人でもあるパトリック・Ｍ・Ｓ・ブラケットは、彼が言うところの「混成チーム」の価値を信じていた。異なった分野から集めた科学者で混成チームを組織し、一致協力して問題解決に取り組ませ、最も効果的な解決方法を見つけ出すよう命じるのだ。このような方法によって、航空機が海中の潜水艦に向けて落とす水中爆雷が改良され、大きな効果を出すようになった。そのため、ある時点ではドイツ軍は連合国側が新兵器を手に入れたと信じ込んでいた。[1]アメリカではORは「オペレーショナル・アナリシス」と呼ばれるようになった。著名コラムニストのフレッド・カプランは「戦争が終わるころには、アメリカ陸軍航空軍のあらゆる部隊がそれぞれオペレーショナル・アナリシス部門を持つようになっていた」と書いている。科学者は単にデータを集めて新しい兵器を作るよう要請されただけでなく、戦争の遂行計画そのものに関与するようになったのである。戦争に対するこのようなアプローチの象徴に、ランドがなっていくのであった。

「すべての戦争は道徳に反している」

B29プロジェクトの成功は、のちに世界中の人々をぞっとさせるようなものになった。というのも、B29に搭載されていたのは、日本の民間人を標的にして最大限の被害をもたらすことを目的として用意された焼夷弾《しょうい》だったからだ。これによって数十万人の民間人が焼死した。民家や商店のほか、軍事的価値が明らかに皆無のビルも、夜間に低空飛行で飛ぶB29が降らせる炎のような雨によって破壊された。このような作戦は、以前にヨーロッパで連合国側が行っていた。最も悪名高いのがドイツの古都ドレスデンの空爆で、二万五千人の民間人が死んだ。意図的に民間人への攻撃を避けてきたアメリカ軍は、それまでこのような作戦を実行したことがなかった。しかし、最後には、アメリカ人が持っていたかもしれない良心のとがめよりも、日本を打ち負かすということが何よりも優先された。アメリカ軍の基準では、日本の民間人は軍事攻撃の対象になってもかまわない、と考えられるようになったわけだ。

原爆の投下も含めた空爆のメリットとデメリットについては、何十年にもわたって論争が続けられた。歴史家の立場は、日本が無条件降伏し、それによってアメリカ兵の命が救われるのであれば、民間人の大規模な殺戮も仕方がない、というものだった。一つだけ確かなことがある。日本への絨毯《じゅうたん》爆撃によって、ランドの創設者――およびB29プロジェクトに協力した将来の国防長官ロバート・マクナマラ――に対する世間の見方が固まった、ということだ。ランドの連中は戦時行動については道徳上の問題点には目をつぶり、実務上の問題点にばかり関心をよせている――こんな見方が世間で一般的になったのだ。ランドは数値至上主義である。意図的であるかないかを問わず、倫理上の疑問については哲学的な議論にすぎず、目先の仕事とは関係ないという立場だった。結局のところ、ランド流に従うと、科学者や研究者は、独立した裁判官ではなく、ランドの目的を遂行する手段にすぎないのだった。ルメイが言ったように、「すべての戦争は道徳に反している。それで頭を悩ませるなら、優秀な兵士にはなれない」ということだ。

「人工衛星は空軍の管轄だ」

ランド設立が正式に調印された一九四六年三月一日、ランドはわずか数名のコンサルタントとたった四人の職員しか雇っていなかった。一人目はフランクリン・コルボム。二人目はミサイル部門責任者のジェームズ・E・リップ。三人目は副所長のリチャード・ゴールドスタインで、コルボムと長い付き合いがある同僚。四人目はダグラス・エアクラフトの主力エンジニアの一人であったL・E・ルート。一方、アーサー・レイモンドは引き続きエンジニアリング部長としてダグラス・エアクラフトで働いていたので、職員にはならず、総監督者のポストを引き受けた。彼らはサンタモニカにあるダグラス・エアクラフトの主力工場の一角で働くことになったが、警備上の問題から分厚いガラス製のドアでビルのほかの部分と切り離されていた。駆け出しのランダイトたちはルメイからすでに最初の任務を与えられていた。軌道衛星を打ち上げる可能性を調べることだった。

この軌道衛星プロジェクトは、大陸間弾道ミサイル（ＩＣＢＭ）の開発に空軍が興味を抱いていたことから始まった。すでに海軍航空局は、ウェルナー・フォン・ブラウンらナチスドイツの元科学者を使って、似たようなロケットプロジェクトに取りかかっていた。それを意識して、ルメイはランドの科学者に早急に研究を進めるように命じた。海軍などのライバルに先行して研究を行い、宇宙の軍事利用については空軍が独占的な権利を得られるようにしたかったのだ。

一ヵ月のうちに、ランドの四人の職員はコンサルタントの力添えも得ながら、先見の明のある報告書を書いた。知的大胆さでは目を見張るものがあり、傲慢といえるほど自信に満ちたものでもあった。「地球を回る実験用宇宙船の初歩的なデザイン」と題された報告書は、人工衛星の実現可能性を総合的に評価した最初の研究といえるものだった。

ルメイはビジョンだけでなく、細部も欲しがった。そして期待以上のものを手に入れた。ランドが人工衛星プロジェクトについて書いた報告書は、予言的な要素を含んでいた。多段式ロケットの利用を唱え、望ましい最大加速度を明示したほか、ロケット推進剤としてアルコールと液化酸素の組み合わせや、液化水素と液化酸素の組み合わせの研究もするよう提言していた。また、ゆくゆく人工衛星がどのような目的で使われるかについても具体的に書き込んでおり、天気予報や通信とともに、スパイやプロパガンダにも触れていた。

報告書は次のように述べている。

地球という限定された世界を越えて、月、金星、火星まで旅する可能性を考えて、想像力をかき立てられない人がいるだろうか？　紙に書いてしまうと、くだらない空想のように思われるだろう。しかし、人工衛星が大気圏外で地球を回ることは、第一歩なのだ。第二歩以降は確実に、しかもすみやかに続くことだろう。

このように時に詩的な色彩をおびたランドの報告書は十分にその目的を果たし、海軍航空局のプロジェクトは棚上げされた。これについて、当時の空軍参謀総長のホイト・バンデンバーグ将軍は「論理的に考えると、衛星は必然的に空軍の管轄になる」と指摘した。アメリカ軍内部での対立を防ぐために、国防総省が仲介に入り、空軍は「戦略的」ミサイルを自らの管轄にする一方で、陸軍は「戦術的」ミサイルを開発する権利を得た。「戦略的」は大陸間弾道ミサイル、つまりＩＣＢＭのことであり、「戦術的」は戦地で使われるミサイルのことだ。

新型兵器や改良型兵器をめぐる陸海空の三軍間の争いは、当時としては特に異常だったわけではない。何十年にもわたって、三軍それぞれの長である参謀総長は、他軍の犠牲によって自軍の専門領域を広げようと、必死に争ってきたのだ。だからこそ、国防長官の主な役割は、ペンタゴンからより多くの予算を奪おうとして三軍が衝突する際に、間に入って仲裁することだとみられるようになった。軍事アナリストのバーナード・ブロディーは「国防長官と三軍の長は、職務上の権限について視野が狭くなる傾向がある。できることなら、いわゆる『純粋な軍事的な判断にもとづく決定』への参与を避けようとするのである。しかし、そのような行為がいつも許されているわけではない」と書いている。そのうえで、「通常、彼らは戦場での人材として重視されるのであって、政府高官ポストに長くいることはめったにない。だから、彼らにとっては控え目であることが、おそらく最善策なのだ」とも指摘している。三軍間でみられた醜い争いは、一九六一年にケネディ大統領がロバート・マクナマラを国防長官に任命し、軍内部の争いをやめさせるよう命令するまで続いた。

五人目の男――ジョン・ウィリアムズ

ランドが空軍の知的〝拳銃使い〟の役割を確立したことで、コルボムはランドのスタッフを増強する必要に迫られた。五人目の職員はジョン・デイビス・ウィリアムズで、長期的にランドというシンクタンクの知的環境を整備し、組織を拡大する役割を担うことになった。具体的には、新しい職員を選別し、多様な分野へ研究対象を広げるほか、ランドが入居しているビルの形を変えるプロジェクトまで引き受けることになった。

でっぷり肥り、愛想がよく、ちょっと風変りな数学者であるウィリアムズは、新設の数学部門の責任者になった。事実上、コルボムの右腕になったともいえる。また、ランドの研究者の総称であるランダイトを象徴するような人物でもあった。すなわち、肉体的な快楽を求め、抽象理論に専念するとともに、非常に独善的な意識を持って、政治や政策に対しては道徳とは無関係の対応を示すのだった。数百万人もの犠牲をもたらすだろうソ連への先制核攻撃を涼しげに提唱する一方で、ゲームの理論について『完全な戦略家』という題名の本を出版し、「あらゆる不愉快な感情に投与する麻酔剤である」と毒を吐いている。ウィリアムズの考えでは、あらゆる人間の活動は数値的な合理性で理解され、説明することが可能だった。そもそも最初から、彼のお気に入りのプロジェクトの一つは、物理学者アインシュタインが統一場理論を確立したように、戦争の理論を開発することだった。ほかのプロジェクトと同様に、彼の夢である「戦争一般理論」の構築も途方もないものになるのであった。

ウィリアムズはその時代では最も尊敬を集めていた数学者の一人、ジョン・フォン・ノイマンと契約し、戦争一般理論の開発協力を求めた。その協力の求め方もウィリアムズ流だった。あなたのランドへの義務は毎日ひげを剃っている間の思考だけでよい、それ以上でもそれ以下でもない――このようにフォン・ノイマンに告げたのだ。その「ひげを剃っている間の思考だけ」に対して、フォン・ノイマンは月額二百ドルをもらった。当時としては平均的な月給だった。

ウィリアムズは熱烈なレスリングファン、アマチュア水泳の名手、一三〇キロ以上の巨体であり、しかも暗闇の中を走るスピード狂だった。スポーツカーのクーペ型ジャガーを購入し、ジャガーエンジンを高級車キャデラックの大型エンジンと取り換えた。そうすれば、深夜にドライブに繰り出し、カリフォルニア海岸沿いのパシフィック・コースト・ハイウェーを時速二百四十キロ以上でぶっ飛ばせるのだ。もちろん、カリフォルニア州交通警察のお世話にならないようにするため、最新式のレーダーを車の中に設置したのだった。

富裕な家庭に生まれて甘やかされ、奇癖を持つウィリアムズは、しゃれた高級住宅街パシフィックパリセイドに家を持っていた。一九三〇年代の大恐慌前に、ある大富豪向けに建てられたものだ。その大富豪が死んだとき、もともとの家は大きすぎてそのままの状態では売ることができなかった。そこで、ずるがしこい不動産業者は家を五分割し、二番目と四番目を取り壊した。ウィリアムズは真ん中の三番目のものを買い、女優のデボラ・カーは一番目のものを買った。ウィリアムズは家では頻繁ににぎやかなパーティーを開いた。華やかなゲストが多かったが、酔っぱらいすぎて、時々庭で転げ回る者もいた（これは、アルコールの消費が健康維持に役立つと信じていた数学者の間ではありふれた行為だった。たとえばプリンストン大学では、有名な物理学者J・ロバート・オッペンハイマーがあまりに大酒飲みだったものだから、彼の家は「バーボンの館」というニックネームを付けられるほどだった）。

初代数学部長ジョン・ウィリアムズ。ゲーム理論の著作もある。1959年。

ランド初代所長フランク・コルボム(右)。1958年、
自分の執務室でアメリカ陸軍参謀総長のマックスウェル・テイラー将軍と面会中。

photos : Leonard McCombe/Time Life Pictures/Getty Images

一つをのぞき、あらゆる領域に手を出した

ウィリアムズの採用以降、空軍がランドに対して委託したり提案したりするプロジェクトはうなぎ上りに増えていった。並行して、際限なく増え続けるランドの正規職員が始めるプロジェクトも増えていった。そのため、さまざまな分野で多数の大学コンサルタントに頼らなければならなくなった。一九四七年までにランドと契約する大学コンサルタントには、著名人が多数含まれるようになった。目ぼしいところでは、ノーベル賞受賞の物理学者ルイス・W・アルバレス（カリフォルニア大学バークレー校）、数理統計学の権威サミュエル・S・ウィルクス（プリンストン大学）、物理化学のリーダーであるジョージ・キスティアコウスキー（ハーバード大学）だ。ランドは彼らのような人材を使って、世界で最も強力な武器を設計しようとした。その武器は「スーパー」と呼ばれ、頭文字「H」で表わされる国家機密だった。つまり、広島と長崎を焼け野原にした二十キロトンの原子爆弾よりも、数千倍も強力となる水素爆弾のことだ。

また、コルボムとウィリアムズは多数の民間企業とも契約した。ターボプロップ機の性能や高強度放射線の遠方放出などについて研究してもらうためだ。ランドは設立から二年間、応用科学プロジェクト向けに空軍から得た助成金の大半をベル研究所やボーイング・エアクラフト、コリンズ・ラジオ・カンパニーなどの民間企業に振り向けた。しかし、徐々に応用科学から手を引き、科学的な理論と体系の研究に集中するようになっていった。

ランダイト（ランドの研究者や出身者の総称）は、オペレーショナル・アナリシスという概念に磨きをかけた。新しい分析システムを構築し、それを使って政策の選択肢を見極め、それら選択肢を科学的に評価し、政策担当者が表向きは合理的で客観的な基準に従って政策判断できるようにするのだ。

このシステムは、「システム分析（システムズ・アナリシス）」と呼ばれるようになった。ランドによる国の意思決定機構への貢献としては最も有名で、かつ最も論争のタネになるものだった。同時に、システム分析によって、ランドは核分析という分野の草分けになった。すなわち、核兵器をどのように配備するか、そしてそれがどれほどものすごい結末をもたらすかという研究を先駆けて行うことになった。

しかし、ランドが集団としてはいかに秀でた存在であるにしても、永久に手が届かない科学的領域が一つだけあった。その領域が欠落していることで、ランドは再三にわたって組織的な危機に見舞われることになる。その領域とは、人間の心についての研究だ。

第2章　研究対象は「人間」

一九四六年、レオ・ロステンという映画脚本家は、大学時代のクラスメートで、スタンフォード大学で経済学を教えるアレン・ウォリス教授から電話をもらった。ロステンは後年『ハイマン・カプランの教育』と『ニューマンという男』という二冊のコメディー小説を書いてベストセラー作家になる。当時は、まだ売れっ子ではなかったとはいえ、ハリウッドではやや珍しい経歴の持ち主でありながら、映画の脚本を書き直すリライトマンとして快適な生活を送っていた。

「その機械は、パイロットと呼ばれているものです」

ポーランド生まれのロステンは、シカゴ大学とロンドン・スクール・オブ・エコノミクス（LSE）で勉強し、心理学者、経済学者、政治学者の顔を併せ持つ。第二次世界大戦中は、政府の諜報機関である戦時情報局（OWI）の副長官として働き、しばらくの間はルーズベルト大統領の側近の一人であるローウェル・メレットの助手も務めていた。また、ロステンは陸軍の『なぜ我々は戦うのか』という一連の戦争プロパガンダ映画制作にも参加した。この映画シリーズには、ジョン・フォードやフランク・キャプラといった名監督も加わっている。電話をかけてきた友人のウォリスには、政府の機密事項に絡んだ仕事をしているジョン・ウィリアムズという男に会ってくれと頼まれた。当時ロステンはもう政府の仕事はしていなかったものの、「イエス」と返事した。

数時間後ウィリアムズはロステンに電話し、会合にはフランク・コルボムという名の男を連れてくると伝えた。ウィリアムズとコルボムの二人が現れたとき、その不釣合いなコンビにロステンは仰天した。ウィリアムズは体重一三〇キロを超える巨体で、半そで姿。仰々しくてだらしない。一方、コルボムはスリムで、肌はガサガサだ。むだ口もきかない。だから、ロステンは二人を自宅の居間へ案内した際には、妻と二人の子供に邪魔されないように、すぐにドアを閉めた。そして、ウィリアムズは次のように語った。

「我々はあなたの素性をチェックし、政府の許可を得てお話しできるようになったと、まずはお伝えしておきましょう。ただ、許可を得ているとはいっても、そのうち何かちょっとした問題もおこるかもしれませんので、すべてはオフレコということでお願いします」

続いてコルボムはプロジェクト・ランドの発端や目的について簡単に概要を説明した。ただ、大陸間弾道ミサイルの研究をするという国家機密の目的については何も語らなかった。しばらくしてからロステンは聞いた。「そうですか。でもなんで私にこんな話をするのですか？」

ウィリアムズは、ランド研究所は難しいプロジェクトをいくつか抱えているのに、そのプロジェクトに必要な知識を持ち合わせていない、と答えた。何カ月にもわたって必要なスタッフを採用できていなかったというのだった。

「プロジェクトとはどんなものですか？」とロステンは聞いた。

そこでコルボムが会話に割り込んできた。「実は、我々は航空機や装置類にはかなり熟知していると思います。ただし、一つだけ苦手なことがあります。その機械は、重さが、そうですね、七〇キロから八〇キロ強、高さが一七〇センチから一八〇センチ強というところです。それは『パイロット』と呼ばれているものです」

ニューヨークでの人材集め

ランドの人間は人間の行動に悩まされていた。彼らは「戦争一般理論」に取り組んでいたし、空軍から委託されて「敵から攻撃されたときのパイロットの反応」という研究も手掛けていた。これらをはじめとするすべてのランドの国防プロジェクトは、人間心理を抜きに語れないものだった。彼らの数値至上主義の哲学では人間心理を解明することはできなかった。

ウィリアムズとコルボムがロステンの知恵を借りたかった理由もそこにある。極度のストレスを伴う活動に従事している集団の士気を高めるにはどうしたらいいのか？　敵の意図を読み取るにはどうしたらいいのか？　集団行動は人間の行動をどう変化させるのか？　このような疑問にどう答えたらいいのか知りたくて、ロステンを訪ねたのだ。三人は深夜まで話し込み、その後もランドのほかの職員も少数ながら交えて何度か会った。ランドはロステンに頼り、ランドが進行中の研究プロジェクトに社会科学の理論を取り入れる方法はないものか、探っていたのだ。後年ロステンが回想したところによると、会合ではコルボムは決して本心を見せなかった。コルボムが心理学についてどこまで懐疑的なのか、ロステンは最後まで見極められなかった。かたやウィリアムズは、違う考えも柔軟に受け入れることもあり、時には情熱的にもなった。自己中心的で、とげとげしく、横柄で、常に会話の中心にいたがった。

それから数カ月がたち、ランドで社会科学部の新設が確定し、ウィリアムズとコルボムはロステンに部長ポストを打診した。ロステンは、作家としての仕事で手いっぱいとの理由で固辞したが、代わりに社会科学の分野で最高の頭脳をスカウトするためにニューヨークで会議を開催してもいいと申し出た。ただし、ランドがダグラス・エアクラフト傘下にあるという事実は障害になるだろうとコルボムとウィリアムズに警告した。社会科学者の中には航空機製造会社で働くことに抵抗を感じる人たちが少なくないと思われたからだ。また、ランドの評判にまごつく社会科学者も多いかもしれなかった。ロステンがつかんだところでは、南カリフォルニアの一部の人たちの間では、邪悪な響きのある「RAND」は、悪魔のような戦争屋集団の略称だと信じられていたのだ。

この会議は、一九四七年の九月十四日から十九日にかけて、伝統ある「ニューヨーク経済クラブ」で実現した。死ぬほど飛行機嫌いのウィリアムズは列車でニューヨークへ向かった一方で、ロステンは新作映画の上映が予定されていたことを理由に、最後の最後になって会議への出席を見送ってしまった。その代わり、会議の議長役は数学者のウォーレン・ウィーバーが務めた。彼はランドの綱領となりえるような開会の辞を述べた。

私が想像するに、ここにいらっしゃるみなさんは全員、合理的生活と呼べるものを送っています。知識を身に付け、経験を積み、洞察を深め、そして問題を分析するという活動に、何らかの意味があると根本的に信じています。要するに、無知や迷信に振り回され、あてもなく漂流するような生活とは無縁だ、ということです。みなさんも、戦争ではなく、平和にこそ興味があるのではないでしょうか。この部屋の中にいるだれもが、民主主義の理想を守ろうと必死だと思います。それは、事業を営むことにも、家を掃除することにも、アメリカの対外関係を改善することにも当てはまります。そうすることによって、我々が信じている民主主義の理想の価値が顕在化するのです。

会議の表向きの目的は、戦争の遂行と勝利に重要な諸要素が何かを見極め、計測し、管理することだったが、違う目的も果たした。会費無料で招待され、会議に参加した三十人の学者に対して、ランドを紹介する場を提供したのだ。ロステンは会議に先立って研究プロジェクトを募っており、およそ百点の研究論文を受理した。論文テーマは多様で、アメリカの外交、米ソの経済戦争の可能性、人の態度の計測方法、予測の信頼性などがあった。参加者の主な顔ぶれは次の通りだ。コロンビア大学から人類学者のルース・ベネディクト、エール大学から歴史家のバーナード・ブロディー、カリフォルニア大学ロサンゼルス校から哲学者のエイブラハム・カプラン、社会学者としてはシカゴ大学のハーバート・ゴールドヘイマーとニュー・スクール・フォー・ソーシャル・リサーチのハンス・スパイアー、経済学者としてはオックスフォード大学のチャールズ・ヒッチとプリンストン大学のジェイコブ・ヴァイナーが参加した。

その後、何年もたつと、一九四七年のニューヨーク会議に参加した人たちの大半がランドのコンサルタントになっていた。しかし、その会議があった蒸し暑い九月、ウィリアムズが正規職員としてスカウトを試みた相手は二人の優秀な学者に限られていた。ハンス・スパイアーとチャールズ・ヒッチだ。スパイアーにはランドの初代社会科学部長、ヒッチにはランドの初代経済学部長のポストを用意していた。

スパイアー——亡命政治学者

スパイアーは一九三三年にナチスドイツの迫害を逃れてドイツ難民としてアメリカへ渡り、ニューヨークにあるニュー・スクールで働くことになった。そこでは、母国から追放されたドイツ人とオーストリア人の学者がいわば「亡命大学」を構成しており、その一員になった。内気で、でしゃばらない国際政治学者であるスパイアーは、戦争を遂行するうえで決定的に重要なプロパガンダと市民社会構造の両分野を専門にしていた。ウィリアムズの誘いを喜んで受け入れた。

ウィリアムズが誘ったもう一人の学者、ヒッチの経歴は、スパイアーのそれ以上にランドの未来に密接に関係していた。だからこそウィリアムズは、当時リオデジャネイロで研究活動を行っていたヒッチをニューヨークへ呼び寄せ、航空運賃まで負担したのだ。経済学者のヒッチは、アリゾナ生まれで、ハーバード大学の卒業生だ。ローズ奨学生としてイギリスのオックスフォード大学へ留学した経験を持ち、オックスフォードで教えていた。一九四三年にアメリカの陸軍に入り、最終的にはアメリカ中央情報局（CIA）の前身であるアメリカ戦略情報局（OSS）へ配属された。OSSでは、イギリスによるドイツ空爆の効果を推定するために逆解析の手法を使い、「第八研究・実験部」と呼ばれる部署向けにオペレーショナル・リサーチ（OR）を実施している（彼らが下した結論では、ドイツへの空爆でイギリスが投下した爆弾のうち、攻撃目標に到達したのは半分以下で、しかも到達した爆弾はナチスの軍事体制にほんのわずかの打撃しか与えることができなかった）。

政府の政策決定には経済学や統計学に基づいた数値評価がどれほど役に立つのか、ヒッチは身をもって分かっていた。カリフォルニアに来てランドで働かないかという誘いをウィリアムズから受けたとき、強く魅力を感じた。ただ、当時は家族と一緒にオックスフォードで快適な生活を送っていた。後年、ランドへ転職する決断について ヒッチは「人生で最も難しい決定だった」と振り返っている。結局、ランドに就職することに決め、サンタモニカに移り住んだ。

スパイアーは一九四八年にランドの社会科学部を正式に発足させた。ニューヨークでの会議から数ヵ月後のことである。発足当初から、彼は問題を抱え込んだ。国際政治学の主な学術拠点は東海岸にあり、学者に西海岸へ来るように働きかけても、なかなか首を縦に振ってもらえなかったのだ。仕方がなく、社会科学部には二つの研究室を設けることにした。一つは首都ワシントンに置いて政治分析を集中的に手掛けさせ、もう一つはランド本部のサンタモニカを拠点にして人間行動を専門に研究させた。

本部に数値主義が蔓延

ところが、このように地理的に社会科学部を二分割したため、ウィリアムズがもともと意図していた計画に支障が出てきた。つまり、歴史的・人本主義的な問題意識を持つ社会科学者を、ランドという組織へうまく融合させることで、サンタモニカで幅を利かせていた数学者や物理学者、経済学者の数値至上主義に対抗させようという計画が、意図した通りにならなかったのだ。ワシントンの研究室にいた政治学者が、ランドの中枢機構があるサンタモニカから隔絶された結果、時間とともに、ランドでは定量的・数学的な思考方法がほぼ絶対的な地位を占めるようになった。ワシントンの研究室の政治学者が西海岸へ移ったのは一九五〇年代の半ばになってからだった。

レオ・ロステンは引き続きランドのコンサルタントとしてとどまったが、日常業務にはだんだんと関与しなくなり、ニューヨークへ移住した一九五四年には完全にランドとの縁を切った。もっとも、ニューヨークへ移住するまでに、ランドでは二度ばかり重要な役割を担った。一つは、スパイアーを説得して高名な歴史学者バーナード・ブロディーをスカウトしたこと。ブロディーはエール大学でまともに評価されずに、不満を持っていた。もう一つは、弁護士のホラス・ローアン・ゲイサーにフォード財団と接触し、ランドへの資金援助を依頼するよう提案したこと。ゲイサーは、ランドの法人化に際してその定款《ていかん》を策定した人物であり、今日では、アイゼンハワー政権のもとで、国防問題を論じたゲイサー委員会の委員長として記憶されている。

チョークの本数でひと騒ぎ

一九四八年のランドの法人化は、相互の同意のもとに、ランドがダグラス・エアクラフトから分離されたということを意味する。ランドに転職した風変りな人たちにとっては、ダグラス・エアクラフトでの生活は快適とはいえなかった。ジョン・ウィリアムズは次のように回想している。

ここでの勤務体系は相当な試練です。学究肌の人たちは不規則な生活をするものであり、毎日朝八時から夕方五時までの勤務時間にはまったく馴染《なじ》めませんでした。中には午後二時前にはめったに出社しない人がいましたし、ほとんど家に帰らない人もいました。いいですか、彼らが働いていたのは、夕方五時に物理的にドアに鍵を閉め、翌日の朝八時まで鍵を閉めたままにしておくような組織だったのですよ。まあ、ダグラス・エアクラフトはこの規則を変え、我々が夜間や週末も働けるようにしてはくれましたが。

黒板のことでもさんざんもめました。すべてのオフィスに黒板を置くという概念すら、最初はのみ込めなかったのですよ！　ダグラス・エアクラフトの購買責任者セシル・ウェイへが「この人たち（ランドの人たち）はいったい何なの？　紙には書けないとでもいうの？」と言ったのを覚えています。ささいなことに聞こえるかもしれませんが、チョークに及んではもっと大変でした。ダグラス・エアクラフトでは黒板について特に社内規定を設けていませんでした。だから、どのオフィスにも黒板は一つ置けました。ですが、チョークには規定があったのです。黒板一つあたりチョークは二本（三本だったかな？）までという規定です。もちろん、ランドのみんなはチョークを四色使いたかったから、二本では足りませんでした。チョークについてはずいぶんと騒ぎたてました。

法人として独立する以前は、形のうえではプロジェクト・ランドはダグラス・エアクラフトから自立していたものの、ダグラス・エアクラフトの付属物と見られていた。そのため、国防関係の問題を分析する際に、空軍の下請け業者から詳細な情報を得ようとしても、なかなかうまくいかなかった。ランドがダグラス・エアクラフトに社外秘の情報をリークするのではないかといった懸念を持たれたからだ。そのうえ、アナリストの多くがランドと関係づけられることを嫌がっていた。ダグラス・エアクラフトの庇護《ひご》を得ている限りは、ランドというシンクタンクは客観的な研究を行えない、と信じていたためだ。

ダグラス・エアクラフトにとっても、ランドは自社の成長を阻害《そがい》する存在に映った。空軍は、特定の業者を優遇しているような印象を持たれるのを極端に恐れていたので、利益相反を気にしてランドと近いダグラス・エアクラフトに対しては、なおさら発注しにくかった。そんなわけで、ダグラス・エアクラフトの幹部は、ランドと関係していることで大きな利益を生み出す受注機会をむしろ失っているのではないか、と感じるようになった。空軍も不満だった。プロジェクト・ランドに何百万ドルも投じていながら、利益相反の問題が邪魔して、当初期待していたような成果を得られていないと考えたからだ。

「空軍は未来永劫」

この状況を打開するために、一九四八年の初頭、フランク・コルボムが頼ったのが、西海岸のサンフランシスコを拠点に幅広い人脈を持っていた前述の弁護士のローアン・ゲイサーだった。コルボムはゲイサーに対し、ランドとダグラス・エアクラフトの関係を断ち切る方法を考え出すよう依頼したのである。ゲイサーとは第二次世界大戦中から面識があった。当時、ゲイサーはマサチューセッツ工科大学（MIT）の放射線研究所副所長のほか、国防研究委員会（NDRC）のコンサルタントも務めていた。

コルボムの要請を受けて、ゲイサーはダグラス・エアクラフトからの分離後のランドの組織形態についてパターンをいくつか考え、メモにまとめた。その中には、プリンストン大学やシカゴ大学のような名門大学の研究所となるパターンや、非営利組織（NPO）へ組織転換するパターンも含まれていた。最終的にコルボムはNPOという形態に決めた。独立性を維持した形で未来を切り開くには、NPO以外に道はないと考えたのだ。法人として独立した際のランドの定款には、「ランドには株式も株主も存在しない」と記してある。その代わり、ランドが研究受託を通じて手にする収入については、ランドという組織を維持するのに必要な経費として使い、それでも余った分は内部留保として積み立てておく仕組みが導入された。形式的には、大学、研究所、財団、通信会社、金融機関から集めた大物で構成される理事会がランドを所有することになった。しかし、現実にランドという組織を運営するのは経営陣、アナリスト、研究者であり、彼らは理事会のために働くことになるのだった。

表向きは独立した事業組織であるにもかかわらず、なぜかランドが結ぶ研究受託契約のすべては空軍との契約だった。理論上、空軍に対する基本的な協力義務を果たしている限り、ランドは法人化を契機に空軍以外からの研究も受託する自由を得ていたはずなのに、実際にはそうはなっていなかった。これは、コルボムが空軍に対して徹底した忠誠心を持っていることの裏返しであった。彼いわく、

「民間人は来たり去ったりするが、空軍は未来永劫にわたって存在する」というのだった。

ランドの独立

ランドのNPO化に最終的にゴーサインを出したのは、空軍最高位の軍人である参謀総長カール・スパーツだった。コルボム、アーサー・レイモンド、それにランドのラリー・ヘンダーソンと議論した後、スパーツは「新しい組織が存続し、ダグラス社と同じぐらい効果的に空軍との契約義務を果たせるのであれば、我々は満足できる。その場合は（NPOとしての独立を）承諾してもいい」と語った。

ランドが独立した組織としてスタートするには、百万ドル（現在価値に換算すると一千万ドルに相当する）の資金が必要になるとゲイサーはコルボムに伝えた。ゲイサーのコネを使って、ランドはサンフランシスコの有力銀行ウェルズ・ファーゴを説得し、六十万ドルの信用供与を引き出した。残りの四十万ドルについてはほかからどうにかして調達するとも確約した。実際、自動車王ヘンリー・フォードの孫であるヘンリー・フォード二世とベンソン・フォードの二人は、四十万ドルの提供を約束した。

コルボムとウィリアムズが共同で書いた綱領によると、ランドは単に新しい兵器を作り出すという役割にとどまらず、もっと大きなビジョンを持つことになった。綱領には「すべてはアメリカ合衆国の公共福祉と安全保障のために、科学、教育、慈善活動を一層振興する」と書いてある。

当時世界最大の慈善団体であったフォード財団は、世界平和のために経済的支援を行い、教育関連施設を充実させ、科学知識を向上させようと考え、体制を再編している最中にあった。ランドの新綱領はまさにフォード財団の目的とぴったり一致した。フォード財団からランド向けに四十万ドルの資金支援を得たばかりか、ゲイサー自身がフォード財団の理事長に就任することになった。こうして、ランドが独立した当初から、冷戦下で影響力を持った二つの民間組織であるランドとフォード財団の間に永続的な関係が結ばれた。

フォード財団の理事長着任後に書いた声明の中で、ゲイサーは財団の目的として、官僚が客観的分析手法を使って世の中を支配する社会の構築を挙げた。

彼の考えによれば、慈善活動というものは、貧しい人たちを助けるだけでなく、政策決定に責任を持つ人たちにも助言する責務を果たすべきであった。客観的事実に基づいた政策を打ち出し、特定の党派に偏った議論はやめなければならないというのだった。声明では、彼は「超党派で、客観的な立場を貫けば、フォード財団は大きな勢力になりえる。そして、民主主義の目標達成を支援するという、難しく時に波紋を呼ぶ仕事を行う際に、独創的で効果的な役割を果たすことができるだろう」と書いた。フォード財団がアメリカ政府の政策と密に連携する状況は、ゲイサーが戦争の政治的・心理的側面で財団の資金力を提供する形で、一九五〇年代に一貫して続いた。

一部の学者によれば、ゲイサーの後任理事長の中には、国家安全保障会議（NSC）に立ち寄って「NSCが資金援助をしたいと思っているプロジェクトはありませんか」と聞く人もいたという（死後、ゲイサーは、陰謀説を唱える人たちの間で嫌われ者になる。陰謀説論者によると、ゲイサーは隠れ社会主義者であり、フォード財団理事長として一党独裁主義を提唱していたばかりか、最終的にはアメリカとソ連を合体させて世界政府を立ち上げようと考えていた、というのだ。フォード財団在籍中に彼がCIAから引き受けた仕事、あるいは引き受けると申し出た仕事をすべて考慮すると、陰謀説論者の批判にはあまり説得力がない）。

ランドの黄金時代でひときわ輝かしい時期があるとすれば、それは間違いなくランドが法人として独立した直後の数年間である。なにしろ、空軍がランドに本質的には自由に行動する権限を与えたのである。「カネはいくらでも出す。使い道は任せた。適切と思うやり方で、母国をソ連から守る体制を改善するためなら」——。こんなことを言いながら、空軍はランドを全面支援したのである。

楽しい研究所ライフ

ランドは驚くべきペースで拡大した。会議を主催し夏季研究会を立ち上げ、あるいは下請け業者とのつながりを利用し、次々と新しいコンサルタントを引きつけていった。ランドが軽量金属のチタニウムの新しい利用方法を発明したのも、下請け業者とのつながりがあったからだ。チタニウムはピアスなどのファッションにも利用されるが、超音速機の開発など軍事利用に際して重要な価値を持つのだ。

さらに学者を集めようと、ランドは組織内部の名称変更にも踏み切り、真の「学生なきキャンパス」への変貌を試みた。たとえば部課名。もともと「セクション」と名付けられていた「ディビジョン」は、軍隊的な響きがあることから、大学式の「デパートメント」へ変えられた。その後、「デパートメント」と呼ばれる部は、扱う研究分野が広がっていくのに合わせて急激に増えていった。そんなことから、ランドは数学者やエンジニアだけでなく、天文学者、心理学者、論理学者、歴史学者、社会学者、航空力学者、統計学者、化学者、経済学者、それにコンピューター科学者すらも雇うようになった。

採用に際してイデオロギー上の適性検査は実施されなかった。その必要性がなかった。ランドに入所するアメリカ最高の頭脳は、自分たちが何のために雇用契約を結んでいるのか理解していたからだ。

つまり、理性を持った合理的な世界であるアメリカとその同盟国は、暗黒世界のソ連との間で生きるか死ぬかの戦いを繰り広げている——そんな考え方を進んで受け入れていたのだ。

ランドの拡大によって、男たちが共通の敵に対して共通の信念を持つという意味で、いわゆる「団結心」も生まれた。[2] ランダイトは冷戦に対して保守的な価値観を共有し、米ソ対立について現在の表現を使えば「オーソドックス」な見方を持つようになった。つまり、「ソ連のやつらは我々を殺そうとしているのであり、あらゆる手段を使ってやつらを止めなければならない」という見方だ。

共通の価値観以外にもまだある。第一に、ランドは閉鎖的な組織である。第二に、空軍のお気に入りという、特権的な立場だ（空軍自体も、核爆弾という「最終兵器」の守護者であるおかげで、アメリカ軍の中で特別な存在だ）。第三に、首都ワシントンから物理的に離れた所に位置している。第四に、そこで働く職員が比較的若い。これらの要素が重なって、ランドでは極端ともいえるほど緊密な研究者集団が生まれたのだ。研究者たちは国家機密のプロジェクトを手掛けており、その詳細について語り合える相手はきちんと身元調査が行われている同僚だけである。まるで秘密工作員でもあるかのように、彼らは家族に対しても自らの仕事のことは正確に語れず、隠さなければならなかった。

そのうえ、ランダイトのほとんどは、アメリカでもトップクラスの大学から修士号や博士号を取得している優秀な若者であり、第二次大戦中には将校として軍務に服したのである。自分たちが有能であることを自覚しており、だれに対しても自分たちがどれだけ有能であるかを知らしめようとしていた。そのうえ、激しい競争にも勝ちたいとの情熱もあり、若いランダイトは職業人として突出した力を発揮した。

結果として官僚主義を軽蔑し、知的傲慢さを持つようになった。それから五十年以上も経過した今でも、ずっとランドに籍を置き続けた研究者にはある種の知的傲慢さが感じ取れる。

コルボムとランドの理事会は、ランド内部で独創的・創造的な思考を促すうえで最も効果的な方法は、研究者全員に同等の権限を与えて競争させることだと固く信じていた。そんなわけで、ランダイトはどんな分野であっても同僚を出し抜こうと、いつも必死だった。小論や研究報告書は同僚の間で回覧され、そこに同僚が書き込むコメントはいつもおびただしい数に上り、論争の的になった。ランドの新規プロジェクトはいわゆる「殺人委員会」の審査を受けた。殺人委員会は定期的に開かれる部会で、そこではランダイトが同僚のアイデアを批判し、粉砕することに喜びを見いだしていた。ランドの研究者は毎年のテニストーナメントに参加したし、地元のボート競技でレースもした。ボート競技では「ザ・ドリーマー」と呼ばれる小さな双胴船を使い、時々その船に乗って一泊のクルーズを楽しんだものだ。休憩時間には、本部ビルの内側にある中庭の芝生の上でゴルフのパットの練習をした。また、パーティーでは高級料理やワイン、音楽で同僚を出し抜こうと競い合った。そんな傾向が特に強まったのは、数学者で核戦略家のアルバート・ウォルステッターがランドに加わった後からだ。ウォルステッターは世界級の美食家だったのだ。妻たちもやはり競争していた。競争の場は料理クラブであり、エスニック風など珍しい料理法で競っていた。

ランダイトは、プロイセン式の古いゲームである「クリークシュピール（戦争ゲーム）」も復活させた。このゲームは、十九世紀の軍事関係者の間で流行した、三次元の目隠しチェスの一種である。昼休みに食堂の中で戦争ゲームをプレーする人が多かったことから、一部の研究者は食堂で食べるのも嫌がったほどだ。プレーヤーがゲームに熱中しすぎて、あたりをひどく散らかすからだった。ランダイトが送る生活は、パイプの煙の香り、スポーツカー、会員制クラブといった部分まで含めて、少年がイメージする大人の生活そのものだった。

「ソ連が攻めてくるぞ！」

一つ不思議なことがあった。想像を絶する考えを求められる場所であるにもかかわらず、ランドの内部ではソ連の本質について討論したり、アメリカのソ連封じ込め政策の妥当性について意見交換したりする人は実質的にいなかったのだ。ランダイトは軍上層部の考えをそのまま受け入れていた。すなわち、アメリカは常に正しいという、一枚岩的な信条だ。この信条は、物事に懐疑的な新世代が登場し、より複雑なベトナム戦争が始まるまで揺らぐことはないのだった。

一九四〇年代から一九五〇年代にかけてランドの研究者が書いた内部報告書を見れば、そのほとんどが一貫した信条で貫かれていることが分かる。つまり、ソ連の侵略行為に対抗するためには核兵器は必要であるばかりか、むしろ望ましいのであり、不幸にもアメリカはソ連の脅威を前にして、あまりにも消極的である、というようなものだ。ランダイトの中にはジョン・ウィリアムズのように、アメリカが支配する世界政府を構築するためにはソ連への先制核攻撃が欠かせない、と信じる人もいた。ちなみに、彼らにとって国連は卑しむべき、うそつきの巣窟《そうくつ》で、機能不全の組織であり、世界政府は国連とは別の組織でなければならなかった。

アメリカ軍は、ソ連が世界を滅ぼそうとしていると主張していた。空軍に依存する組織として、ランドも熱心に軍の主張を宣伝する役割を担った。ランド研究者のネーサン・ライティーズが書いた本『ソ連政治局の運営規約』はランドの理論的支柱となり、それから五十年以上経過してもなおランドの研究者は称賛の念を込めてその本を引用していた。ライティーズはマルクスとレーニンの著作を読んで、それをベースにして一九四九年に『ソ連政治局の運営規約』を書いた。

この本の中で彼が断定したソ連というものは、領土的に世界を征服するという教義上の原理主義を掲げる、飽くことを知らない帝国だった。彼の考えでは、アメリカが先制攻撃に打って出てこそ、世界の共産主義化をくい止めることができる、というのだった。

このような立場は、駐ソ連大使を務めた外交官ジョージ・ケナンが唱え、今も影響力を保つ「政治的封じ込め」戦略とは一八〇度違うものだった。

「アメリカは最後の砦」

第二次大戦後、ソ連が東ヨーロッパをのみ込み始めた一九四六年、ケナン大使はのちに「長文電報」として知られることになる電報をトルーマン大統領に宛てて打った。一万語にもなる電報の中でケナンが提唱したのは、アメリカは必ずしも軍事力を行使する必要はなく、警戒しつつ、お手本となる行動を示すことによって、ソ連というマルクス主義大国を封じ込めることだった。

彼の見解では、ソ連に軍事的な行動を思いとどまらせるには、軍事力を行使する用意がアメリカにあるということを見せるだけで十分だった。翌年、彼は「X」という仮名を使い、国際問題専門誌「フォーリン・アフェアーズ」に「ソ連の行動の源泉」という題名で長文の論文を発表し、改めて自分の見解を示した。それから数年間は、ケナンが示したガイドラインはアメリカの対ソ連外交の基本となった。しかし、ソ連が最初の原爆の実験に成功すると、アメリカの外交方針は変わり始めた。一九五〇年までに、ケナンが唱えた受動的・イデオロギー的な封じ込め政策は政権内では力を失い、ライティーズが主張した徹底的な軍拡競争路線が支持されるようになった。このような変化が起きたのは、有名なランド関係者でもあるポール・ニッツェによるところが大きい。

ウォール街のバンカーですでに金持だったニッツェは、フランクリン・ルーズベルト大統領の側近として政府で働き始めた。第二次大戦中、彼は空爆の効果を検証するための軍の組織である戦略爆撃

米ソ冷戦時代に活躍した政府高官で、ランドともかかわりを持ったポール・ニッツェ。

1963年、ある経済首脳会議で発言中。

ケネディ大統領の国防次官補として、国防長官ロバート・マクナマラとともに
連邦政府内でのランド全盛期を築くのに一役買う。

Photo : Ralph Morse/Time Life Pictures/Getty Images

調査団（USSBS）の副団長になり、それが縁でランドの創設者と接点を持つようになった。アーノルドとルメイの両将軍とフランク・コルボムである。ケナンの後任として大統領の政策企画室長に就任したニッツェは、核時代に打ち出すべき外交政策についてメモを書き、一九五〇年四月、NSC、つまり国家安全保障会議に提出した。「NSC68号」と呼ばれたこの文書は、ニッツェの考えが基本的にライティーズの主張と合致していることを示しており、予言的に「世界征服に向けたクレムリンの欲望」と「アメリカへの絶え間ない脅威」について警告を発した。

これまでの覇権主義国家と違って、ソ連はアメリカと正反対の、新しい狂信的教義によって活気づけられており、世界で絶対的な覇権を握ろうとしている。だから、ソ連以外の国々の政治機

構と社会基盤を完全に、力ずくで破壊する計画を持っている。破壊後に取って代わるものは、クレムリンに従属し、クレムリンが操れる国家機構になる。その目的達成のために、ソ連は今、ユーラシア大陸を支配しようと画策中だ。アメリカは非ソ連世界のパワーセンターであり、ソ連の覇権に反対する最後の砦でもあるから、ソ連にとって最大の敵になる。クレムリンがその根源的な野望を実現する場合には、アメリカの国家体制や活力をどんな手段を用いてでも破壊しなければならないのだ。

赤狩り

NSC68号はまた、ソ連が核武装を進めたことによって、クレムリンが電撃的に攻撃を仕掛けてくる可能性があると警告した。その危機が最も高まるのは一九五四年であり、アメリカは大幅に、しかも早急に軍事力を強化し、民間防衛体制を整えなければならないと指摘した。ソ連の支援を受けた北朝鮮がアメリカの同盟国である韓国に侵攻したとき、NSC68号はトルーマン大統領へ転送された。ソ連の計画についてのニッツェの警告は非常に時宜を得ていたことから、トルーマン大統領はNSC68号を政府の政策として正式に採用し、国防費を四百億ドルへ増額した。

この一九五〇年、アメリカはおよそ二百九十八発の核爆弾を保有していた。今でこそ当時のソ連が数えるほどしか核爆弾を持っていなかったことが明らかになっているが、一九五〇年時点でアメリカの政策担当者はソ連の核武装に関する物証をほとんど何もつかんでいなかった。そのため、ソ連は核兵器の備蓄を大量に積み上げ、ソ連空軍はアメリカ本土に核弾頭を落とせる能力を持っていると信じていた。しかも、アメリカの一般国民にしてみれば、アメリカを脅かしているのはソ連だけだとは思えなかった。アメリカが恐れなければならない敵はあらゆる所に潜んでいるように映ったのだ。

折しも前の年に、中国は毛沢東が率いる共産主義反乱軍の手に落ちた。毛沢東はアメリカの支援を受けた軍事指導者である蔣介石の軍を海の向こうの台湾へ追い出し、勝利したのだ。アメリカでは非難の嵐が渦巻いた。新聞の社説や議会では「だれが中国を見捨てたのか?」といった声があふれた。さらに、ソ連のスパイが核爆弾の機密情報を盗んだ疑いがあるなかで、ソ連は初めての核実験に成功していた。そんなことから、アメリカには共産主義者の第五列がいるのではないかという不安が広がった。

下院非米活動委員会(HUAC)は公聴会を開始し、共産党員や共産党シンパが映画産業に潜伏しているかどうか調査に乗り出した。一方で、ウィスコンシン州選出の無名の上院議員、ジョセフ・マッカーシーが登場し、連邦政府内部で共産主義者が大規模な陰謀をたくらんでいると叫び始めた。全国的な「赤狩り」に発展し、さまざまな分野で働く人たちが政府への忠誠を宣誓するよう求められた。宣誓しなければ職を失うのだから、これは強制であった。少しでも共産主義者に同情的であると思われると、「ピンコ(ピンク野郎)」や「フェロートラベラー(同調者)」と呼ばれ、単純労働以外の職に就くことができなくなった。

皮肉にも、赤狩りの犠牲者の中には原爆の開発責任者で、マンハッタン計画の主導者でもある著名な物理学者J・ロバート・オッペンハイマーもいた。実際のスパイ活動の疑いはなかったにせよ、共産主義に傾斜していると疑われて、機密情報へのアクセス権を剝奪《はくだつ》されたうえに、ブラックリストに載せられて国家機密の政府プロジェクトから外された。

ネーサン・ライティーズの著作とポール・ニッツェの恨み節から分かるように、ソ連の意図についてランドはタカ派的な見方をしており、この時代の偏執病的な雰囲気にぴったりはまっていた。アメリカ国民は、正真正銘にアメリカ的なものでないものに対して激しい憎悪を抱きつつ、いつ勃発するか分からない核戦争に対して恐怖におののいていた。それにもかかわらず、ランドの研究者の信念は揺るがなかった。

つまり、きつい仕事をこなし、献身的な態度を取り、犠牲を払う覚悟を持ち、さらにサンタモニカで書かれる処方箋《しょほうせん》を利用すれば、生きるに値する未来がまだあるかもしれない——このような信念があったのだ。ランドが書いた処方箋の一つは、核戦争による人類絶滅の危機から世界を救い出すものであり、もう一つはアメリカと西側諸国における社会福祉、政治、政府に関する基本概念を書き換えるものだった。

第3章 「合理的選択」と「ゲーム理論」

一九四五年七月十六日、ニューメキシコ州のアラモゴード。その砂漠地帯から現れたきのこ雲が広大無辺の力によって燃え上がった。

原子爆弾開発プロジェクトであるマンハッタン計画の補佐役を務めるトーマス・ファレル准将は、この日に見たきのこ雲について「前代未聞で、壮大で、美しく、途方もなく、恐るべきものだ」と表現した。核時代の幕開けを告げた瞬間にそこに居合わせたのは、ひと握りの科学者と軍人だった。この日の原爆実験に対する反応では分かれ、その後もずっと核兵器に対する考え方で歩み寄ることはなかった。

核抑止力――バーナード・ブロディー

物理学者のエドワード・テラーやアーネスト・ローレンスらは、目の前で自分たちのライフワークがみごとに実を結ぶのを見て、ただ感激するばかりだった。一方、エンリコ・フェルミのような物理学者は冗談をとばし、そして賭けをした。原爆による連鎖反応によってアメリカ全体の大気が破壊されるのか、世界中の大気が破壊されるのか、それともニューメキシコだけの大気が破壊されるのか、どれになるのかという賭けだった。

対照的に、マンハッタン計画の責任者であるJ・ロバート・オッペンハイマーは、対外的には原子爆弾の開発成功に満足を示しながら、心の中では嫌なことが起きるという予感と後悔で打ちのめされていた。原爆の閃光を目撃して、ヒンズー教の聖典『バガヴァッドギーター』の一節を思い浮かべた。四本腕のヴィシュヌ神が現れ、「我は死なり、世界の破壊者なり」と言うのだ。世界で最も危険な兵器を作り出してしまい、オッペンハイマーは生涯にわたって良心の呵責《かしゃく》に苛《さいな》まされ続けるのだった。彼に言わせれば、それまで知識の楽園に住んでいた物理学者は、今や罪を知り、二度と楽園へ戻れなくなったのだ。

オッペンハイマーは軍にとんでもない貢献をしてしまったと悔い、一生かけて償《つぐな》おうと思うようになった。だからこそアメリカが一方的な軍縮に踏み切り、核拡散をくい止めなければならないと説いたのだ。同僚学者の多くも、核兵器という魔神をランプの中へ再び閉じ込めようとして、オッペンハイマーと同じような主張をするようになった。いわば「人間の堕落」について罪を認め、謝るよう要求するようになったわけだ。

しかし、戦争を研究対象とする人たちにとって、アラモゴード、広島、長崎への原爆投下はもっと違う意味合いがあった。核時代の幕開けによって世界新秩序の構築が可能になるということだ。おそらくこのように考える代表的な人物は、核兵器保有によって戦争を抑止する「核抑止」の概念を編み出した男、すなわちランド研究所の軍事歴史家、バーナード・ブロディーだろう。広島への原爆投下を報じる新聞の見出しを見て、彼は「私が書いてきたものはあっという間に時代遅れになった」と叫んだ。数カ月後、重苦しい沈思黙考期間を経てから次のように記すのだった。「従来は軍事体制が掲げる最大の目的は戦争に勝つことだった。これからは戦争を回避することが最大の目的になる。これ以外に有益な目的はほとんど見当たらない」

素人でも分かる海軍ガイド

ブロディーがランドに就職したのは一九五一年のことだ。意識的かどうかは別として、それまでは一つの場所にとどまることができず、いろいろな大学を渡り歩いた。この点ではアルバート・ウォルステッターをはじめランドにやってきた多くの人たちとそっくりだった。要するに、文化的な通説に従うのが我慢ならず、そんな環境から逃げ出して、象牙の塔にこもろうとする人たちなのだ。

シカゴのサウスサイド地区で暮らす貧しいユダヤ人家庭で生まれたブロディーは、背が低く、近視で、力に魅せられていた。軍と馬にあこがれ、十六歳のときに年齢を偽《いつわ》り、州兵へ志願して入隊している。当時は州兵になれば騎乗訓練を受けられたのだ。一九三九年にシカゴ大学を卒業すると、プリンストン大学で教え始め、そこで後にクレムリノロジスト（ロシアの政治・政策研究家）として知られるネーサン・ライティーズに出会った。次に、さらに別のアイビーリーグ校であるダートマス大学へ移籍した。しかし、ダートマスでは学部長から「この学部の将来計画を考えると、いずれあなたの希望にはこたえられなくなります。あなたはご自身の分野でかなりの実績を出していますし、我々にはそれに対応した体制を整えることはできないと思うのです」と言われ、追い出された。第二次大戦中は海軍情報局（ONI）で働き、ドイツの潜水艦Uボート向けにプロパガンダを書いて、乗組員に降伏するよう呼びかけた。広島への原爆投下の五日前にはエール大学の政治学部で教職を得ている。

広島への原爆投下で現代世界の様相が一変する瞬間まで、ブロディーの評判は二つの著作によるものだった。狙ったわけではないが、いずれもヨーロッパの戦争を追い風にしてかなりの成功をおさめた。一つはブロディーが大学院在籍中に書いた卒業論文であり、日本軍による真珠湾攻撃直後に『機械時代における海軍力』としてプリンストン大学出版会によって出版された。アメリカ海軍がただちに千六百部もまとめ買いし、当時の学術書としてはベストセラーとなった。この著作の売れ行きが良かったことに元気づけられて、出版社はもう一冊書くよう依頼し、それにこたえてブロディーは『素人でも分かる海軍戦略ガイド』を書いた。すると海軍予備役将校訓練隊（ＲＯＴＣ）がすぐさま一万五千部も買い上げた。大海に行ったことがない男にとっては悪くない話だった。

高まるソ連への先制攻撃論

各国がプレーしてきた戦争ゲームのルールは、好戦的なゲームであろうと政治的なゲームであろうと、原爆の登場によって一変した。言うまでもないが、そんな変化を観察していた科学者はブロディーに限らなかった。新秩序の構築を求める声は西側世界全体で聞かれた。また、とてつもなく危険な武器である原爆の使用権限を与えられた世界政府の創設を求める専門家も大勢いた。イギリスの著名な哲学者であるバートランド・ラッセルもその一人で、世界政府のような組織の必要性を訴えた。ジャーナリストのノーマン・カズンズも同様の意見を持っていた。大きな影響力がある評論誌「サタデー・レビュー」の編集長として社説を書き、「世界政府を構築するうえでの障害について語る必要なんてない。世界政府なしでやっていけるのかどうかという、問いかけをするだけでいいのだ」と指摘した。Ｊ・ロバート・オッペンハイマーさえも、国連のように国家を超えた組織に限って原爆の利用を認める考えを支持した。

もちろん、先制攻撃の必要性を訴える人もいた。ソ連を筆頭にした敵国が挑発行動もなしに一方的に侵略してくる可能性を排除するためには、先制攻撃しかないというのだった。第二次大戦後間もなく、ソ連を破壊するよう提言する下院議員がいた一方で、非公式でありながらも国務長官のディーン・アチソンは、ソ連がまだ弱いうちに恒久的な非武装化を進めるという考えに傾斜していた。先制攻撃支持派に属する軍の支配階級の中で最も有名な人物は、海軍長官のフランシス・マシューズだった。「平和を維持するためには、どんな対価でも進んで払うべきだし、どんな対価でも払う用意があると宣言すべきである。たとえその対価が戦争を始めるというものであっても、である。さもなければ他国に対して平和への協力を強制できない。平和に向けて、我々は先制攻撃を仕掛ける側になるのだ」と公に宣言した。

これを聞いたトルーマン大統領はただちにマシューズを罷免《ひめん》した。それにとどまらず、トルーマンは挑発行動なしの先制攻撃を主張する人たち全員を「アメリカ的ではない」と見なして公に非難した。ただ、トルーマンが後年書く回想録で自ら認めたのだが、ソ連が西ヨーロッパを侵略するという脅威が出てきた場合には、アメリカが先制核攻撃を仕掛ける計画があったという。

抑止力こそ大切

バーナード・ブロディーにとって、先制攻撃は理屈のうえで望ましいとしても、実際には大失敗に等しかった。彼は当時、挑発行動なしに先制攻撃するという行為は、フェアプレーというアメリカの伝統にも、不侵略というアメリカの歴史にも著しく反している、と指摘した。従って、先制攻撃によって戦場でどんなに軍事的な成功を収めたとしても、あまりに政治的な損失が大きくて、割に合わなくなるというわけだ。彼がこのように結論づけたのは、ソ連が最初の原爆実験に成功する一九四九年よりも前のことである。それ以来ブロディーが感じ続けていたのは、アメリカ軍がソ連の爆撃機と核兵器を根こそぎ破壊するシナリオは、不可能であるという現実だった。先制攻撃後にソ連に残った爆撃機が一機だけだとしても、その一機がアメリカ本土に到達すれば、そこへ原爆を落として大虐殺を行えるとなると、先制攻撃に意味は見いだせなかった。不安定ながらも恒久的な平和実現に向けた道を歩むには、軍縮という名の都市に行き着く前に、まずは十分な核武装という泥沼を通過しなければならないのだった。最終的に軍縮という名の都市にたどり着けるかどうかは分からないが……。

ブロディーが書いた論文で最も影響力があったのは、エール大学の国際問題研究所の依頼を受けて書いた「原子力時代の戦争」と「軍事政策の意味」の二つだ。これらの論文は、国際問題研究所が原爆の管理方法について解説した書物『最終兵器』へ寄稿したものだ。それ以前のブロディーは、原爆関連の科学論文を読みあさっていた。原爆の物理的構造を理解したかったし、原爆製造に決定的に重要なウランの埋蔵量が十分なのかどうかも知りたかったからだ。原爆の登場によって戦争の性質はすっかり変わってしまい、彼の専門分野である海軍研究は、将来起きるかもしれないどんな紛争においても、とても小さな役割しか果たせないだろうという結論に至ったのだ。

自分の論文の中でブロディーが強調したのは、核爆弾の数や核爆弾を運ぶ爆撃機の数で勝《まさ》っていても、核戦争において勝利は保証されないという見方だった。原爆製造に必要な資源は乏しいから、原爆の最も効果的な使用方法は人口が集中している都市部を攻撃することである、と考えた。さらには、たった一つの爆弾だけで想像を絶する破壊をもたらせる事実を重視すると、本当に必要なのは戦争に勝つことではなく、戦争を抑止することにある、とも指摘した。ただし、抑止力を働かせるためには、敵国から先制攻撃を受けても報復する能力を身に付けなければならないのだった。ブロディーは次のように記している。「報復を恐れなければならないとすれば、先制攻撃を仕掛ける意味はない。敵国の都市を破壊しても、自国の都市が数時間後か数日後に破壊されるのだから」

『空軍力の戦略』

西ヨーロッパの混乱が収まらず、自由世界でソ連が侵略行為を続けるなかで、ブロディーの発想は一層進化していった。アメリカ中央情報局（CIA）はギリシャでの共産主義者の反乱に対処するのに忙しく、イタリアでは共産党が僅差で選挙に勝利するところだった。一九四八年にはチェコスロバキアで共産主義者によるクーデターが成功し、民主政府が転覆した。同じ年、ソ連軍は分裂状態のドイツでベルリンの封鎖に踏み切った。そんな状況下で、アメリカは戦時経済体制を終え、短期間に軍隊を平時編成に戻して兵士の大半を除隊させた。ブロディーにしてみると、拡張主義的なソ連の動きをくい止めるには、政治的な封じ込め政策とともに原子爆弾の使用以外に有効な方法はないように見えた。

ブロディーは核兵器の使用に反対はしていなかった。しかし、原爆製造に必要な原料が引き続き不足していると知ると、「原爆の数で勝っていても、それで自動的に有利になるとは限らない」という従来の説を考え直した。その結果、原爆の数で三対一か五対一の割合でアメリカがソ連に勝っていれば、アメリカは本当に有利になっている、という説を唱えるようになった。原爆を手当たり次第に投下するのではなく、特定の攻撃目標に向けて正確に投下できれば、アメリカの立場はとりわけ有利になるというのだった。とはいっても、どこを攻撃目標にするのか？ いつ？ どのように？

このような疑問について軍ではだれも注目していなかったようなので、一九四九年、ブロディーは自分で本を書くことにした。『空軍力の戦略』と題した本は、第二次大戦中の連合国側の空爆を詳細に研究した結果として生まれた。彼は空爆が実際にどの程度の衝撃を与えたのか調べ、一九二〇年代と一九三〇年代に専門家が予言した内容と比べてみた。当時の専門家で代表的な実績を残していたのが、イタリアのジュリオ・デゥーエ将軍とアメリカのビリー・ミッチェル将軍である。[3] 二人とも航空機が最終兵器となる未来を思い描き、陸軍も海軍も要らなくなると説いていた。

ブロディーの調べでは、連合国の空爆作戦は予想していたほどの効果を上げておらず、ナチスドイツの産業基盤は激しい空爆にもかかわらず、それほどの打撃は受けなかった。しかしながら、大戦末期には空爆によってドイツの二つの重要な産業が無力化された。液体燃料と化学だ。ブロディーは、ソ連ではドイツと比べて経済基盤が弱く、原爆の衝撃もずっと広範囲に及ぶため、原爆を投下するときには計画的・効率的に攻撃目標を分析するべきだ、と主張した。でなければ、アメリカは貴重な資源を無駄に使いかねないというのだった。

発奮する〝民間軍事戦略家〟

このような考えを雑誌へ寄稿すると、ブロディーの存在が空軍の副参謀総長ローリス・ノースタッドの目にとまった。ノースタッドは上司である空軍参謀総長ホイト・バンデンバーグを説得し、ブロディーをコンサルタントして雇わせた。ブロディーの仕事は、戦略爆撃調査団（USSBS）の一九四五‐四六年版報告書に基づいて戦略空軍司令部（SAC）の攻撃目標リストを見直す方法を考察し、コメントすることだった。

第二次大戦後、アメリカ陸軍航空軍は、最新型兵器の利用を計画し、指令を出すSACを設置した。陸軍から空軍が分離・独立すると、陸海空の三軍全体を統率する統合参謀本部はSACに対して、当時最も強力な武器である原爆を配備するよう指示した。一九四八年末にたった五十発の核爆弾しか利用可能ではなかったものの、そのころ核爆弾の開発と製造の責任を担っていた原子力委員会（AEC）は一九五一年までに核備蓄を四百発にまで増やすと約束していた。

そんななか、ランドのドンであるカーティス・ルメイ将軍はＳＡＣの司令官に任命された。一九四八年に、ソ連のベルリン封鎖に対抗していわゆる「ベルリン空輸」を実施し、成功した実績を買われたからだ。ＳＡＣのトップになって、この司令部が無力化され、組織としての方向性も失っていることを知った。たとえば、ヨーロッパに配備されていたＢ29爆撃機は全機が使用できない状態にあった。ルメイは彼のニーズを最優先するよう統合参謀本部をうまく説得した。すると、二カ月もたたないうちに、原爆投下へ出動可能な航空機を六十機以上用意できた。原子力委員会が約束通りに十分な核備蓄を進めるよう確認することも忘れなかった。

ブロディーは有頂天になっていた。核政策に関係する極秘情報にようやくアクセスできるようになり、長年の夢がついに実現したのである。部外者の立場から、暗部も含めて核心に迫れる立場へ変わったわけだ。エール大学から休暇をもらい、リストに載っている攻撃目標の妥当性について、ペンタゴンの政策担当者を質問攻めにし始めた。ブロディーはせっかちなうえに自己主張がすぎる傾向があったことから、ペンタゴン内ではあまり歓迎されなかった。それでも気にかけることはなかった。なぜなら、自分がアメリカで最も有名な民間軍事戦略家であると自負していたからだ。もっとも、自分がどうみられているかは理解していなかった。ペンタゴンの高官にしてみれば、戦時行動を決定するには適切な訓練と道徳上の素質が必要であり、それを備えているのは軍人だけなのである。つまり、軍人でないのにあれこれ言うブロディーは、ペンタゴンの高官にとっては矛盾に満ちた存在なのだ。しかも、攻撃目標を選択する段階になると、ブロディーは気づかぬうちにハチの巣をつついたような騒ぎに巻き込まれてしまった。

集中か、それとも選択か

ルメイが率いるSACは、ソ連に対して大規模な攻撃を仕掛けるよう提唱していた。いわゆる「壊滅作戦」を取り、ソ連国内の七十都市を攻撃目標にして、持てる原爆をすべて投下するというのだった。しかし、統合参謀本部の了解のもとで行動していた空軍アナリストの計画は違った。それによると、目的に応じて攻撃目標は三つに分類されていたのだ。一つ目は「デルタ」と呼ばれ、ソ連の最重要軍事拠点を破壊すること、二つ目は「ブラボー」で、ソ連が原爆を配備する能力を削ぐこと、三つ目は「ロメオ」で、ソ連が西ヨーロッパへ侵攻するのを妨害すること——こんな内容だった。

ルメイにしてみると、このような分類は無意味だった。彼が戦場で学んだ戦争の原則に従えば、戦争の開始直後に持てるものすべてを使って攻撃しなければならないのだった。いわゆる「集中攻撃」であり、それ以外の作戦はくだらない見せかけだけのものなのであった。

ブロディーが起用されたのは、ルメイの議論への対抗上、より知的な考え方が必要とされたためだ。ブロディーにとっては、ルメイの計画はもとより、空軍アナリストの計画もぞっとする内容だった。

空軍アナリストは確かに、少なくとも攻撃目標を分類し、ソ連の侵攻をくい止めるうえでどんな有効性があるかを示した。ところが、彼らはすべての攻撃目標がどこに位置しているか正確には知らなかったうえ、個々の爆撃が具体的にどのような結果をもたらすのか説明できなかった。たとえば、彼らの考えでは、電力発電所を破壊すれば、ソ連経済はただちに崩壊し、「国を殺せる」のであったが、彼らがなぜそう考えるのかブロディーには理解できなかった。

ルメイの計画については、ブロディーはすでに雑誌へ寄稿し、多数の都市への無差別攻撃は効果的ではないと指摘していた。ルメイには個人的にも直接自分の考えを伝えた。そもそも当時はソ連がわずかな数の核爆弾しか持っていなかったから、「壊滅作戦という概念はなおさら理解できない」とルメイに言った。ブロディーは、ソ連の攻撃を抑止するためにアメリカが核ミサイルを予備戦力として保有することを提唱した。アメリカがソ連の先制攻撃によって致命的な打撃を受けても、なお十分に反撃する軍事能力を持っていると分かれば、ソ連はよほどのことがない限り核兵器を使用しようとは思わないはずだ――これがブロディーの主張だった。

だが、ルメイの主張に最終的には打ち勝つことはできなかった。ブロディーはバンデンバーグ空軍参謀総長にメモを提出し、ソ連との核戦争はおそらく必ず報復を伴うものになるだろうから、攻撃目標を厳選するよう訴えた。もしアメリカが自国の戦力の一部を温存し、攻撃目標を特定のものに限定する方法をとったとしても、ソ連に一層の侵略行動を思いとどまらせることができるのならば、「全面戦争を避けるために払わなければならない対価としては小さいものだ」と指摘した。

歴史家は、ブロディーの助言に対してバンデンバーグがどのように反応したのか確信を持てないでいるが、少なくともバンデンバーグはブロディーに「戦略爆撃の効果に関する特別諮問委員会」の会長ポストに就《つ》くよう要請している。しかし、空軍でのブロディーの後見人であるノースタッド副参謀総長がヨーロッパへ異動となると、ブロディーが空軍と結んでいたコンサルタント契約は、彼の言葉を借りれば「やや唐突に打ち切られてしまった」という。ノースタッド以外のバンデンバーグの側近がブロディーを嫌っており、彼の追い出しに成功したのである。

ブロディーは職探しを始めたが、エール大学には戻りたくなく、一九五一年にランドのハンス・スパイアーと一緒に働く契約を交わした。数年前にもスパイアーから若干のコンサルタントの仕事をもらったことがあった。かねて憧れていた〝知的家庭〟を見つけたブロディーは喜び、結局のところ十五年間もランドで働くことになった。もっとも、あらゆる家庭がそうであるように、彼とランドとの関係でも勝利したり、歓喜したりすることもあれば、嵐のように荒れ狂ったり、深い絶望に陥ったりすることもあった。[4] とりわけ、その後ランドで指導的役割を演じることになるアルバート・ウォルステッターとは、何度も角をつきあわせることになった。

ソ連は一体何を考えているのか？

大戦後、アメリカはソ連と軍事的に競い合ったが、それだけではなかった。イデオロギー上の争いもあり、そこでどのような結果が出るかは、西側文明の未来を決めると思われた。

第二次大戦の終結時まで、アメリカとヨーロッパの知識人の間では資本主義は歴史的な敗北を迎えつつあるとの認識が広く共有されていた。たとえば、高名なオーストリア人経済学者ヨーゼフ・シュンペーターは「資本主義は生き残るか？　いいえ、私はそうは思わない」と言った。ソ連流の共産主義は、未来の社会では必然的に中核的な勢力になるとみられていたのだ。そもそも、ソ連流の共産主義を信じる人たちは、ヘーゲル哲学流の歴史的変遷に従ってマルクス主義の労働者の楽園が実現し、その中で絶頂を迎えるという信仰を持っていた。

マルクス・レーニン主義者によれば、歴史あるいは時代の精神は個人を通じて形成されてきたものの、集団的意思を個人的意思よりも優先するということは、社会を支配する原則になる定めだった。全知全能の共産党指導者が解釈するところでは、個人の価値というものは、集団的意思へどれだけ従属できるかによって決定されるのだった。これは、アメリカ流の価値観である自由意思、個人的権利、小さい政府とは正反対のものだった。

共産主義者の信条への対抗上、戦後アメリカの知識人は「能力に応じて働き、必要に応じて受け取る」という、富の公平な分配を求めたマルクス主義の教義をきっぱりと葬り去ろうと考えた。だからこそ、マルクス主義とは異なる歴史的な教義を探究したのである。新しい教義は、抑圧的で全知全能のマルクス主義国家に取って代わるシステムとして、選択の自由や失敗の自由といった個人の権利に最大の重きを置いた。一九五〇年にランドで念入りに組み立てられたこの新しい教義は、「合理的選択」と呼ばれ、最大の立役者はケネス・アローという、二十九歳の経済学者だった。

ケネス・アローのランドでの研究の大半は、今も最高機密として分類されている。コロンビア大学で統計学を勉強し、改革志向のコウルズ委員会で[5]働いた後、一九四八年、アローは夏季研修生としてランドに来た。ランドでは、ソ連を対象にした集団的「効用関数」を編み出す仕事を与えられ、それに伴ってマル秘扱いの情報へのアクセス権も得た。効用関数は、ソ連の指導者が国際問題に直面するとどのような選好に基づいて行動するのか、つまりグループとして最大の満足を得るのはどんな場合かを示す道具だった。

たとえば、ソ連の指導者はポーランドを侵略したいのか、それとも中国東北部（満州）を侵略したいのか、それもどんな条件下で侵略したいのかなど、さまざまな選好が考えられた。ランドがこんな効用関数を必要としていたのは、核紛争に際してソ連の支配者がどのような行動を取るかについてランドの研究者がシミュレーションするためだった。

ソ連の支配者の中でもとりわけ重要だったのが、非常に予測しにくいヨシフ・スターリンだった。当時は閉ざされた世界にあったスターリン体制については情報が不足していたことから、西側の政策担当者は物証ではなく、憶測に頼るほかなかった（そのころは、「ソビエトロジスト」と呼ばれたソ連研究者の時代だった。彼らはまるで政治の世界の占い師のようで、たとえばモスクワの「赤の広場」で撮影された政治局員の集団写真を分析し、スターリンの近くに立っている政治局員が大きな政治力を持っていると予測したものだ）。

「人間の行動は予測できる」

アローがソ連を対象にした効用関数の研究に取り組み始めると、必然的に集団的効用という概念が何を前提にしているのかを分析せざるをえなくなった。言い換えると、社会の構成員のだれもが一定の選択肢の中から同等の満足を得られるようにするためには、社会全体の選好をどのように定めたらいいのか、という研究である。

　効用関数の中核的な前提条件は、集団としての選択肢は自明の順序で決められるということである。社会の中の構成員はそれぞれ独自の選好を持っており、各構成員の選好を合計すれば社会全体の選択肢も順位付けできる、ということだ。たとえば選挙でＡ、Ｂ、Ｃが立候補し、各有権者が自分の選好に従って投票した結果、得票総数でＡが一位、Ｂが二位、Ｃが三位となったとしよう。得票総数に基づいて当選者を決めれば、それが社会全体の選好であり、社会の構成員のだれもが納得できるわけだ。つまり、集団としての望ましい選択肢はそれぞれＡ、Ｂ、Ｃなどと順位付けることが可能であり、最終的には社会全体のコンセンサスが現れるというのだ。

　アローは驚くべきことにこうした考え方を否定し、一定の状況下では社会全体のコンセンサスは得られないと結論した。二人以上の構成員で成り立つ意思決定機関があり、少なくとも三つの異なる選択肢に直面している場合、どうやっても意見の一致は実現しない、というのだった。こんな状況下で唯一意見が一致するのは、独裁者が存在するか、あるいはだれかが他者に自分の意思を押し付ける場合となる。

　ここで、アローらランドの研究者は重大な選択をした。人によっては「見当違い」の選択とも言われる。すなわち、人間行動とは、自由意思が働きにくい決定論的なものであると仮定したことだ。[6] 彼らが研究の底流で仮定していたのは、特定の行動パターンの数学的な確率を調べ、想定された選好の順番に従って一覧表を作れば、人間がどのように選択するか予測できるというものだった。人間行動とは確率論であり、そのように考えることによって、オタクや科学フリークは必然的な結果として「計算できないものはない」という、誤った考えを持つようになるのだ。順位を付けたり確率を示したりするのは、保険数理表と保険金支払いの世界に適用できるかもしれないが、個人や集団心理の生成・変化・発展様式はあまりにも多様で複雑であり、一定の公式で表せない。

後年、ランダイトは人間行動の数値化を試みたことを反省し、その無益さを認めることになった。しかし、一九五〇年時点のランドの研究者の間では、人間行動の数値化は春のような新鮮な輝きを持つ分野であり、人間行動のカギを解く手段として彼らは計算に夢中になっていた。誤った信念ではあったが、結果として西側世界の文化を大きく変えるほどの極めて重大な発見につながった。人間行動を数値化し、一連の方程式、公式、定理で表そうと試みる過程で、ケネス・アローは人間行動の理論を確立し、その理論はマルクスの弁証法と同じぐらい驚天動地のものだった。

ケネス・アローの「合理的選択」

アローの理論の基本は、論理形式にのっとって数学的表現で示された。集団として合理的決定をすることは論理的に不可能であるという、「アローのパラドックス」あるいは「アローの不可能性定理」と呼ばれるようになったものだ。アローの定理は、ほとんどの社会契約説の理論的有効性を破壊してしまう、揺るぎようのない数学的論拠を示したのであった。[7]

アローは自らの発見を利用して経済学に基づいた価値体系を作り出し、集団的意思というマルクス主義の概念を打ち砕いたのだ。その過程で、アローは実証哲学の要素を自由に取り込んだ。たとえば、何ごとも法則化しようとする傾向、普遍的に客観的な科学的真理、社会的プロセスは個人間の相互作用で説明できるという考え方などを吸収した。

アローは、人間というものは合理的であると仮定した。自分の利益の最大化を求めて行動するという、一貫した選好を持っているというのだ。アローはまた、そんな行動の背後にある論理は文化的なものではなく、あらゆる人間に共通するものであるとも仮定した。つまり、あらゆる人間は同じ論理に従って行動するというわけだ。

アローは、科学が客観的であるという仮定も置いた。第二次大戦前に何人かの経済学者が理論化したように、科学的法則は普遍的であり、資本主義の科学者と共産主義の科学者にそれぞれ違った選択肢の体系があるわけではない、というのだ（マルクス自身は、科学的知識は相対的なものであり、文化的な背景が違えば選択肢の体系も変わってくる、と主張していた）。それに加えて、アローは「消費者主権」というフレーズを使いながら、個人が最終的な決定者であるとも仮定した。経済システムの最も根源的な構成要素として、個人的選好を挙げたのである。

そして、アローの定理は普遍的に科学的な客観性、個人主義、「合理的選択」について理論的な基盤を築いた一方で、観念論的なマルクス主義、全体主義、理想主義的な民主主義の土台を揺るがしたのである。簡単にいえば、不変の、論争の余地のない科学的原理があり、それに従えば集団は意味がなく、個人がすべてである――これがアローの結論だ。

それから数十年間は、アローの合理的選択理論は経済学と政治学の理論的支柱となった。ランド出身者が大量に連邦政府に職を得るようになる一九六〇年代までには、個人的利益の追求が人間活動のあらゆる側面を定義しているという合理的選択理論は、連邦政府が打ち出す政策の土台を再構築するほど影響力を持つようになった。

利他主義や愛国主義、宗教についても、利己主義そのものか、少なくとも利己主義の変形と見なされた。この理論が企業へ適用されると、企業は社会的な存在であるにもかかわらず、株主に対する責任以外の社会的責任からはいっさい解放された。政府や役人へ適用されると、無欲で公益のために行動する可能性は否定されて、勤勉であってもそれは自己権力を拡大し、ひそかに専制政治を行うことと同等視された。そこから修辞学的に半歩進むだけで、ロナルド・レーガン大統領の名言「政府は問題を解決してくれない。政府こそが問題なのだ」へつながる。

ゲーム理論の殿堂

合理的選択についてのアローの革命的な業績は、ゲーム理論という、真新しい分野でランドが果たした役割に匹敵するものだった。ゲーム理論とは、ポーカーをはじめとした室内ゲームの数学的構造を解明し、それを経済学や政治学、外交政策などへ適用する学問分野である。

ランドの副所長でポーカーが大好きなジョン・ウィリアムズはゲーム理論に夢中になった。一九五〇年には、ついにゲーム理論の生みの親、ジョン・フォン・ノイマンを正規職員として採用した。それまでは、フォン・ノイマンは毎日ひげを剃っている間の思考だけをランドに提供し、報酬を得ていたのだ。見た目を欺《あざむ》くほど物腰の柔らかい、ハンガリー生まれの数学者であるフォン・ノイマンは、コンサバなスリーピースの背広を着込み、七カ国語を話した。しかも、一カ国語しか話さない人のだれよりも速く、である。驚異的な記憶力を誇り、一度本を読むだけでその本をまるごと思い出せたほどか、五十行超のプログラミング言語を一つの間違いもなく復唱できた。また、ウィリアムズのように、ソ連に対して徹底的な先制核攻撃を仕掛ける考えに賛成だった。

まるで自分の強力な知性を相殺《そうさい》しようとしているかのように、フォン・ノイマンは子供のゲームやおもちゃを好み、飲んだくれのパーティー好きだった。いつも冗談を言っており、「リメリック」という滑稽な内容の五行詩を集める趣味を持っていた。妻のクララに宛てて書いた手紙の中で、自分の好きな五行詩の一つを引用している。

There was a young lady from **lynn**
Who thought that to love was a **sin**
But when she was **tight**
It seemed quite **alright**,
So everyone filled her with **gin!**

リンから来た若い女性がいた
彼女は、愛することは罪であると考えた
しかし、彼女がきつい態度を示しても
まったく問題がないように見えた
だからみんなは彼女にジンを飲ませた

多くの数学者の間では、フォン・ノイマンの最大の業績は代数学、準エルゴード仮説、格子理論であると考えられている。しかし、冷戦時代に最高の栄誉を彼に与えたのはゲーム理論だった。フォン・ノイマンとプリンストン大学の経済学者オスカー・モルゲンシュテルンによる共著『ゲームの理論と経済行動』がゲーム理論の土台を築いた。

モルゲンシュテルンとフォン・ノイマンの仮説によると、あらゆるゲームにおいてプレーヤーは合理的であり、どんな状況下であっても解決策があり、合理的な結果が得られるという。

フォン・ノイマンは、相手が負ける場合に限って自分が勝つという状況を指して、「ゼロサムゲーム」という造語を考え出した。彼はまた、「ミニマックス定理」という概念を編み出した。この定理によると、制限された状況下で、一人でプレーするゼロサムゲームでは、二人の利害が完全に対立する限りは、必ず合理的な解決策があるという。

一九五〇年代の半ばまでに、ランドはゲーム理論の世界的な中心になっていた。物理学者のジョン・ナッシュや経済学者のメルビン・ドレシャー、メリル・フラッド、アナトール・ラパポート、ロイド・シャプレー、マーティン・シュビクをはじめ、将来ノーベル賞を受賞するキラ星のような人材を多数採用していた。事実、ゲーム理論の世界で著名な人物で、この時期にランドに勤めていなかった人を思い浮かべることさえ難しい。ランドでゲーム理論の研究は進み、その理論に基づいた成果はのちにさまざまな分野へ応用された。もともとゲーム理論を生み出した経済学はもちろん、コンピュータ科学やビジネスにまでゲーム理論が利用されるようになった。

「囚人のジレンマ」

一九五〇年代にランドの研究者が開発したゲーム理論の中で、最も好まれていたものは、「囚人のジレンマ」である。その変形といえる考え方は数千年間にわたって存在していた。囚人のジレンマとは、簡単にいえば以下のようなものである。

ある犯罪、たとえばとても高価なダイヤモンドの窃盗罪に問われ、二人の男が逮捕され、告訴されたとしよう。盗まれたダイヤモンドはまだ見つかっていない。警察は二人を隔離し、お互いに情報交換できないようにしている。二人はそれぞれ「ダイヤモンドをどこに隠したか話せば、司法取引で罪が軽くなり、六カ月の懲役刑で済む」と言われている。

口を割らない方はすべての罪を負い、十年の懲役刑を受ける。しかし、もし二人とも口を割れば、そろって二年間の懲役刑となる。ところが、二人とも黙秘すると、つまり共に口を割らず、警察がダイヤモンドを発見できないとすると、二人とも釈放されるというのである。

どちらとも相棒がどんな決断をするのか、実際に相棒が決断するまで知ることができない。いったん決断すると、取り消しがきかない。

「さて、あなたならどうする？」というのが、ランドの研究者が実験に参加した人たちに聞いた質問だった。同じように囚人になっている相棒に「協調」するのか？　つまり、自分は口を割らずに、相棒も口を割らないと期待して、二人とも釈放されるのを願うのか？　それとも、口を割るのか？　つまり、「自分の身は自分で守らなければだめだ」と思って、自力で最善策を引き出すために、ランドの研究者の表現を借りれば「裏切る」のか？

協調するのかそれとも裏切るのか、どちらも納得できる論拠がある。自分は相棒と同じタイミングで協調か裏切りを選択しなければならず、自分の選択が相棒に影響を与えることはない。だとすると、相棒に頼らずに自力で取れるものは取ったほうがいい。何が起きようとも、少なくとも刑の軽減は認められるのだから。イギリスの哲学者トマス・ホッブズが考えたホッブズ的な世界における、ホッブズ的な選択である。

しかし、もし協調を選択したらどうなるか？　自由を勝ち取るのに加えて、ダイヤモンドも手に入れる。もちろん、ここで問題なのは、どうやって相棒も協調を選択するということが分かるのか、ということだ。もし相棒が自分のことばかり考えて裏切りを選んだら、十年間の懲役刑をくらってしまうのだ。つまり、ここでは厚い信頼が欠かせない。信頼と引き換えに得られる対価は、二人にとって途方もなく大きいのである。

囚人のジレンマは、見た目ほど不可解でもくだらないものでもない。というのは、個人的な合理主義と集団的な合理主義が衝突するという問題を提起しているからだ。プレーヤーにとって最大の利益とは何であり、正しい選択をしたかどうかそのプレーヤーはどうやって判断したらいいのか？　これが社会へ適用されると、囚人のジレンマは深遠な意味合いを持つ。国として軍拡、紛争、戦争の道を歩むべきか、軍縮、協調、平和の道を歩むべきか、どちらを選択するのか決断することになるのだ。

解答なし

「原爆の父」であり、原子力委員会の諮問委員会委員長を務めたJ・ロバート・オッペンハイマーの例をみてみよう。彼は、「戦争の規模に制約を加えることで、恐怖を取り除き、人類の希望を高めるため」と言い、当時の国務長官ディーン・アチソンに対し、アメリカが水素爆弾を開発しないように提言している。言い換えると、水爆の開発をやめることでスターリンに対し、「我々は水爆を作らないから、あなたも作る必要はありませんよ」と言うことだ。この理想主義的な議論に対して、慎重な外交官であるアチソンは「我々が軍縮のお手本を示したところで、どうやって偏執狂的な敵国を説得できるのか？」という質問で答えたという。トルーマン政権はアチソンの懐疑的な意見を取り入れ、最終的には一九五〇年に水爆開発へゴーサインを出した。

ランドの研究者は、さまざまな被験者が囚人のジレンマに対して示す反応を分析すれば、囚人の政治的・哲学的な傾向がすぐに判明することを発見した。自分と同じように囚われの身となっている相棒を信用する「協調者」は、オッペンハイマーのように普通はリベラルな考え方をするというのだ。つまり、より良い世界を実現するために、自ら喜んで犠牲になろうとする。たとえば、増税でより快適で、より安全な社会をつくりたいと願う。社会全体の共通の利益のために、だれもが増税という形での犠牲を甘んじて受け入れるわけだ。外交政策でも、条約や同盟を通じて外国と共存し、平和を達成しようとする。

一方、「裏切り者」は通常、他人を信用せず、自分の利益だけを考える保守主義者である。他人に頼らずに独りで最大の成果を獲得するのを好む。政治の世界では、税金を軽くし、条約を避け、そして自らの利益は自ら守るやり方を支持する。各個人が自己利益を最大化するよう行動すれば、それは総体として社会全体の共通の利益になると考えている。経済学者のアダム・スミスのように、裏切り者は人間の諸問題を解決してくれる「神の手」を信じている。言うまでもないが、万難を排して長期の懲役刑を避けようとする。

囚人のジレンマは、国家安全保障問題に直結した。すなわち軍縮である。ソ連と同様に、アメリカとその同盟国は一つのパラドックスに直面していた。つまり、ソ連が本当に先制攻撃を仕掛けたいと考えている限りは、アメリカが自らどんなに核武装しても国防上は大して意味をなさないというパラドックスだ。アメリカとソ連は、いずれも軍縮をしたいと主張しながら、お互いに相手に対する警戒心を解いていなかった。両国とも、実際には相手が武器を隠していると疑っていたためだ。ゲーム理論の用語を使えば、お互いに相手が裏切り者になるのを恐れていたから、アメリカもソ連も協調者になれなかったのだ。両国が相手に対する警戒心を緩めるようになるまでには、それから何年もの時間を要した。最終的に警戒心がなくなったのは二十世紀末、つまりソ連の崩壊時だった。

一九五〇年代の半ばまでに、ランドの研究者は「囚人のジレンマに対する解答には真の解答はない」ということで一致した。囚人の感情的な側面を点検すれば、裏切り者も協調者もそれぞれの行動において合理的であると断言できるという。言い換えると、協調者になるのを正当化するのは、裏切り者になるのを正当化するのと同じぐらい難しいのだ。このような結論に幻滅し、ランダイトは国防の道具としてのゲームとゲーム理論を捨て去った。そればかりか、予測不能なソ連の指導者の行動を予測するというゲーム理論の本来の目的も、国際情勢が変化するなかで無意味なものに思えるようになっていった。ヨシフ・スターリンが一九五三年に死んだことでソ連は変わり、それまで同国を特徴づけてきた閉鎖的な体質と決別すると宣言したからだ。

新しい指導者のニキータ・フルシチョフは「平和共存」を目指して、西側世界との対話を深めようとしたのである。このような歴史的な転換があったことから、戦争抑止がランダイトにとって新しい研究分野になった。こんな背景から登場したのが、最もランドらしい分析手法として世に知られるようになる「システム分析（システムズ・アナリシス）」だ。奇妙なことに、システム分析は、アメリカがソ連を先制攻撃するという計画から生み出されるのだった。

「システム分析」

ランドがまだダグラス・エアクラフトの一部だった一九四七年のことだ。ランドのエンジニアであるエド・パクソンは、「システム分析」という専門用語を思いついた。ジョン・ウィリアムズの指示によって軍事価値評価課の責任者に就いたばかりで、ウィリアムズと同様に、ゲーム理論の信奉者であり、ゲーム理論の概念を戦場で使えば有利になれると考えていた。また、二人とも「戦争一般理論」のようなものがあると信じていた。戦争一般理論とは、武力衝突という科学を習得し、駆使するためのルールや定理を体系化したものだ。

パクソンはアメリカ空軍の科学顧問のほか、一九四五-四六年の戦略爆撃調査団のコンサルタントも務めていた。あばた面で、無礼で、常時たばこを吹かしているパクソンは、同僚の科学者の理論や研究結果を批判することに喜びを見いだす人物だった。ランダイトの定期的な会合である「殺人委員会」では、あるとき彼があまりに激しく批判したものだから、批判された科学者はプレッシャーに負けて気絶しそうになったほどだ。

パクソンが考え出したシステム分析は、第二次世界大戦中の「オペレーショナル・リサーチ」、つまりＯＲから派生したものだ。大戦中、ＯＲのアキレス腱となっていたのは、統計への恒常的な依存だった。[8] ＯＲは実データがなければ機能しないため、システムについて研究しようとしても、そのシステムについての既知の事実に縛られるのだった。たとえば、爆撃機の隊形をどうするかという問題の場合、次のような質問が発せられる。

手元にある航空機で敵の工場をどれだけ破壊できるのか？　過剰な損害を被らないように飛行するには、どのような編隊が最も効果的なのか？　どの程度のスピードで、どの程度の高度で飛んだらいいのか？

システム分析では質問そのものが変わった。代わりに、次のような質問になった。

敵の工場をどれだけ破壊したいのか？　どのような種類の工場を念頭に置いていて、それらの工場はどのような防御体制になっているのか？　この目的を達成するうえで最善のルートは何か？　どんな航空機で、どんな搭載物がいいのか？

別の表現を使うと、ＯＲは既存システムの研究を意味していたのであり、具体的な任務を実行するうえでより効果的な方法を発見するための道具であった。一方、システム分析は、代替可能なシステムのうちどれを選択するかという、ずっと複雑な問題を扱った。これらのシステムはまだ設計されてもいなかった。そのため、自由度と不確実性が大きく、何を、どのようにやるかを決めることが難しかった。

「我々ならできる」

システム分析の登場は、「裸の王様」の話と共通する部分もある。当時は、特定の事実が存在するという仮定の下で、だれもがそれらの事実を自分の目で見えるようにしていた。しかし、パクソンとランドの研究者らは、もっと大局的でありながら単純な考え方を見いだしつつあった。すなわち、目的を定義することが、問題解決するうえで本当に重要である、という考え方だ。かたや、ORは一定のシステムが存在していると仮定し、すでにあるものから最善の結果を得ようとしていた。本質的には、以前から存在している環境へ自分を適応させるという、非常にヨーロッパ的な方法であった。そこではあたかも「よし分かった。おい、みんな、この状況から最善を尽くそうじゃないか」というイギリス人の小声が聞こえてきそうである。

一方、ランドのシステム分析はその中核的な部分でアメリカ的であった。つまり、すでに存在する現実に制約されることを拒《こば》んだ。システム分析は最初に次のような質問をするのであった。

我々はここから何を望んでいるのか？　我々の目的は何か？　もし目的を達成する手段が存在しないのなら、武器であろうが航空機であろうが何であろうが、それらを作るのはどれだけ難しいだろうか？　どれだけコストがかかるだろうか？　どれだけの期間かかるだろうか？　こんな具合だった。

システム分析は夢を見ることである。しかも大きく夢を見る自由を持っていた。現実の世界には一定の選択肢しかないという考えを捨て去り、自ら望む方向へ世界を変えてしまおうと努力するのだった。「我々ならできる」といった精神であり、人間が持つ無限の創意を信じるということでもある。乗り越えられないほど大きな障害や、解決できないほど複雑な問題など存在しない、と考える人間の思考方法である。

それでもやはり、システム分析には弱点がある。その弱点は、いわゆる「的確な質問」をしなければならないのに、そんな質問に欠かせない仮説を精査していない場合に表面化する。

システム分析が対象にするプロジェクトで最大の危機が訪れる瞬間は、引き出したいと思う解答がまり、それを明確にする判断基準がまだ検証されていないときだ。多くのランドの研究者はこの欠陥に気づかなかった。それにとどまらず、システム分析の方法論に従うと、特定の問題があると、その問題のあらゆる側面を数量化しなければならなかった。航空機のコスト、スピード、航続距離、燃費といった具合だ。友情や誇り、士気など、数式へ転換できないものは分析対象から外された。

同じ程度に有効と思われる解決策が二つあり、どちらを選ぶか〝同点決勝戦〟を行う場合に、数式へ転換できないものが付加的な要素として必要になるかもしれないのに、である。拡大解釈すると、もし分析対象が数量化したり、整列したり、分類したりできないものであれば、システム分析にとっては取るに足らないものだったということだ。なぜなら、そのような分析対象は合理的ではないからだ。数字がすべてであり、人間的な要素は実証可能なものに対する単なる付属物であった。

「モデルと現実が違うのは、人間のせい」

一九四九年、空軍はソ連への先制攻撃の可能性で騒然としていた。その年の九月にソ連は最初の原爆実験に成功していたから、カーティス・ルメイら空軍幹部は、もし戦争が始まるとすれば意外と早いのではないかと思っていた。空軍の指揮の下で、コルボムはエド・パクソンに対し、ソ連を戦略的に空爆するのに最適な爆撃機を設計するよう指示した。パクソンが作った計画は、システム分析の利点と弱点を例証したものだった。

手短に言うと、パクソンによれば、大規模な軍隊がぶつかり合うと、爆撃機や戦闘機などの兵器システムについて、戦場でどのような判断を下すのかという行動がカギとなる。彼の考えでは、軍事衝突もそんな行動として定義できた。

航空機の制御、スピード、航続距離、数、搭載武器といった要素で、兵器システムはさらに詳細に分類できた。それぞれの兵器システムについてどんな選択をするかによって、軍事衝突という大きな枠組みの中でどんなゲームをプレーするのかも決まるのだった。そんなわけで、パクソンは軍事衝突を数量化すれば、真の戦争科学に行き着くことができると信じていた。

戦争一般理論の確立は長い間、ランドの組織的な目標の一つだった。ジョン・ウィリアムズは次のように記している。「戦争技術は少なくとも部分的には科学的なものとして扱えるという命題がある。この命題の裏付けとなっているのは、第二次大戦中に戦術上、戦略上、開発上の問題へ科学的な手法を適用し、いくらかの成功を収めたことだ。戦争一般理論のうち一部の構成要素を使って成功したのだから、同じようにして全体を使って成功する可能性もある。だからこそ、戦争一般理論を追究するランドも正当化できる」

パクソンは空爆の分析にまず集中した。分析対象として選択する兵器システムは、ターボプロップエンジンを使って亜音速で飛行する有人爆撃機に限定した。超音速で飛ぶターボジェット機を選択肢から外したのは、費用がかかりすぎるからだ。そして、選択した爆撃機を対象に費用対効果の分析に集中的に取り組んだ。具体的には、予想される損害、攻撃目標の範囲、後方支援、補助的なニーズを分析対象にした。補助的なニーズとは護衛用の戦闘機などのことだ。このほか、研究や物資調達、軍事行動への段階的な資金配分も分析対象に加えた。パクソンによる兵器システムの分析には、「軍人のほか民間人も加えた人材」「土地と建物を合わせた不動産」「医療、食糧、娯楽など、システムの運営に欠かせないその他すべてのもの」も含まれた。このような変数の相互関係を調べるには大規模な計算が必要であり、そのためにランドは自ら初歩的なコンピューターも作り上げていた。

さらに、パクソンは軍最高機密扱いの空中戦研究室を設置し、そこに海軍と空軍のパイロットを集めて戦闘シミュレーションを行わせた。ランド本部ビルの地下にある空中戦研究室では、パイロットは航空機の操縦席に座り、実際の戦闘場面を映し出したスクリーン上に見える敵機に反応するのだった。二年間に及ぶ研究を経て、パクソンは戦闘シミュレーションのモデルと第二次大戦中の実際の戦闘データを比較してみた。すると、彼のモデルが現実からひどく乖離《かいり》していることが判明した。パイロットは戦闘シミュレーションでは六〇％の確率で敵を仕留めるはずなのに、現実の戦闘ではその確率はわずか二％になるのだった。

モデルと現実が一致しないのは、予測不可能な人間行動のせいである、とパクソンは決めつけた（シミュレーションとは違って、現実の戦闘ではパイロットは必要以上のリスクを取ることを拒絶するものだ）。そして、かたくなに爆撃機計画を推し進めたのだった。彼の研究チームは、望ましい爆撃ルートや予想される反撃、爆撃の範囲など数え切れないほどの変数を考慮に入れながら、爆撃機の仕様を四十万回以上も変更し、それぞれについて結果を計算した。それに基づいて一九五〇年に出版した報告書「戦略爆撃に関する航空機システムの比較」は、図表や方程式などで埋め尽くされていた。その報告書が誇らしげに指摘していたのは、ランドのシステム分析によって、軍事計画が直観的な方法から厳格な科学へ変わりつつあるということだった。しかし、ランドが大きな期待を抱いてその報告書を提出すると、パクソンの爆撃機計画は見事に墜落するのだった。数週間のうちに空軍内でパクソンと彼のチームは「〝機〟を見て森を見ず」と非難された。

百ページの報告書を十六ページに

確かに、パクソンと彼のチームは既存技術の分析では素晴らしい仕事をした。しかし、コストを気にするあまり、新しい技術を創造する可能性を探らなかった。彼の計画では、アメリカは旧式のプロペラ機を本土内の基地から発進させ、ソ連を全滅させることになっていた。この場合、ソ連への攻撃を準備する集結地として、カナダ東方のニューファンドランド島を利用する考えだった。新型兵器利用の可能性に無関心だったわけで、空軍の幹部連中は憤慨した。そもそも、空軍は一九四四年から何百万ドルも投じて、「ストラトフォートレス（成層圏の要塞）」と呼ばれる、ジェットエンジン型爆撃機B52を開発しようと努力していたのだ。にもかかわらず、「空軍研究所」とも言えるランドの研究者は、空軍のそんな努力を無視するような提案をしたわけだ。空軍にしてみれば「利用価値の少ない、空っぽの爆撃機でロシアの空を埋め尽くす」という提案は、到底受け入れられないものだった。

パクソンの研究にはほかにも根本的な失敗があり、それは彼の壮大な理論体系を傷つけるものだった。彼は、ソ連への攻撃に際しては、海外とはいえないニューファンドランド島を集結地にする計画だった。つまり、爆撃機を海外基地へ飛ばし、それらの前線基地からソ連を攻撃するという、空軍の用意した計画に従わなかったのだ。核爆弾生産に必要な核分裂性物質が、向こう何年間かにわたって十分に手に入らないという点も考慮されていなかった。

報告書はまた、パイロットの死亡と機械の損失を同等のものとして扱い、非道な死傷率を仮定するなど、明らかに無神経なところがあり、ここでも空軍を激怒させた（すでに、システム分析は国家の政策目標を達成する狙いで、希望や生存といった要素も数学的な構成物と見なしていた。つまり、飛ばされる航空機や落とされる爆弾と同じように、殺される人間も数学的な構成物なのである）。

言い換えると、検証されない判断基準があったために、パクソンの爆撃機計画はスタート時点から失敗する運命にあったのだ。パクソンは空爆作戦の中心にコスト分析の視点を据え、人間の命という本質的価値を無視したのだった。パクソンの報告書をなんとか生かそうと、爆撃機計画は別のエンジニア、E・J・バーロウへ受け継がれた。彼はもともと百ページあった報告書を十六ページにまで削り込み、パクソンの報告書を特徴づけていた知的横柄さを消し去った。バーロウは次のように認《したた》めている。

システム分析の手法に内在する大きなリスクがある。我々がまだ数量的に扱う用意ができていない要素があると、それが十分に考慮されない傾向がある点だ。数量的に評価できる要素さえも落とされるときがある。我々が扱える体系の複雑さにも限度があるためだ。最後にもう一つ指摘しておくと、システム分析はとても硬直的で、アメリカ空軍の問題が何であるかについて六カ月前に決めなければならない。我々はそれにこたえようと努力している。しかし、よくあることなのだが、分析が終わるころにはその問題は変わっているか、なくなっているかのどちらかだ。

指導者ウォルステッター登場

ランドは防空システム分析の改良版を一九五一年に発表したが、それでも爆撃計画に対する空軍指導者の見方は大して変わらなかった。もしこれが戦争一般理論なるものが生み出す成果の見本であるならば、空軍はいっさい関与したくなかった。しかしながら、システム分析そのものは、分析道具としてその使命を終えたわけではなかった。空軍と航空機業界の幹部はシステム分析による分析結果には同意できなかったものの、その論理的・数量的な手法には感銘を受けたのだ。

パクソンは自分の研究がどんな政治的な反響を巻き起こすかを無視していた。政治的な武器としてランドの研究成果を利用するという、空軍の暗黙の希望にこたえることができなかったためだ。空軍はランドの研究成果をうまく使って、強情な議会を説得することで、空軍の予算を増やし、より新しく、より性能がよく、よりかっこいい兵器を購入したかったのだ。しかしその一方で空軍はシステム分析の合理性が大きな武器になりえるということに気づいていた。政策論争でこの合理性を駆使できれば、予算の増額も引き出せると考えた。ランドの指導者は、その幕開けをみて、戦争一般理論なるものを作り出す考えを捨て去った。代わりに、もっと容易な方法で対応できる、個別具体的な問題に研究対象を絞り込んでいった。

そんな研究の一つが一九五〇年代のランドの評判を確固たるものにした。アメリカ政府に対する民間の政策助言グループとして、ランドは最高の評価を得るのだった。

同時にまた、ネオコン（新保守主義）の始祖の一人であり、抜け目のない数理論理学者アルバート・ウォルステッターが富を手に入れ、絶賛を浴びるようになる。パクソンが開発した手法を使いながらも、研究対象を単純だが決定的な問題に絞り込むことで、ウォルステッターはランドの知的代表になるのだった。彼は技術的なノウハウと非常に洗練された政治的センスを融合させ、アメリカの国防政策の一分野を形づくるほどの影響力を持つようになった。その分野とは、ランダイトが数十年にわたって圧倒的な影響力を発揮し続ける分野、すなわち核戦略だ。

この世に戦争があるのか、それとも平和があるのか。何百万人が生きるのか、それとも死ぬのか。世界は現状のままで続くのか、それとも息詰まるような核の冬の中で死に絶えるのか。まったくのところ人類の運命は、ほんの一握りの、専門家を自称する人たちの取り組みに委ねられていた。アルバート・ウォルステッターはそんな人たちのだれもが認める指導者だった。

第二部

軍産複合体に成長

ソ連との核戦争間近。
いかに防ぐか、そして核戦争に生きのこるか——。
高まる緊張のなかで、それは生まれ、アイゼンハワーは倒された。

1950-

扉写真

ソビエト革命40周年の国際共産党会議の様子。1957年。

Photo:Bungei Shunju

アメリカ大統領

ドワイト・アイゼンハワー(1953～61)

主な出来事

1951	9月	サンフランシスコ対日講和条約
1952	11月	アメリカ、水爆実験成功
1953	3月	スターリン死去
1954	7月	ジュネーブ休戦協定によるベトナム南北分断
1855	5月	ワルシャワ条約調印
1956	2月	フルシチョフ秘密報告によるスターリン批判
	10月	ハンガリー動乱
1957	10月	ソ連、スプートニク打ち上げ成功
1958	1月	欧州経済共同体(EEC)発足
1959	1月	カストロによるキューバ革命

第４章　核戦略家ウォルステッター

アルバート・ウォルステッターは、核戦略家あるいは数理論理学者になる前から審美家であった。若いときから芸術にひかれていた。最終的に自分の専門分野として科学を選んだのも、あたかもそれが個人的に芸術を表現する道具であるかのようにとらえていたからだ。ウォルステッターはまた、ほかに適当な言葉が見つからないのだが、「現代風」と呼べるようなものを常に支持していた。絵画や音楽、文学であっても、あるいは国防であっても、最新で最先端の概念であれば、必ず関心を持った。そして調査し、実験し、自分の生活の中へ取り込もうとするのだった。背が高く、金髪のウォルステッターは傲慢といえるほどの自信家だ。戦後の西側世界でアメリカを政治、経済、文化の中心へ押し上げる役割を担った有力者たち。そうした人たちの帝国主義的な気質を象徴しているのがウォルステッターだった。

最新作を常にチェック

ウォルステッターは、中央ヨーロッパ出身の富裕なユダヤ人家庭の子として、ニューヨークで生まれた。父は、オペラ歌手のレコードを制作するレコード会社のオーナーだった。四歳のときに父は亡くなり、家族は大恐慌時代に厳しい生活を強《し》いられた。しかし、若いアルバートは、ほかの若者が映画を観にいくのと同じぐらい頻繁に、メトロポリタン・オペラへ出かけた。デート相手に好印象を与えようとして招待券を使っていた。彼は画家であり、音楽家であり、モダンダンスの一団に加わったことさえあった。若い時分には、戦後アメリカの偉大な芸術家を発掘した高名な美術史家マイヤー・シャピロの助手も務めた。有名な法学者の娘であるロバータ・モルガンと結婚すると、メキシコへ新婚旅行に出かけ、アステカ王国のピラミッドを見物したり、有名な壁画家の作品を鑑賞したりした。第二次世界大戦中は、戦時生産局と国家住宅庁で働きながら、モダンアートの芸術家による最新作をチェックするのも忘れず、そのうちの何人かに対してはアメリカ在住ビザの保証人にもなった。彼は、モダニズム建築で有名なマルティン・グロピウスとルートウィヒ・ミース・ファン・デル・ローエの友人であり、やはりモダニズム建築の巨匠ル・コルビュジエが東海岸を訪れた際にはガイド兼ドライバーの役を引き受けた。

一九五〇年代の初めごろ、ランド研究所の国家安全保障アナリストになっていたウォルステッターは、ロサンゼルスのハリウッドヒルズに広々とした家を買った。当時道路は未舗装で、革新的な新興開発業者があちこちで道路を掘り起こしている時代だった。ウッドストック街道に面したウォルステッターの家は、建築家のジョセフ・バン・ダー・カーによる設計で、木々に覆われた大きな敷地に建てられた。モダニズム風の明るさと快適さを感じさせる、広さ二百二十三平方メートルの二階建て建築物だ。コルク板で床張りをし、最新型のハイファイ音響装置を設置していたほか、片持ち梁《はり》で支えられたバルコニーへつながるガラス製の引き戸も備えていた。この屋敷はまるで絵画のように完璧だったので、モダニズム図像学の権威である写真家ジュリアス・シュルマンが写真を撮ったほどだ。ち

1955年、娘のジョーン、妻のロバータとくつろぐアルバート・ウォルステッター。写真家ジュリアス・シュルマンの撮影。
Photo : Julius Shulman

なみに、シュルマンはたまたまウォルステッターの隣人で、仲が良かった。ウォルステッター家は、当時の庭園デザイナーとしては最も有名な一人であるギャレット・エクボを雇い、裏庭を芸術的に造り直した。どのようにかというと、庭に木を植え、インゲンマメ形のプールサイドには異国風の竹林を造った。

チャップリンの手をとる

ウォルステッター家の屋敷があるローレルキャニオン地区は、ロサンゼルスの中心部にある、樹木が多い楽園であった。そこからサンセット大通りを三十分ほど車で走ると、ランドの本部ビルへ到着する。朝になると、アルバートかロバータは娘のジョーンをサンタモニカにあるウエストランド校へ送り、午後は丘の北側にあるグリフィス公園での乗馬レッスンへ連れて行った。ウエストランド校は、ウォルステッター夫妻が友人と共に創立した進歩的な学校だ。ウォルステッター家の住環境は牧歌的だった。ただ、一九五〇年代にはジョセフ・マッカーシー上院議員による政治的な魔女狩りが横行しており、その影響はあった。マッカーシーは、アメリカにいるすべての共産主義者とそのシンパ、すなわち「フェロートラベラー」を粛清しようとしていたのだ。

アメリカ連邦捜査局（FBI）はすでにチャーリー・チャップリンをしつこく追い回していた。一方、ウォルステッターは引退していたチャップリンをなだめすかして呼び戻し、ウエストランド校向けにチャップリンの映画『街の灯』のチャリティー上映を行った。もっとも、チャップリンの子供の一人がウエストランド校に通っていたとはいえ、チャップリン自身は学校の活動に参加することにはためらいがあった。というのは、FBIがチャップリンの共産主義的な傾向について流していた噂のせいで、村八分にされるのではと恐れていたからだ。

ランドの安全保障アナリスト、ウォルステッターに、この才能豊かな映画俳優・監督をうまく説得する役割が回ってきた。学校の理事の一人として、ウォルステッターはビバリーヒルズ市のウィルシャー街道にある劇場で『街の灯』を上映する段取りを決めた。劇場では、注目を浴びたくなかったチャップリンは、着席するためにほかの保護者と一緒に列に並んだ。ウォルステッターは、あえてチャップリンと彼の妻ウーナの腕をつかんで列の先頭まで連れて行った。芸術や文化においては、政治的な違いは取るに足らないものだということを、みんなに見せつけるためだった。

そんな考えで行動する傾向があったことから、ウォルステッターは近所に住むシュウェリン夫妻と接点を持つことになった。下院非米活動委員会（HUAC）がハリウッド版「赤の広場」に関して公聴会を始めて以来、映画脚本家のジュールズ・シュウェリンと妻のドリスはFBIににらまれ、ひどい迫害を受けていた。左翼の人たちと一緒に行動していたためだ。二人は憲法で認められた権利を主張し、議会にひざまずいて仲間の名前を教え、慈悲を求めるのを拒否していた。それが災いして、脚本家としての収入は枯渇してしまった。映画スタジオがたとえペンネームであっても二人を雇うのを嫌がったからだ。ドリスは教師として働こうとしたものの、職を得られなかった。やはり、国家に忠誠を誓って署名するという、忌まわしい行為を拒否し続けていたことが原因だった。アメリカ全体では事実上あらゆるレベルの人たちが忠誠を誓うようになっていたのだが、二人は自らの信念を曲げなかった。ついには電話攻撃が始まった。

FBIからの嫌がらせ電話

それは、共産主義へ傾斜していると疑われている人たちに対してFBIが行う、典型的な嫌がらせだった。FBIの職員は雇い主や隣人に対して、被疑者が破壊活動に従事している疑いがあり、取り調べを受けている、と告げる。すると、雇い主は巻き添えになるのを恐れて、被疑者を解雇する。そればかりか、被疑者は友人からも見捨てられ、親族からは非難される。さらにだめ押しで電話がかかってくるのだ。電話は昼も夜も関係なく常時かかってくる。電話の主は、しわがれた男の声で「何をしているのか？」「だれとつるんでいるのか？」「明日は何を計画しているのか？」などと質問するのだ。これは、延々と続くと思えるような、相当な嫌がらせだ。シュウェリン夫妻はまさにこんな嫌がらせに遭っていたのだ。家主から立ち退《の》くよう通知を受けていたので、ウォルステッター家に泊めてもらうことになった。FBIのしつこい監視から逃れるためにアメリカ東部へ、続いてヨーロッパへ戻るまでの間、一時的に泊めてもらう、ということだった。

　当時、ウォルステッターはワシントンから戻ったばかりで、政府のくだらない官僚主義にはうんざりしていた。彼が妻のロバータと一緒にディナーに出かける準備をしていたときのことだ。寝室から抜け出して居間がある階へ足を踏み入れると、一番下の階にある書斎に寝泊まりしていたドリスとジュールズが、十歳のジョーンとベビーシッターと一緒に夕食を取っていた。すると、電話が鳴った。ウォルステッターが受話器を取った。

「もしもし？」

電話の男は、シュウェリン夫妻を電話に出すよう要求した。

「二人は電話には出られません」とウォルステッターは答えた。

男はそれでも食い下がった。ウォルステッターが男に対して名を名乗るように言うと、男はFBIに所属しており、シュウェリン夫妻にいくつか質問したいだけだと言った。

「申し訳ありませんが、二人は電話に出られません。我が家に泊まるゲストであり、二人は私の友人です。あなたの質問に答える必要はありません。もうこれまでに十分質問に答えているでしょう。二度と電話しないでください」

ウォルステッターは電話を切り、シュウェリン夫妻と家族のほうを振り向いた。すると、彼らは唖然として、口をポカンと開けてウォルステッターを見つめ返した。核戦略家の第一人者で、国家の核について機密情報を握る男が、FBIに協力するのを拒否したのだ……。

「これでうまくいくはずだ。FBIがこれ以上あなたたちを追いかけまわすことはないと思う。行こう、ロバータ。遅れてしまうよ」

こう言って、ウォルステッターはスタイリッシュな妻の腕を取り、ディナーパーティーへ出かけた。心が真っすぐで、力強い男が持つ陽気な自信をにじませながら。その後、ウォルステッター家に宿泊している間、シュウェリン夫妻はFBIから電話をもらうことは二度となかった。

ウォルステッターがやってのけたことは、非常に堂々としていて、とてもずうずうしくもあった。

かつて共産主義の地下細胞組織の一員だった男であるという点を考えると、なおさらのことである。

第5章 「フェイルセーフ」

アメリカの歴史学会の中に「アローヒストリー」と呼ばれる学派がある。「反事実的歴史」とも言える学派で、その活動はますます本格的なものになっている。ここ数年、この学派が集中的に取り組んでいる問題は「歴史に『もし』が許されたら」である。つまり、もし南北戦争で南部連合国が北部諸州に勝利していたら？ もしオーストリア・ハンガリー帝国のフェルディナント皇太子が暗殺されずに、第一次世界大戦が起こらなかったら？ もしナチスドイツのヒトラーがイギリスの侵略に成功していたら？ もし二〇〇〇年の大統領選中にアル・ゴアがフロリダ州で勝っていたら？ これらは頭の体操である。運命が本質的に気まぐれであることを探究したり、歴史上の人物の行動の背後にある合理性を考察したり、なぜ一定の歴史的な流れは変えようがないと歴史家が考えるのかを調査したりするには、このような方法が欠かせない（たとえば、多くの歴史家は、もし南北戦争で南部が勝利したとしても、奴隷制は結局のところ廃止されただろう、と考えている。また、もしヒトラーがイギリスを征服していたら、アメリカは参戦せず、ファシスト国家支配の世界で「フォートレス・アメリカ（要塞国家アメリカ）」になっていただろう、とみている。では、もしアル・ゴアがフロリダ州の得票結果の再集計で勝利していたら……。まあ、ある種の運命は、じっくりと考えるには衝撃的すぎるものだ)。

同じようにして、もしアルバート・ウォルステッターについて元共産主義者の過去が暴露されていたら、いったいアメリカに何が起きたことだろう、という頭の体操もしてみたくなるものだ。なにしろ彼は、いつ、どこで、どのように核融合爆弾を使うのかを決める核抑止政策の中心人物だったのだ。

もし元共産主義者とバレていたら

もしウォルステッターの急進的な政治思想についての過去が暴かれていたら、彼は解雇されていたに違いない。また、核爆弾搭載の爆撃機をどこに配備するかという問題をテーマに、彼は「基地研究」として知られる、決定的に重要な報告書を書いているが、それも書けなかったに違いない。今では信じにくいことかもしれないが、基地研究が提唱した対応策がなかったら、ソ連による壊滅的な核攻撃が想定できたのはもちろん、大いに実行可能だったということだ。もしウォルステッターではなく、別のランド研究者が同じ報告書を書いていたとしても、同じような衝撃を世の中に与えることはなかっただろう。プレゼンテーションで見せるウォルステッターの演技力に太刀打ちできる研究者はほとんどいなかったからだ。基地研究の報告書を書いたことで、ウォルステッターはソ連による先制核攻撃を事前に回避しただけでなく、彼自身のキャリアとランドの地位を大きく押し上げた。結果として、空軍顧問として第一人者の地位を得ると同時に、空軍最強の組織である戦略空軍司令部(SAC)顧問としても突出した存在になった。

一九四五年の創設以来、その飛躍的な組織拡大にもかかわらず、SACはソ連の先制攻撃に対して防衛体制が脆弱《ぜいじゃく》であると認識するのが遅かった。ソ連が最初の核実験に成功してから二年後の一九五一年、空軍は空軍基地の脆弱性について内部調査を始めた。それとほとんど重複するにもかかわらず、

SACはランドに対して、どこに基地を配置すべきかを調べ、報告書を作成するよう要請した。戦線に物理的に近い優位性を維持しながらも、敵の攻撃に対する脆弱性を最小にする位置を見つけ、そこに基地を配置したかったのだ。これがウォルステッターの任務となり、結果として生まれた基地研究は歴史を変えたのである。

ここで疑問が出てくる。どうやってウォルステッターは、若い時分に彼自身がラディカリズム（左翼系の急進主義）に傾斜していたことを隠せたのだろうか？　もしそんな過去が公になっていたら、彼のキャリアは終わっていたし、基地計画も死産していたはずなのだ。結局ランドも、一九五〇年代初めにジョセフ・マッカーシー上院議員が公聴会を通じて始めた「赤狩り」とは、無縁でいられなかったのだ。連邦捜査局（FBI）は、核兵器関係など国の秘密情報を扱う研究者全員に対して、秘密情報へのアクセス権を与えていた。左翼系組織に一度でも所属していた親戚がいると疑われただけで、アクセス権は停止されるか、場合によっては剝奪《はくだつ》される理由になった。リチャード・ベルマンのような物理学者はFBIのブラックリストに載るのではないかと恐怖におののいていた。政治的にややリベラルというだけで左翼と見なされたのだ。

アルバート・ウォルステッターの友人で、ランドの同僚でもあるJ・C・C・マッキンゼーのケースはもっとひどい。数学者として抜きん出た存在のマッキンゼーは、同性愛者であることを隠さなかった。何年もの間、特定の相手と関係を持ち続けていたところ、FBIから危険人物としてにらまれた。このような性的傾向があると、脅迫されるリスクがある、と言われた。マッキンゼーはウォルステッターの妻ロバータに「周知の事実（マッキンゼーの性的傾向のこと）なのに、いまさら『ばらしてやる』と言ったところで、脅しにはならないじゃないか」と愚痴をこぼした。それでもやはり、マッキンゼーはアクセス権を剝奪され、ランドの所長フランク・コルボムに解雇された。そして、数年後に自殺した。

どのように隠しおおせたか?

なぜウォルステッターのラディカリズム時代が明らかにされなかったのか? ウォルステッターのかつての友人で、同僚でもあるダニエル・エルスバーグがこの疑問に一つの答えを示している。当時は、大恐慌時代以降で初めて国が二分されるほど激しいイデオロギー論争が繰り広げられていた。それだけに、ウォルステッターの過去が明らかにならなかった理由は滑稽《こっけい》であり、驚きでもある。

一九三〇年代、アメリカでは経済危機と反ユダヤ主義の広がりが重なり合って、「ニューヨーク・スクール」として知られる集団が生まれた。若く、急進的で、貧しいユダヤ系知識人のことで、彼らは社会を再構築する方法を探っていた。ニューヨーク市立大学シティカレッジ出身者が目立ったのは、シティカレッジがユダヤ人学生の入学制限を設けなかった数少ない大学の一つだったからだ。ニューヨーク・スクールのメンバーには、アービング・ハウ、アービング・クリストル、ネーサン・グレーザー、ダニエル・ベル、アルバート・ウォルステッターをはじめ、いずれ傑出した知識人になる人が多かった。

彼らは外国生まれか、そうでないならば比較的近年アメリカへ移民してきた外国人の子供であり、多くの若者と同様に、新しいものと急進的なものを崇拝していた。ロシア革命の後、とりわけ一九二九年のニューヨーク株大暴落の後は、それは左翼政治を意味した。ただの社会主義ではない。社会主義そのものは、アメリカ流の考え方に従っていたとはいえ、十九世紀から一貫してアメリカの知識人階級にとって必要不可欠の要素だった。ニューヨーク・スクールの若者が引かれていたのは、当時、共産主義の変形と解釈されていたトロツキー主義、それとソ連型のボルシェビキ主義(あるいはスターリン主義）だ。

すでに一九二〇年代の初め、アルバート・ウォルステッターの兄チャールズが授業料無料のシティカレッジに通っていたころ、政治的な急進主義者は大学食堂の一角を占拠するようになっていた。ボルシェビキ派がある一角を占めれば、トロツキー派が別の一角を占めていた。単に昼食を取りたいだけの学生は、彼らを避けてほかのテーブルに座った。大学食堂では、授業をさぼった若い知識人は、よく分からない政治問題について広長舌《こうちょうぜつ》をふるい、その弁証法的な議論をパンフレットやビラ、雑誌に書き記したものだ。彼らの何人かは、ここでの経験を将来のキャリアをにらんだ訓練と考え、学界やマスコミ、政界、法曹界で職を見つけるのに役立てようとしていた。たとえば、トロツキー派のアービング・クリストル。ダニエル・ベルとネーサン・グレーザーとともに、季刊誌「パブリック・インタレスト」を創刊した。もともとは左翼系の雑誌だったものの、年とともに創刊者の政治姿勢の変化を反映し、ついには一九八〇年代のアメリカ政治を形づくるネオコン（新保守主義）の声を代弁するようになった。

革命労働者党同盟

アルバート・ウォルステッターは一九三〇年代の初め、兄に続く格好でシティカレッジに入学した。同大学は急進的な左翼と共産主義者の温床という、それなりに根拠ある評価を得ていた。にもかかわらず、ウォルステッターは大学では特に政治的に活発なわけではなかった。彼は数学者、それも数理論理学の神童だったのだ。十七歳で「命題と事実の構造」と題した記事を書き、雑誌「フィロソフィー・オブ・サイエンス」（直訳すれば「科学の哲学」）へ寄稿した。物理学者のアルバート・アインシュタインはそれを読んで感銘を受けた。若いウォルステッターに宛てて手紙を書き、寄稿記事について

「私がこれまで読んだものとしては、数理論理学の最も明快な外挿法である」と評している。アインシュタインはお茶を飲みながら寄稿記事について議論しようと思い、ウォルステッターを自宅へ招待した。

アルバート・ウォルステッターがラディカリズムに足を踏み入れるようになったのは、コロンビア大学に入学してからのことだ。彼は、大恐慌のあおりで、数理論理学者として生計を立てるのは非常に難しくなると確信した。そこで、同大で法律を勉強しようと考え、研究助成金を申請し、認められた。一九三四年のことだ。

当時の厳しい社会現実に動かされ、ウォルステッターもついに政治に関心を持つようになった。彼自身の家族が経済的逆境を耐えてきたこともあり、アメリカの経済システムにはどこか根本的に欠陥があるのでは、と思うのも当然だった。そこで、当時広く注目されていた経済学者の理論を系統的に勉強しようと計画した。カール・マルクス、ジョン・メイナード・ケインズ、アルフレッド・マーシャルの理論だ。ウォルステッターにとってこれらの理論を勉強するということは、数式化を意味した。そうしなければ、マルクス、ケインズ、マーシャルらの理論の有効性を比較できないのだった。歴史的な議論や理念を数字と方程式へ置き換えるランド流は、当時のウォルステッターの中にすでにあったわけだ。同時に、歴史家のアラン・ウォルドによると、ウォルステッターは共産主義の分派集団「革命労働者党同盟」の一員になった。

どこに属していたかはわからなかった

革命労働者党同盟は、新トロツキー主義者で構成されていた。トロツキー主義者はマルクス主義者と社会主義者を足して二で割ったような存在でありながら、「レーニンの革命の理想にそむいた」としてアメリカ共産党のスターリン主義者を非難し、彼らと敵対していた。革命労働者党同盟を創設したのはB・J・フィールドと呼ばれる男で、一九三二年にアメリカ共産党から追放された元ウォール街アナリストだ。フィールドの指揮下で、同盟は一九三四年の「ニューヨークホテルのストライキ（別名フランス人ウエーターのストライキ）」にも参画した。このストライキではウエーターら一万人以上の接客担当社員が解雇された。同盟はコロンビア大学の学生からも支持を得た。同盟を支持した学生の中には、アルバート・ウォルステッターと将来の妻ロバータ（二人はコロンビア大学で出会っている）だけでなく、将来の哲学者モートン・G・ホワイトもいた。

革命労働者党同盟は間もなく、破壊活動に従事している疑いでFBIの捜査対象になった。社会学者ポール・ジェイコブズも、ウォルステッター夫妻と同様に同盟の正規メンバーだった。ジェイコブズがダニエル・エルスバーグに詳しく語ったところによると、B・J・フィールドは一九三四年当時、事務所から同盟の資料をこっそりと持ち出し、馬車を使ってあちこちへ運んでいた。しかし、交通量の多い交差点で馬が死んで事故に巻き込まれ、同盟の活動記録を失った。事故に絡んで警察の取り調べを受け、自分の急進主義的な活動が原因となって窮地に追い込まれると思い、資料や発行物、会員名簿などすべてを置き去りにして現場から逃げたのだった。これらの書類はニューヨーク市の清掃局によって処分された。同盟そのものはどうにか一九三〇年代を生き延びた。最終的には、フィールドは政治活動から手を引き、かつての活動仲間がカリフォルニアで経営する不動産会社に就職した。

ウォルステッターは、遠まわしに自分の急進的な過去に言及することはあったものの、革命労働者党同盟に所属していたことを公の場では決して語らなかった。娘のジョーンは、自分の父が革命労働者党同盟のメンバーだったかと聞かれると、それは否定せずに、「何かに所属するという性質のものではなかった」と答えた。同時に、父が当時付き合っていた人たちは、全員がある種の急進主義者であったことは認めた。ただ、一九三〇年代のアメリカ共産党の最大の敵は、スターリン主義に反対していた自分の父であったということもつけ加えるのだった。

アービング・クリストルとともに季刊誌「パブリック・インタレスト」を創刊した高名な社会学者ネーサン・グレーザーは当時、ウォルステッターとジェイコブズの二人を知っていた。インタビューの中では「アルバートが急進主義集団の一員であることはだれもが知っていた。ただ、どの急進主義集団かが分からないだけだった」と振り返っている。モートン・ホワイトは自分の回想録の中でアルバート・ウォルステッターとの関係に触れ、革命労働者党同盟へ入らないかと彼に誘われたと打ち明けている。ニューヨークのユニオンスクエアの北側にある、家具も置いてない小さなアパートが同盟の本部で、そこにメンバーが集まってマルクス主義についての演説を聞いたものだという。

思い込みは終生変わらなかった

こんな過去がウォルステッターにあったと判明すれば、元トロツキー主義者の小説家ジェームズ・T・ファレルやソール・ベローのほか、シュウェリン夫妻やメアリー・マッカーシーといった急進主義者と生涯の付き合いを続けていたのも納得できる。しかし、もっと重要なのは、古いボルシェビキの世界観がウォルステッターの仕事に痕跡を残し、決して消え去らなかったということだ。ヨシフ・スターリンとの権力闘争に敗れ、国外追放されていたトロツキーは、共産主義の理想は強制的な手段を用いて実現されるべきだと信じていた。ウォルステッターは、完全に思想統制された体制下で世界征服を目指しているのがソ連であるとの信念を持ち、それに従って戦略的決定を行っていた。

実は、このような信念は、アメリカ国民一般は言うに及ばず、ランドでも広く共有されていた。それでもやはり、ウォルステッターの対ソ連観には、古いトロツキー主義によって埋め込まれた急進主義者の痕跡だけでは説明できないものがあった。ソ連は気まぐれで強情な国であり、核による全面戦争を始めたいという、抑えのきかない欲求を持っている――ウォルステッターはこのように主張していた。そうではないと示す事実が出てきても、そんな対ソ連観は長い間変わることはなかった。

ランドに就職

数理論理学者としてコロンビア大学を卒業すると、ウォルステッターは「ちょっと方向が違う」と思うようになって弁護士としてのキャリアを断念した。代わりにアメリカ経済研究所（ＮＢＥＲ）で職を得た。第二次大戦中は、戦時生産局と国家住宅庁へ移り、そして兄が経営する発電機工場の経営を手伝った。戦後は、ドイツの建築家ワルター・グロピウスによるモジュール建築様式に基づいた住宅を建設し、販売する会社ゼネラル・パネル・コーポレーション・オブ・カリフォルニアの副社長になり、カリフォルニアへ転居した。グロピウスは、モダニズム建築に大きな影響を与えた「バウハウス」の創設者の一人だ。もっとも、ゼネラル・パネルの経営はすぐに行き詰まり始めた。建物を設計する際の基本的な寸法であるモジュールが、アメリカの標準的な建築基準と違っていたからだ。その間ずっと、ウォルステッターはかつて大学時代に熱中していた数学的な研究分野へ復帰したいと願っていた。

ある日の夕方のことだ。妻のロバータと一緒にサンタモニカの街を歩いていると、東海岸で昔知り合った仲間と出くわした。数学者のＪ・Ｃ・Ｃ・マッキンゼー、オラフ・ヘルマー、エイブ・ガーシックの三人だ。彼らは、ランドと呼ばれる職場で働き始めたところであり、勤務地はサンタモニカの中心部にある新聞印刷工場跡地であると説明した。そのうえで、ウォルステッターにも一緒に働かないかと声をかけた。ガーシックは「ランドでは一生に一度の充実した時間を持てるよ」と請け合った。

ウォルステッターはためらった。ゼネラル・パネルの経営立て直しに向けて同社のローンを借り換える必要があり、そのために努力すると約束したばかりだった。同社に大きな義理を感じていたわけだ。

ところが、妻のロバータは、ランドは面白い職場だと思った。そこで、マッキンゼーら三人は新設の社会科学部長ハンス・スパイアーを説得し、書評担当としてロバータを雇わせた。数カ月後、予算の都合でロバータは解雇された。それ以降は、仕事で評価され、身元を明かしても大丈夫な時期がくるまでは、ロバータはランドでは別人であると偽ってアナリストとして働かなければならなかった。やがて彼女は仕事で評価されて身元を明かすことができるようになり、かたや、ウォルステッターのゼネラル・パネルは経営破綻した。同社の設計システムはプレハブ住宅が再びもてはやされるときが来るまでお蔵入りすることになった。失職するアルバート・ウォルステッターはランドへ応募し、採用された。

一九五〇年代の初めまでには、ランドは「冷戦の戦士のためのアイデア倉庫」という評価を一層はっきりと確立していた。レオ・ロステンがジョン・ウィリアムズとコルボムに対して警告していた通りの展開になったわけだ。現に、ランドをめぐってはいろいろな噂があった。空飛ぶ円盤を作ったり、月旅行を実験したり、瞬時に世界を破壊する兵器を開発したりしているという噂だ。このような不愉快な評判を変えるために、ランドは経済誌「フォーチュン」のジョン・マクドナルド記者の取材に応じ、同誌に長文記事を掲載してもらった。この記事はランドを理想化し、迫りくる破滅から人類を救い出したのは実質的にランドであると言い切っていた。その後も記者の取材に応じて、同様の続報を何本か書いてもらっている。ランドはまた、伝統ある科学誌「サイエンティフィック・アメリカン」に一連の広告を載せた。ガリレオから始まり、デカルト、エジソン、アインシュタインへと続く長い知的探究の歴史を継承しているのは、ランドの研究者たちであり、フランク・コルボム所長の下でランドは絶頂を迎えている――これが広告のメッセージだった。一九五〇年代が終わるころには、大衆の間では「知的で最先端といえば、それはランドのこと」といったイメージが作られていた。夏になると決まって「ランドが国家機密になる科学技術上の奇跡を達成」といった話がでっち上げられた。ランダイトは「かっこよくて新しい世界」の先駆者であり、常に冷静であると思われていた。

一九五一年、ウォルステッターはランドに就職し、数学部コンサルタントとして後方支援部に助言する仕事を始めた。方法論的な報告書をいくつか執筆したものの、数理論理学に退屈し、現実の国際問題に取り組みたいと思うようになっていった。この年の五月にチャンスが訪れた。経済学部長のチャールズ・ヒッチから誘いを受けたのだ。のちに基地研究として結実するアイデアの核心である「戦略空軍司令部の基地をどこに配置すべきだろうか?」という疑問に答えてほしいというのだった。

経済学部責任者のヒッチは、問題解決のために学際的な手法を採用する権限を与えられていた。ジョン・ウィリアムズのように、である。ヒッチの管轄範囲は複数の研究部門にまたがっていた。一つ目は後方支援部。空軍が必要とする軍事力を維持・補給する業務へ定量分析の手法を応用していた。二つ目はコスト分析部。空軍の資材調達プロセスの簡素化を目指していた。三つ目は経済学部。国防プログラムを対象にして費用対効果の分析手法を導入していた。ウォルステッターは統計的分析の分野に明るかったうえ、第二次大戦中には軍備の品質管理で経験を積んでいた。そんなわけで、戦略空軍司令部、つまりSAC向けの研究を行う責任者としては理想的な候補者に見えたのだ。

都市部を消せば、ソ連は消える

それにもかかわらず、ウォルステッターはヒッチの誘いにほとんど浮かれなかった。ヒッチから技術的な条件など詳細な説明を受けると、彼特有の高飛車な態度で「このプロジェクトは、どちらかといえば退屈な後方支援の問題のようで、興味は持てません」と答えた。しかし、週末には、将来の基地研究につながる、SAC向けのプロジェクトが内包する可能性を真剣に検討するようになっていた。

ウォルステッターが興味をそそられたのは、このプロジェクトのダイナミックな側面だ。SAC内では、ソ連の攻撃目標に近い位置に空軍基地を配置したがる戦略家が少なからずいた。出撃が容易で、コストも安いからだ。しかし、コストに関係なく、基地はできるだけ敵国から遠い位置に配置すべきだとの意見もあった。ウォルステッターは次のように語っている。「我々が敵に近ければ、敵も我々に近い可能性が高い。だから敵も非常に得していることになる。(中略)そこで、理論上この問題を解く方法はない、と思った」

ウォルステッターはまた、このプロジェクトを手掛けると、核戦争について具体的なやり方で学べるだろうとも推論した。広島への原爆投下にはぎょっとさせられ、そのような行為は道理にはずれ、不必要であったと思っていた。そのため、核戦争の際には、できるだけ都市部への攻撃を避ける方法はないかと考える傾向があった。こんな思考方法は空軍の気質とは相いれなかった。なかでも、一九四八年からSAC司令官を務めているカーティス・ルメイ将軍の考え方とは正反対だった。

ルメイが信じていたのは、核によるいわゆる「壊滅作戦」であった。人口が集中する都市部を核爆弾で直撃すれば、ソ連問題は消えてなくなるというのだった。このような一か八かの戦略は、ソ連がアメリカ軍の基地かヨーロッパの同盟国を攻撃した際に、アメリカ軍が採用する公式の反撃方法だった。しかしながら、ウォルステッターはそれまでの人生のほとんどで、意図的に軍事的・戦略的な政策問題を無視してきた。

そのため、ヒッチからSAC向けのプロジェクトをもちかけられても、伝統的な空爆分析の知識を持たないままで引き受けたのだった。ウォルステッターはランドでは新参者かもしれない。しかし、やがてはランドの行動規範となるものをすでに取り入れ始めていた。つまり、手元にある事実で正当化できるのであれば、どんな結論に達しても構わないという自由が研究者に与えられている――そんな行動規範だ。

細部までデータを求める

次の月曜日、ウォルステッターは、気が変わったのでヒッチにSAC向けのプロジェクトを喜んで引き受けると伝えた。基地研究へ発展する広範なテーマを与えられ、間もなく事実上持てる時間のすべてを研究にささげるようになった。

ウォルステッターは、一九五六年から一九六〇年にかけての期間を基地研究の対象にするよう指示された。この期間にSACが利用できるようになると予想された爆撃機の布陣は、次の通りだ。航続距離二千七百キロ以上のB47が約千六百機、四千七百キロ以上の旧型B36が三百機、四千九百キロ以上のB52がおそらく航空団一個、空中給油機のKC97が七百二十機だ。一九五一年時点で空軍は海外に三十二基地を持っており、ほとんどが「できる限り敵に近く置く」という明白な意図を持ってソ連に近い位置にあった。第二次大戦中に流行した分析手法「オペレーショナル・アナリシス」の伝統に従うと、重要なのは敵国領土内への侵攻であり、基地や機械の喪失は不可避のものとされた。つまり、爆撃機はアメリカ国内から海外基地へ飛び立ち、そこで爆弾を搭載し、次に攻撃目標へ向かい、爆弾を落とし、同じ海外基地へ燃料補給と爆弾再搭載のために戻る――これが作戦のすべてであった。

ウォルステッターは政府と民間で働いた経験があったことから、技術的なことに精通しており、基地システムのさまざまな要素がどのように機能しているのか理解できた。膨大な情報をのみ込んで酔っぱらったように、ランド本部の廊下を歩きながら、ついには細部にまでこだわって膨大なデータを集めた。同僚は「これほど大量な情報を整理し、理解可能で役に立つ研究報告書に仕上げることができるのだろうか」といぶかっていた。結局、ウォルステッターは手助けが必要になって、非常勤の秘書を雇った。当初はポケットマネーで秘書への給与を払っていたが、そのことを突き止めたヒッチは、ランドが秘書の費用を負担すべきだと主張した。ウォルステッターはまた、二人の若手経済学者を採用した。通称「ハリー」と呼ばれるヘンリー・ラウエンとフレッド・ホフマンだ。ラウエンとホフマンは空爆作戦の分析という、古典的な仕事を与えられた。つまり、現存する航空機侵攻戦術の再検討、代替飛行経路の考案、それぞれの代替飛行経路の損耗率《そんもう》の算出などの仕事だ。そのほか、さまざまな基地配置案のコストを見積もる作業も手伝った。ハリー・ラウエンはやがてランドの所長となる。

『真珠湾——警告と決定』

ウォルステッターの考え方は、妻のロバータが同時期に行っていた研究に深く影響されていた。ロバータの研究は、日本軍によるハワイの真珠湾への奇襲攻撃を対象にし、奇襲攻撃前にアメリカ側が暗号解読で知りえた情報に焦点を当てていた。発端は、ランドの社会科学部に所属するアナリスト、アンドリュー・マーシャルだった。一九五一年、ロバータに真珠湾攻撃を研究テーマに取り上げるよう提案したのだ。ロバータはこの研究に七年を費やし、一九五七年に完成させた。空軍はただちにロバータの研究報告書を国家機密扱いに指定し、二部だけ作成して資料保管室へ移した。皮肉にも、ロバータは高度な国家機密への情報アクセス権を認められていなかったから、彼女の手元には自ら作成した研究報告書が一部もなかった。それから五年後、ランドの研究者が政府の要職に就くようになった。そのおかげで、ロバータの研究報告書はようやく国家機密扱いを解除された。彼女は『真珠湾——警告と決定』との題名で本を出版し、絶賛された。歴史の分野では最も権威があるバンクロフト賞を受賞し、真珠湾攻撃を専門にする歴史家としては第一人者の評価を確立した。[9]

ロバータ・ウォルステッターの見解では、不必要な情報を意味する「雑音《ノイズ》」があふれていたことが原因で、アメリカ側は真珠湾への攻撃計画を示す警告兆候を認識できなかったという。このような見解は、「チャンスがあればソ連は先制攻撃を仕掛けてくる」と信じるアルバートの考え方とぴったり適合した。ウォルステッターにしてみれば当時の状況を戦略的に分析すると、あちこちに危険を見いだせたのだ。

三十分で準備完了

SACはヨーロッパとアジアに三十二の基地を置き、ソ連の奇襲攻撃に対しては最低限の防衛体制しか築いていなかった。仮にソ連の奇襲攻撃が現実になると、空軍による報復計画は無用と見なせるほど不完全だった。基地にあるビルや倉庫などの施設は、コスト削減の観点から、一ヵ所に集中する形で建てられていた。敵の攻撃に対する脆弱性が高まるにもかかわらず、である。SACのレーダー防衛システムがあるものの、ソ連の爆撃機は低空飛行しつつ予想された攻撃ルートから外れることで、レーダー網を容易にくぐり抜けられると考えられた。これについて、ウォルステッターは皮肉たっぷりに「西側が望ましいと考えるソ連の戦略」と表現した。爆撃機自体も無防備だった。それぞれの機体が接近した状態で屋外に駐機されていたのだ。要塞化した格納庫などの施設も欠落していた。問題はそれだけでない。空軍の幹部が想定していたところによると、レーダー防衛システムが警告を発すると、たったの三十分で基地内の爆撃機全機が出撃準備を済ませ、核爆弾の格納場所へ飛び立ち、そこで核爆弾を搭載し、攻撃目標へ投下することになっていた。あり得ない想定であった。

ウォルステッターと彼のチームによると、ソ連軍は四十キロトンの戦術核爆弾を百二十発用意するだけで、SACがヨーロッパの基地に配備する爆撃機の八五％まで破壊できる計算になった。

ウォルステッターにしてみれば、なぜソ連がチャンスありと考え、先制攻撃を仕掛けてこないのか、理由が分からなかった。彼の目には、当時のソ連の状況は第二次大戦前の日本のそれと類似していると映った。ソ連と同様に、当時の日本は上り調子の帝国であり、二流の技術力しか持っていなかったのに、勝者になろうと必死だった。やはりソ連と同様、行く手に立ちはだかる敵に大打撃を与えられるのならば、敵から報復攻撃されてもいいと考えていた。日本の場合、敵はアメリカ艦隊で、アメリカ艦隊は日本が南太平洋で築こうとしていた覇権を脅かしていた。ソ連の場合、敵はヨーロッパに駐屯するアメリカ軍だ。西ヨーロッパへソ連軍の戦車が侵攻しようとしても、そこにはアメリカ軍が立ちはだかっていたのだ。

ウォルステッターと彼のチームは、自分たちの発見の意味合いにびっくりした。彼らの研究報告書「R244号」は国家機密文書として「S文書」に指定された。ランドの通常の出版物リストから除かれたのだ。こうすれば、名を売りたがっている下院議員や、善悪の区別もつかない官僚が「SACの最重要資産がまるで豚に真珠でも与えるかのようにまき散らかされている」などと暴露することもないというわけだ。基地を攻撃から守るための安全対策案は文書として残されなかった。そんなこともあり、ウォルステッターはある学会に出席した際にはコメントすら控えた。ただ、同じ学会では、ほかののんきなランドの科学者たちは、アメリカを攻撃する最も効果的な方法について公の席で自分の憶測を述べていた。何も対策を取らなければ、そのような憶測が現実のものとなるとも自覚せずに……。

皮肉にも、SACの基地の脆弱性についてのウォルステッターの警告は、夏の天候によって実証された。一九五二年の九月一日、テキサスにあるカーズウェル空軍基地が、時速二百キロ以上の風速で進む強力な竜巻の直撃を受けた。格納庫が崩壊し、B36爆撃機一機がめちゃくちゃに壊れ、ほかの航空機八十一機が使用不能になった。また、基地の電気系統も打撃を受け、基地全体が火事のリスクにさらされた。

ウォルステッターはカーズウェル空軍基地での惨事を自分のプレゼンテーションの中で活用した。ソ連が四十キロトン級の原爆を基地近くに落とせば、たとえ基地から三キロ近く外したとしても、カーズウェル基地を直撃した竜巻と同じ程度の強風を発生させることができる、と指摘した。そのうえ、基地は爆発による高熱と放射線を浴び、基地内のほとんどの人たちは死亡するだろう、とも推測した。広範囲に及ぶ対応策も提言していた。主な提言には「SACの爆撃機はアメリカ国内に配備し、国外基地の利用は燃料補給の場合に限定すべきだ」「基地内では爆撃機を数カ所に分散して駐機すべきだ」「SACは核爆発にも耐えられるほど強化された爆撃機シェルターを建てるべきだ」などがあった。

一九五二年の終わりごろ、ウォルステッターと彼のチームはワシントン入りした。図表と数字で武装し、SACを破壊から救うすべての材料がそろっていると確信していた。しかし、ワシントン滞在中、空軍内のさまざまなグループを前にして九十二回もプレゼンテーションを行いながら、大した成果を得られないのだった。最後の最後になって判明したのが、最大の障害がSAC司令官、カーティル・ルメイ将軍本人だったということだ。爆撃機シェルター建設の提言に対する反応がルメイの態度を象徴していた。「シェルターなんてくだらない」と切り捨てたのだ。

ルメイは、自らの理念に従って、爆撃機に追加的な防御対策を施す案に反対していた。爆撃機が破壊されたら、より新型モデルを発注してそれに置き換えればいいというのだった。しかも、ルメイは先制攻撃派だった。ソ連がアメリカ攻撃に向けて準備している兆候が少しでもあれば、アメリカはソ連に対して先制攻撃を仕掛けるべきと考えていた。政治的な理由もあった。ランドの提言を受け入れると、ルメイは主導権を空軍に譲る格好になる。SACは形式的には空軍の一部ではあっても、指令系統としては軍の最高機関である統合参謀本部の直属だった。ルメイは独立心が強く、他人に従うような男ではなかった。

フェイルセーフ

ウォルステッターと彼のチームはやむなくルメイを巧みに避ける作戦に出た。一九五三年八月、ランドが空軍と結ぶ研究受託契約を利用して、空軍参謀総長代行のトーマス・D・ホワイト将軍に対して直接プレゼンテーションする機会を得た。そこでホワイトは問題の緊急性を認識し、ウォルステッターらの提言を空軍評議会が検討するよう取りはからうと約束した。折しもその月の後半、ソ連が最初の水爆実験に成功したと発表したことで、ウォルステッターらにとって追い風が吹いた。一九五三年十月までに、空軍は彼らの提言の大半を取り入れる決定を下した。翌年の四月、ウォルステッター、ラウエン、ホフマンらは彼らの考えのすべてを盛り込み、国家機密扱いの研究報告書「R266号」としてまとめた。「戦略空軍基地の選択と利用」と題したこの文書は、空軍が新たに導入し始めた対策に言及する際に、それ以前のSAC体制のことを皮肉っぽく「以前に計画されていたシステム」と表現した。

一方、ルメイは基地の脆弱性をなお認めず、違う解決策を見いだすよう要求していた。あるとき、フロリダ州タンパに配属されていた空軍の政策立案者、エド・ジョーンズ大佐が新しいアイデアを持ち出してきた。B47爆撃機は武器などをすべて搭載した状態でアメリカ国内の基地から出撃し、アイスランド上空で燃料補給しながらソ連国内の攻撃目標へ向かい、最後は海外の基地へ帰還する、という内容だった。ルメイはこのアイデアに飛びついた。このアイデアを使えば、SACは意思決定権限を空軍という〝部外者〟に譲り渡すことなく、自らの弱点を克服できると考えられたからだ。結局、このアイデアは「フルハウス構想」と呼ばれ、空軍の方針になった。その趣旨は、「先制攻撃の拠点としての海外基地の重要性を見直し、その役割をもっぱら空中での燃料補給と先制攻撃後の支援に限定する」というものだった。

それにもくじけず、ウォルステッターは自分の研究をさらにもう一歩推し進めて、アメリカの歴史に永久に残るような概念を編み出した。「フェイルセーフ（多重安全装置）」である。戦争計画者はもはや、何も見えない暗闇の中で作戦を遂行したくはないし、作戦からの逸脱などを混乱のせいにしたくはなかった。核攻撃はどんなときでも計画的でなければならず、決して偶発的であってはならないのである。フェイルセーフは、多大な影響をもたらすものでありながらも、その考え方は本質的に単純だった。基地研究は、「敵への接近は二車線道路（相互的なもの）である」というウォルステッターの洞察力によって生み出された。同じように、フェイルセーフは、「あらゆるものが計画通りに動くとは限らない」という彼の認識が土台となっている。

核の惨事を未然に防ぐ

ウォルステッターは「もし核爆弾搭載の爆撃機が誤ってモスクワ攻撃に向けて出撃したら、どのように爆撃機を呼び戻せばいいのか」と自問した。この場合、モスクワ攻撃命令を取り消し、爆撃機を呼び戻す方法がなければならない。地球の未来といってもいいほど多くの人たちの生死がかかっており、爆撃実行にはどんなに小さな誤りも許されない。こう考えたウォルステッターは、攻撃命令が確かに出ていることを確認するため一連の「チェックポイント」を設け、爆撃機がそれぞれのチェックポイントでチェックを受けなければ、攻撃を続行できないようにすべきだと唱えた。攻撃命令を確認できなければ、攻撃命令は自動的に取り消されるのである。

ウォルステッターは次のように記している。

真に受けるべき警報が発せられていても、任務続行を求める具体的な指示がない限り、爆撃機は基地へ帰還する。警報が不正確なものであったら、たとえ無線通信が途絶えたとしても、やはり爆撃機は基地へ帰還する。実は警報が現実の攻撃に反応して発せられ、無線通信の一部に障害が発生していたのだとしても、このような障害は許容範囲だ。攻撃目標に向かっている戦力のうち、ほんの一部が欠けるだけなのである。

フェイルセーフの考え方は空軍に採用された。フェイルセーフはこれまでにいくつかの局面で核の大惨事から世界を救ったかもしれない、といわれている。

たとえば一九七九年のことだ。電話交換手のミスによって、アメリカが核攻撃を受けているとの誤報が流れた。三つの空軍基地から戦闘機十機が緊急発進した。しかし、誤りだと判明し、戦闘機は呼び戻された。一九八〇年には、ミニコンピューターの半導体の誤動作が原因でソ連がアメリカを攻撃中との誤った情報が再び流れた。このとき、これが誤りだとすぐに分からなかったら、百機近いB52爆撃機が発進し、大統領がホワイトハウスでたたき起こされ、大陸間弾道ミサイル（ICBM）のチームが反撃準備に入ったことだろう。

ウォルステッターは基地研究とフェイルセーフの発案によって成功し、ランドの同僚研究者の間では尊敬と称賛の的になった。しかも、連邦政府の最高権力者にくい込み、ほとんどの軍事アナリストが経験し得なかった特権的な地位を築いた。彼の研究はアメリカの戦争計画の致命的な欠陥を指摘し、そのうえアメリカ空軍が潜在的に数十億ドルもの損失を被る事態を未然に防いだのである。

　数年後、彼はペンタゴンを訪れ、「一九五〇年代と一九六〇年代のアメリカの反撃能力を守るために」と題した最新版の基地研究「R290号」を紹介した。このときは、九十二回もプレゼンテーションする必要はなかった。個人的に国防長官チャールズ・ウィルソンと面会して「R290号」を説明し、そこには空軍参謀総長になっていたトーマス・ホワイト将軍と統合参謀本部議長のネーサン・トワイニング将軍が同席していたのだ。

軍事予算を三倍に

「R290号」はランドにとって大きな勝利だった。この報告書は、ランド所属の物理学者ブルーノ・オーゲンスタインが生み出した新しいアイデアを取り上げ、そのアイデアの戦術的な利用価値を探究したものだった。ランドの物理学者として第一人者であるオーゲンスタインは、新型の水素爆弾を製造する方法を提案していた。この水爆は従来よりもずっと軽量であるため、爆撃精度が低かった当時のＩＣＢＭの弾頭として使えると考えられた。「スーパー」と呼ばれた水爆はとてつもなく強力で、半径五十キロ以内にあるすべてを破壊すると推測され、ＩＣＢＭが攻撃目標から五キロほど外れても、何の問題もなかった。ミサイルの精度がある程度低くても、関係ないわけである。オーゲンスタインの提案が実施されると、大陸間ミサイルは実際に利用可能な武器となり、これによってランドの根源的な存在理由は裏付けられたのだ。[10] ランドは、戦争のために新型の武器を開発する学者が結集する、いわば「軍事アカデミー」になった。実際、第二次大戦後に最も切望された武器の開発に成功している。ＩＣＢＭの開発に、である。

　しかしそれだけではランドは満足しなかった。新型の〝雷電《サンダーボルト》〟を作り上げるだけでなく、それをどこへ投げ付けるかについても口を出したかったのだ。ランド設立当初、彼らは空軍の個別プロ

アメリカ空軍参謀総長のトーマス・D・ホワイト将軍（中央の軍服の人物）。
1958年、ペンタゴン内の執務室で、ランドの幹部たちと意見交換している。
このころまでにランドは、戦略空軍司令部（SAC）と空軍という〝武力集団〟を動かす頭脳になっていた。
photo : Hank Walker/Time Life Pictures/Getty Images

ジェクトのために寄せ集められた専門家集団にすぎなかった。ところが、一九五〇年代中ごろまでに別の存在に変わっていた。それは、最初の原子爆弾が爆発したアラモゴードの砂丘に残った緑の草原のように、予想外のことだった。ランドのオタク系科学者は「核戦略」という新分野を創設する過程で、核に関係することであれば何であっても、自分たちこそ第一人者だと考えるようになっていたのである。

とりわけ、「核抑止力」の発明者バーナード・ブロディーは、大規模な水爆研究にも参加したことでその傾向が強かった。水爆は最高の国家機密であり、一九九五年まで国家機密の指定は解除されなかった。一九五一年、ブロディーはランド経済学部長のチャールズ・ヒッチにスカウトされた。空軍向けのプロジェクト「大規模兵器の意味」に加わり、ヒッチと物理学者のアーンスト・プレセットに協力するためだった。

大規模兵器の効果についての問題点と、大規模兵器に対する防衛の可能性を分析した。さらに、ソ連による水爆の入手や利用のほか、アメリカによる積極的な水爆開発に関する調査も手掛けた。

ブロディーらは、利用する兵器は五メガ（メガは百万）トンの核融合爆弾と想定した。これは、長崎へ投下された原爆の二百五十発分の爆発力に相当した。この種の爆弾は、当時カリフォルニア州リバモアにあるリバモア研究所で製作中だった。ブロディーらの結論では、水爆を投下すると、爆発の威力とそれに続く「火の壁」によって着弾点から半径十一キロ内にある建造物は崩壊する計算になった。核シェルターへ避難していない場合、着弾点を中心とした百四十平方キロメートルの範囲内にいる人たちは全員が即死し、たとえシェルター内でも、八十平方キロメートルの範囲内にいれば死亡すると推定された。いずれの場合でも、それぞれの範囲の境界にいる人の生存率は五〇％と考えられた。

ブロディーらの言葉を使えば、核融合爆弾が「致死的で、けたはずれに破壊的」であることは疑いようがなかった。彼らは「お互いに相手国の主要都市を攻撃目標として、大規模に原子爆弾と核融合爆弾を使用するとしよう。それは両国にとって国家的な自殺行為を意味する」と結論づけている。それでもなお、十分な量の核爆弾の備蓄を早急に進める必要性を強調していた。彼らの見解では、ソ連は突発的に攻撃的になる可能性があり、アメリカはそれに対応した準備をせざるを得ないのだった。「我々はできる限り早く核融合爆弾を開発しなければならない。さもなければ、ソ連の侵攻を抑止する能力を失い、ついには国家として存続するチャンスも失うかもしれない」と記している。彼らの研究報告書は安全保障関係者の間で広く読まれ、トルーマン大統領自身もそれについて説明を受けている。当時の政権の国防予算をみれば、当然のことでもあった。ソ連が世界征服のためのマスタープランを実行中と信じ、当時の政権は一九五一年度に国防予算を前年度の百三十五億ドルから四百八十二億ドルへ増額していたのである。

バーナード・ブロディーの「寸止め戦略」

ブロディーは、核兵器を使った抑止政策はやむを得ないとしても、核戦争そのものはどんな合理的な政治判断とも相いれない、と結論している。ブロディーにとって、このような結論を出すのは苦痛を伴った。彼は核戦争研究の草分けの一人であったからだ。アメリカとソ連がやむにやまれず「殺人兵器」の開発を続けていたのは、両国をそのように仕向ける政治システム上の力学が働いていたためだ。しかしながら、いつの日か、何らかの方法で、魔神がランプから抜け出し、一瞬の閃光で数千年にわたる文明を消し去ってしまうリスクが常に存在したのだ。こんな矛盾とどのように向き合ったらいいのだろうか。

ブロディーの解決策は二通りあった。政策レベルでは、彼はより巨大で、より致死的な核兵器を製造し、それによってより強力な抑止力を働かせるよう、従来にまして強く主張した。あわせて、「現在の産業センターは地理的に一部に集中しており、新しい産業センターはそこから離れた場所に築かれるべきだ」と強調し、都市と人口を分散させて民間防衛体制を整えるよう提言している。また、重要な軍事施設の選択的分散化と軍事機器・軍事用品の備蓄とともに、核爆発の衝撃に耐えられるような民間シェルターの建設を訴えた。これらはすべて、万が一にソ連が核攻撃を仕掛けてきても、アメリカが反撃に必要な能力と人材を確保できるようにするためだった。

私生活のレベルでは、ブロディーは長期にわたって精神分析に夢中になり、ランド内でも精神療法の長所を説いてまわった。精神分析は、独善的なランダイトの間で流行にもなった。大量殺人が行われた第二次大戦の後遺症をひきずり、冷戦に対する不安を抱える西側社会で、フロイトが流行したのを映し出しているかのように、である。ネーサン・ライティーズとロバータ・ウォルステッターは

「ライターズ・ブロック（心理的要因から書けなくなること）」に陥り、精神分析の治療を受けた。一方、フロイトに魅せられたブロディーは、ランド内で回し読みされた彼自身のメモの中で核戦争戦略をセックスにたとえてみせた。

彼の計画では、核戦争の際に一回目の反撃を終えたら、敵の反応を見極めるために攻撃をいったんやめなければならない。これは、射精前に「寸止め」するのと似ているというのだ。また、SACが好む「壊滅作戦」は、あっという間に終わる、乱雑なオーガズムになぞらえた（軍事理論家のハーマン・カーンはこのたとえ話を気に入り、SACの高官が集まった席で、「みなさん、あなたたちにはウォーガズム（核戦争の勃発）はありますが、ウォープラン（戦争の計画）はありません！」と言った）。

一九五〇年代に沈思黙考と精神分析にどっぷりと浸かった結果、ブロディーは彼自身の生涯で最も有名になる著作『ミサイル時代の戦略』を出版できた。この中で彼が提唱したのが「限定戦争」だ。限定戦争には戦術核兵器の利用が含まれていた。実践すれば、より大規模で、より殺人的な攻撃へ進む前に、両国が停戦で合意する可能性も出てくるというのだった。しかし、結局のところ、ブロディーのビジョンには希望が欠けていた。自分の著作物の中で認めているのだが、彼は米ソ超大国間の戦争を回避する方法を見いだせなかった。いったん両国が戦争を始めると、必然的に数百万人もの命を奪う結末になるというのだった。

一九五二年の秋、ブロディー、アンドリュー・マーシャル、チャールズ・ヒッチらが集まり、「戦略目標委員会」と呼ばれる非公式勉強会を立ち上げた。昼食時と勤務時間後を利用し、アメリカが積み上げている大規模な核兵器備蓄をどこに配備したらいいのかを議論したものだ。一九五三年から一九五五年にかけて、アメリカの核爆弾備蓄は二千発近くへ増加した。ここには、数十発の水爆とその水爆の数メガトン級の威力は含まれていない。SACが好む「壊滅作戦」計画に従えば、ソ連との戦争が始まると、ソ連国内の百八十八都市それぞれで人口の四分の三を殺す結果になると予想された。死者を合計すると、ソ連と東ヨーロッパだけで七千七百万人以上になる計算だった。

SACが想定した大惨事を防ぐために、ランドの戦略目標委員会は、当時核戦略家の間で支持を集め始めていた一つの構想を持ち出した。「カウンターフォース（対兵力攻撃）」である。広く定義すると、カウンターフォースは予備の核戦力を保有することであり、奇襲攻撃に対応するための「報復能力」としても知られていた。カウンターフォースはまた、ブロディーが提案した考え方も取り入れており、核攻撃の際には都市を狙わず、目標を兵器や軍事施設に限定して破壊する戦略でもあった。当然の結果として、戦力を段階的に使う形になった。こうすることによって、敵国が核ミサイルの第二陣を発射する前に、敵国に十分な時間を与え、停戦協定を結ぶよう促せるのだった。

カウンターフォース構想が出てきたことで、ランドでは多くの研究者が限定核戦争を遂行できるばかりか、限定核戦争にも勝ち目があると確信するようになった。カウンターフォース構想は、当初こそSACとルメイに拒絶されたものの、数年のうちにアメリカ政府の核戦略となる。その影響は、ベトナム戦争とソ連崩壊までの冷戦時代に常に感じ取れるのだった。

「やる気」よりも「数値」

一九五〇年代半ばまでに、ランドの政治的勝利に伴ってランド内で経済学部の立場は確固たるものになった。同時に、数十年にわたってランドというシンクタンクを定義づけることになる数値的、合理的、実証的手法の優位性も一段と明確になった。ソ連共産党の機関紙プラウダが当時、ランドを「科学と死のアカデミー」と呼んだのは有名な話だ。しかし、もっと的を射た通称は「数値合理主義のアカデミー」だったことだろう。

ウィリアムズとコルボムは当初「戦争一般理論」を完成させようとして、社会科学部を設けた。人間的要素を理解する専門家が欠かせないと思ったからだった。しかし、「ハード」サイエンスが勝利したことで、ランダイトは人間の知恵に依存する考え方を捨て去った。つまり、歴史学や社会科学、人類学といった「ソフト」な学問分野を使って数値的手法を補強する方法を断念した。代わりに、ランドの経済学者は「ソフト」な要素を「ハード」サイエンスの単なる付属物と見なし、数学モデルやシステム分析を駆使して数字、選択肢、意思決定パターンなどへ落とし込んでいった。

バーナード・ブロディーの役割は徐々に低下していくことになった。皮肉なことに、彼は「広島後の世界は二度と元へは戻れない」と最初に見抜いた専門家の一人だった。自らの研究では、人間のやる気や戦争の段階的拡大に重きを置きながら、理路整然とした、歴史的な手法を採用していた。ウォルステッターと彼の信奉者による分析的な手法とは相いれなかった。ウォルステッターらは、ソ連はなから信用できないとして、意識的にソ連の軍事能力に注目しないようにしていた。

ランドでは、計算、構文解析、羅列などが物語、心理学、解釈などに対して優位に立ったのである。これは大きな影響をもたらすことになった。つまり、アメリカの国防体制と政治機構を再構築し、政府の役割は何なのかという問題をめぐる西側世界の考え方を一変させるのだった。容赦ない定理のように、ランダイトは人間の存在について独自の見方をしていた。人間の存在で重要なものはすべて数字で表すことが可能であり、数字で表すことによって人類はその原動力、つまり自己利益を把握できるというのだ。

経済学者ケネス・アローによると、自己利益とは商品の物質的な消費であり、自由民主主義にとって最高の政府は、消費を無限大に刺激する政策を取る政府である。そんなわけで、ランダイトは西側の自由民主主義のために、消費者個人に絶対的な優位性を置いた新しい理論基盤を築き上げた。その理論は、商品を消費する個人にも、政治を消費する個人にも、両方に適用できるのである。

またアルバート・ウォルステッターは、キャリア上の成功と彼の個人的なカリスマ性によって、一九五〇年代末までにはランドの教祖的な存在になった。仰々しい言論や揺るぎない自信に裏付けされ、出世街道を駆け上がったウォルステッターは、興味を引くものすべてに手を出すようになった。そして興味を引くものはたくさんあった。彼はその時代の核戦略家として第一人者であったばかりか、高級ワインの目利きであり、世界的な美食家でもあった。学会の最中でも、頻繁に最高級レストランへ足を運び、できるだけ多くの料理を試食したものだ。彼の考えでは、人生とは枚数に限りがある食事の回数券のようなもので、期限が切れる前にできるだけ多くの食券を使うのが人間の責務であるのだった。モダニズム建築の自宅では、ランドの職員の中から抜擢《ばってき》したアマチュア音楽家を呼び、クラシック音楽の演奏会を開いていた。また、外交官を対象にした宴会を主催し、絵画やレコードを集め、新聞の日曜版に載った自分の写真をながめていた。要するに、できないことはほとんど何もなかったのだ。外国語は話さなかったが、ごまかすのはうまかった。そのため、外国語を母国語として話す人でさえも、ウォルステッターが外国語を話すと信じてしまうときがあった。本物のルネサンス的な教養人であるウォルステッターは、どのようにして高額な食事代や絵画購入費などを捻出していたのだろうか？　アメリカの軍事的脆弱性について果てしない探究を続けることによって、である。すなわち、彼はおいしい商売を見つけ、それを生涯にわたって利用し続けたのだ。

ウォルステッターが流行発信源に

ランドのだれもがウォルステッターを高く評価していたわけではない。同期の中には、彼のことを傲慢で、横柄で、恩着せがましいと見る者もいた。コスト分析部長のデビッド・ノビックは、ウォルステッターをコンサルタントとして採用した張本人でありながら、基地研究の数字をねじ曲げて使ったとしてウォルステッターを非難し、彼を解雇した（ウォルステッターは事実無根と主張し、ヒッチは彼を再雇用した）。あるとき、ウォルステッターがハリウッドヒルズの自宅へランドの仲間を招き、賢人であるかのように自説を聞かせると、そのうちの一人はとても後味が悪い思いをした。「まるでイエスの山上の垂訓《すいくん》を聞かされているようだった」という。それでもやはり、ランドの若手はウォルステッターの芸術や料理に対する趣味をまねしだした。なかでも、彼らはウォルステッターの自信過剰ぶりをまねするのに熱心だった。自分たちほど頭がよく、恵まれている人間はほかにはいないかのようにに振る舞ったのだ。ランド関係者の間では謙遜はいつでも弱さと見なされ、ウォルステッターの全盛期にはその傾向は一層強まった。

一方、意識的かどうかは分からないが、息子がいないウォルステッターは、ランドでは一種の「子が親を崇拝する」関係を望んでいた。自分の周りに若手の男性職員を集め、核戦略の世界で良き先輩になりきろうとしていた。自分のオフィスには毛足の長い白い絨毯《じゅうたん》を敷き、白い家具を置いた。その真っ白なオフィスへ、職場の従順な後輩が訪れ、ウォルステッターの輝かしい業績を目の当たりにしたものだ。彼の業績を知れば、ほかのランド研究者が成し遂げた画期的な仕事もかすんでしまうのだった。

一九五〇年代も終わるころには、最強の知的集団を立ち上げようというアーノルドとコルボムの夢は、疑問の余地のない現実になっていた。ランドは、一組織に第一級の頭脳が多数結集した点で、マンハッタン計画以来の存在になった。数学者のジョン・フォン・ノイマン、ジョン・ナッシュ、ジョージ・ダンツィーク、コンピューター科学者のウィリス・ウェア、ジェームズ・G・ギログリー、アレン・ニューウェル、経済学者のケネス・アロー、トーマス・シェリング、ハーバート・サイモン、ハリー・マーコウィッツ、物理学者のエドワード・テラー、ブルーノ・オーゲンスタイン、アーンスト・プレセット、ハロルド・L・ブロウド、サミュエル・コーエンがいた。ウォルステッターは権力に近いという点で彼らの頂点に立っていた。核の有力者で構成されるエリートサークルの中で抜きん出た存在だったわけだ。

しかしながら、このエリートサークルの中でも、反ウォルステッター的な立場ではないにしても、少なくともウォルステッターと彼のチームとは異なる道を選び、それを象徴する存在になる研究者がいた。

一九五〇年代終わりから一九六〇年代初めにかけてのアメリカと世界の視点から見て、彼はたまたまランドの知的な傲慢さと道徳的な無感覚さを象徴する男であった。ハーマン・カーンである。

第6章　死の道化師ハーマン・カーン

ランド研究所のほとんどの研究者は、自分たちが知的に優れていると信じており、決して芸人のように振る舞うことはなかった。しかし、ハーマン・カーンは進んで芸人になった。彼が好むギャグは死であった。百万人単位、千万人単位、億人単位の死だ。世間一般の人たちにしてみれば、カーンの存在によってランドは想像を絶することを考える場所になった。カーンは「自由を守るためならば、何百万人の命を失うことになっても、それを進んで受け入れようと思わないのか？」と聞いたものだ。共産主義に自由を奪われるよりは死んだほうがマシか？　人類が仮に核戦争後も生き延びたとしたら、生存者は死者をうらやむだろうか？

キューブリックの映画モデル

当時のアメリカ人といえば、たばこを常時ふかすチェーンスモーカーで、やせているというのが相場だった。男性の平均身長は一七五センチで、体重は七二キロ程度。ストレートに物を言う人も多かった。そんななかで、カーンは巨大な胴回りと冗漫なおしゃべりで際立っていた。上に高いのとほぼ

『水爆戦争論』のハーマン・カーン。1968年、得意の講演に臨んで。
Photo : John Loengard/Time Life Pictures/Getty Images

同じぐらい横に広い体型だった。身長は一八三センチ、体重は一三〇キロを超えていたのだ。民間防衛や水爆戦争など自分の好きな話題であれば、即席で何時間でも演説できた。食品会社ピルズベリーのマスコット人形「パン生地坊や《ドーボーイ》」のように、なかなか魅力的なパフォーマンスを見せ、世界の終わりについてユーモラスにしゃべりまくった。聴衆は知らず知らずのうちに笑ってしまい、時に衝撃と恐怖のあまりに講演後に嘔吐《おうと》する人もいたほどだ。

　ロバータ・ウォルステッターは彼のことを「破片手投げ弾」と呼んだ。一方で、ある軍縮専門家は「核兵器凍結を訴える講演としてはカーンの講演は最高のものだ」とコメントした。カーンはかねて先制核攻撃を提唱し、核兵器凍結を決して支持していなかったにもかかわらず、である。彼はランド出身であり、ランドの人というのは、アメリカの知的社会の中で「レアルポリティーク（現実政策）」を推し進める最大勢力だった。彼らにとって、それがどんなに不愉快なものであっても、事実は事実であった。道徳や人道的配慮によって政策分析がゆがめられてはならないのである。

カーンは、はち切れんばかりのエネルギーを発し、手に負えなくなるような男だった。有名な映画監督スタンリー・キューブリックによる『博士の異常な愛情――または私は如何《いか》にして心配するのを止めて水爆を愛するようになったか』では、主人公が終末兵器を手にし、病的なジョークを連発する。そのモデルにカーンがなったのも当然の成り行きだった（キューブリックはカーンの著作物からあまりに多くをくすねたため、カーンはキューブリックに対して使用料を要求した。だが、キューブリックは怒り心頭に発し、「とんでもないことを言うな、ハーマン！」と返事した）。

ウォルステッターやブロディーと同様にユダヤ系のカーンは、ニュージャージーで生まれ、ニューヨーク・ブロンクスで育った。父は信心深かったものの、カーンは宗教を信仰したことがなかった。しかし、生涯にわたってシオニストの主義主張を熱心に支持していた。十歳のときに両親が離婚すると、ハーマンは母に連れられて、兄弟のモリス、アービングとともに南カリフォルニアへ移住した。ロサンゼルスのユダヤ人地区に住み、そこでは厳しい生活を強いられた。母は二度に及んで生活保護の適用を申請しなければならなかったのだ。

一九四〇年にフェアファックス高校を卒業すると、カーンはカリフォルニア大学ロサンゼルス校（UCLA）に入学して物理学を専攻した。一九四三年に陸軍予備隊へ入隊する前には、知能指数（IQ）テストを受けるように命じられた。この時点で、芝居じみているとはいわないまでも、口達者である点ですでに際立っていた。

カーンが聞いたところでは、陸軍のIQテストを時間内に終えた人は一人もいないということだった。そこで、彼はあらゆるIQテストを徹底的に分析し、詰め込み勉強した。テストが始まると、たったの三十分で全問に答え、テスト会場を出た。そして、ゼーゼーとあえぎ、大汗をかきながら、疲れ果てて倒れ込んでしまった。数分後、どうにか起き上がり、テスト会場へ急いで戻り、「第一三二問で間抜けな計算違いをしてしまいました。訂正させてください！　信じられないぐらい間抜けな間違いなのです」と叫んだ。のちにこのテストで過去最高の点数を取ったと知り、胸をなでおろした。

太平洋戦域での兵役を終えると、カーンはロサンゼルスへ戻ってカリフォルニア工科大学に入学し、修士過程で学ぶことになった。母の急死で資金繰りが厳しくなるなかで、弟のモリスを支えなければならず、不動産業の資格を取得した。このころ、後に中性子爆弾の発明者となる物理学者サミュエル・コーエンがランドに就職したばかりだった。彼はカーンと親しかったため、カーンのためにランドでの働き口を用意した。カーンは一九四七年から一九六一年までランドで働くことになった。

研究チームから干される

当初、カーンは、原子力航空機を開発するプロジェクトへ回された。やがて実現可能性はないと判明するプロジェクトだ。しかし、一年以内に「スーパー」と呼ばれる武器を開発するチームに加わることができた。頭文字「H」で表される国家機密、つまり、広島と長崎を焼け野原にした二十キロトンの原子爆弾よりも、数千倍も強力となる水素爆弾を開発するチームだ。このチームの仕事のほとんどは、サンフランシスコ近くにあるカリフォルニア大学リバモア研究所で行われた。サンフランシスコへの頻繁な出張は、社交的なカーンにとって何よりの楽しみだった。カーンがあまりに機嫌よくしゃべりまくるものだから、カーンがどうやってランド内で最高レベルの「Q」レベルのマル秘情報へのアクセス権を得たのか、同僚は不思議に思ったものだ。

当時、ランドで水爆開発に携わる物理学者は極秘情報を扱っていたため、ビルの中では分厚いガラス製のドアで仕切られた一角で働いていた。ダグラス・エアクラフトの古いビル内で働いていた初期のランドの研究者のように、である。これにカーンはイラついた。自由にランド内の廊下をうろついて、面識がない人たちに会って自己紹介し、彼らを質問攻めにしたり、自分の考えをぶつけたりすることができないからである。サンフランシスコへの出張から帰ってくると、必ずといっていいほどいくつかのプロジェクトを新たに抱え込んでいたし、休憩時間に読む本や印刷物も一抱えほど仕入れていた。元研究助手のロザリー・ジェーン・ハイルナーと結婚したばかりでもあり、自分の新しい仕事のことでカーンはあらゆる点で有頂天になっていた。ハイルナーの政治的傾向に触れて、カーンはうれしそうに「(反共団体の)ジョン・バーチ協会の右寄り」と説明したこともある。カーンとランドとの蜜月は、カーンが連邦捜査局(FBI)による捜査を受け始める一九五〇年代初めまで続いた。

カーンは、過去二回の身元調査については大した問題もなくパスしていた。しかし、それはハイルナーとの結婚前だった。彼女の二人の姉は共産主義者だといわれていたのだ。しかも、FBIの情報提供者がカーンのことを密告した。この情報提供者の主張では、カーンは共産主義団体と疑われている「移民保護委員会(CPFB)」のメンバーであるというのだった。カーンは政治的には、言論の自由を標榜《ひょうぼう》する「アメリカ自由人権協会(ACLU)」や「民主主義的行動のためのアメリカ人(ADA)」に所属するリベラル派だった。また、政府関係のプロジェクトに共産主義者がかかわってはならないと考える反共主義者としても知られていた。それでもFBIの捜査が進行中は、水爆開発に必要不可欠である「Q」レベルのマル秘情報へのアクセス権は、一時的とはいえ停止された。

核で三千万人死んでも大丈夫

「Q」レベルの情報にアクセスできなくなり、カーンは時間をつぶすためにほかの仕事を探さなくてはならなくなった。この点でFBI長官のJ・エドガー・フーバーに感謝できる。なぜならハードサイエンスの世界から解放されたからだ。ハードサイエンスと縁を切ったことにより、感情を抑えることが苦手で、ニュージャージー生まれのカーンがランドで最も排他的なグループ、つまり核分析グループに加わることができたのである。そこでウォルステッター、ブロディー、ヒッチ、少し遅れて経済学者のトーマス・シェリングが彼の同僚になり、競争相手になり、時には最も辛辣《しんらつ》な批判者になったのだ。

ランドではカーンはアンドリュー・マーシャルと仲良くなり、最初のうちはゲーム理論に興味を持った。二人はいわゆる「モンテカルロ法」について共同で本を出版している。モンテカルロ法とは、確率分析のための数学的手法であり、ソ連に対する空爆などへ応用された。カーンはランド内の廊下をうろついているうちにウォルステッターと出会った。ウォルステッターは当時、事実、洞察、推測に基づいた巨大な理論、すなわち将来の「基地研究」へつながる理論を構築するのに忙しかった。ウォルステッターのプロジェクトはすぐに飛躍的に拡大し、事実上、ランド内で働くすべての専門家を総動員することになった。そんななか、カーンはウォルステッターの若手助手のような存在になった。しかし、空軍の将校を前にしてシステム分析とその国防上の役割について講義するようになると、職業人として目指すべき道を発見した。

振り返ると、あふれるばかりの個性を持つカーンは、人前でプレゼンテーションするために生まれてきたような男だった。彼の特技は話すことだ。話すことにおいては、いわゆる「意識の流れ」の手法を使ってのちに成功するコメディアン、モート・サールやディック・グレゴリーに相通じるものがあった（ただ、レニー・ブルースに匹敵するほどきわどくなかった）。

ユダヤ系コメディアンが「シュプリッツァー（ソーダ割）」と呼ぶような存在へ、カーンがいとも簡単に変身するのを見て、彼と最も仲がいい同僚でさえも驚いた。カーンが空軍の若手将校を聴衆にしてシステム分析についてプレゼンテーションすると、堅物の軍人はカーンのだじゃれ、比喩、こきおろしに笑い転げたものだ。

「我々がやりたいことは、理想的には君たちの爆撃機の模型をロシアへ送り込む実験をすることです。撃ち落とされるのは何機で、目的地に到達するのは何機か調べ、目的地に到達した爆撃機には空爆任務を遂行させ、そして帰還させるのです。ただし、これをやるにしても、協力がなかなかえられないのです」

ブロディーの著作物やウォルステッターの基地研究から自由にアイデアを拝借しながら、カーンはソ連の核攻撃には民間防衛で対応するという構想に興味を持つようになった。アメリカの人口二億人のうち、核戦争によってたとえば三千万人が死んだとしても、一億七千万人が生き残る！　鉱坑や洞《どう》窟《くつ》、掩蓋《えんがい》陣地などに核シェルターを広く配置し、死者数を一千万人に減らすことができれば、国を再建するのに十分な数のアメリカ人が生き残る！　こんなインスピレーションを得たのだ。

興奮したカーンは、アイゼンハワー政権に自分の着想を売り込んだ。民間防衛体制強化に向けて、アメリカ中に核シェルターを築く大規模な計画を実行するよう要請したのだ。核攻撃による最後のきのこ雲が消え去ると、星条旗を振りかざすアメリカ人の姿が現れる——。たったの二千億ドル投じるだけで、こんな状況を確実にできるというのだった。カーンによれば、核シェルターは物理的に民間人を守るだけではなく、ソ連に対する抑止力にもなると考えられた。つまり、アメリカの民間人が核攻撃を大して恐れておらず、核攻撃後も生き残って反撃に出ると分かっていれば、ソ連がそもそも先制攻撃を仕掛ける動機も乏しくなる、というわけだ。

アイゼンハワー政権はカーンの提案にあまり反応しなかった。カーンは民間防衛を研究するための委員会のメンバーに任命されたものの、彼がプレゼンテーション中に描いた大規模な民間防衛構想が実現に向けて動き出すことはついになかった。アイゼンハワー政権は大規模な報復攻撃を引き続き公式方針としつつも、一九五六年までには軍縮政策へ方針転換していた。核戦争が勃発すれば、アメリカもソ連もどちらも生き残れないと信じるようになったからだ。一九五〇年代半ばには、アイゼンハワーは両国の核戦力を減らすためにソ連との妥協を探り始めている。

『水爆戦争論』

それでもカーンはくじけることはなく、公の場で自らの考えを訴えた。一九五九年にはランドを休職して、プリンストン大学の国際問題研究センター（CIS）へ移り、そこで一学期働いた。続いて、全国の地域団体、大学、外交機関を訪ね、民間防衛の重要性について語り始めた。普通、講演者は一時間か二時間も話をすれば十分と思うものだ。しかしカーンは、おびただしい量のスライドやチャート、図面、映像を駆使して、二日間や三日間のプレゼンテーションを行った。さまざまな戦況下での死者数を示すグラフには「生存者は死者をうらやむだろうか?」や「悲惨だが注目に値する戦後の状況」といった絵解きを書いた。戦争の可能性を区分に分け、さらに区分ごとに小区分に分けた。侵略の度合いも段階的に示した。その間途切れることなく、かつて公の場で語られたことがないばかりか、想像されたことさえない規模で死者が出る可能性について冗談を言い続けていたのだ。

カーンは書き手としてはいまひとつだったものの、協力者の助けを借りながら、それまでの彼自身の講演記録をまとめた。できあがった本は、巨大で、くだけていて、それでいて道徳心に欠け、読者を憤慨させるような内容だった。カーンがこの本の題名を『水爆戦争論』としたのは、プロイセンの軍人カール・フォン・クラウゼヴィッツによる古典『戦争論』に敬意を表してのことだ。ランドで核研究に従事する同僚は、耳目をひく行為を嫌っていたし、言葉や数字、統計を合理的かつ正確に使っていた。それだけに、カーンがランド経営陣に出版の許可を求めたときには、『水爆戦争論』を評価する者はいなかった。同僚の多くは、カーンは他人からアイデアをくすねていたにもかかわらず、それを本の中で明示していないと思っていた。

カーンは、かつての師であるアルバート・ウォルステッターに『水爆戦争論』を読んでもらおうと思い、一部送った。後日、感想を聞こうとして、ウォルステッターの質素で、真っ白な部屋をのぞき込むと、ＩＣＢＭの開発者として知られる物理学者のブルーノ・オーゲンスタインが中にいた。

感想を求められたウォルステッターは「この本をどう思うかということだね？　やることは一つだけだよ」と答えた。そして、もらった本をカーンへ向かって放り投げて言った。「燃やすしかない」

「汚染度Ｄの食品は四十代以上向けです」

もちろんカーンは本を燃やすどころか、なおランド経営陣に出版許可を求めた。ランドの所長フランク・コルボムはカーンの本に批判的だった。ランドで多くの研究者が何年もかけて築いてきた原則や信条を勝手に削って変えてしまっているばかりか、空軍や戦略空軍司令部（ＳＡＣ）の利益にも反していたからだ。それでもコルボムは最終的に出版を許可した。カーンの本はマル秘扱いの情報を含んでおらず、またランドの公式文書でもなかったためだ。

六百五十二ページに及ぶ大著は一九六〇年に出版されると、すぐに大成功を収めた。広く書評に取り上げられ、論争の的になり、最初の二ヵ月で一万四千部以上も売れた。当時は、いったん核戦争が起きれば、人類は絶滅するという、絶望的な見方が支配的だった。それだけに、カーンの現実的な世界観は予想外にすがすがしく、鋭かったのだ。あるいは、読者の政治的な信条次第では、冷淡で、扇情的な内容ともいえた。

ブロディーと同様にカーンは限定核戦争を支持し、大規模な報復をちらつかせることで抑止力を働かせる構想を否定していた。本では、いわゆる「終末兵器」のことを取り上げた。それは、もしソ連が先制核攻撃という禁じ手を使ったら、自動的に大量の核爆弾を投下し、地球上のあらゆる生命を抹殺する兵器のことだ。カーンは終末兵器の考え方とSACの戦争計画を同類と見なし、いずれについても「ばかげている」と一蹴している。ソ連の攻撃に際して柔軟に対応できないからだ。

カーンは、ブロディーが提唱する「核の予備戦力」構想を借用した。この構想は、ウォルステッターが正式に後押しし、「報復能力」と名付けたものだ。カーンはまた、ウォルステッターの基地研究も借用した。爆撃機や軍事要員を分散配置したり、爆撃機格納庫やミサイル発射台を強化したりするなど、基地の防衛体制強化を提言したのだ。ついには、ランドのカウンターフォース（対兵力攻撃）構想も取り込んだ。つまり、核攻撃の際には都市を狙わず、軍事上の目標に限定するという考え方だ。

カーンは、色彩豊かで、読者を虜《とりこ》にするような描写力を見せつけながら、核戦争時の民間防衛や核戦争後の生命についてビジョンを示した。まずは、裏庭の核シェルター、要塞化した鉱坑内の避難センター、深い洞窟などへ人々が逃げ込むことで、核戦争後もアメリカの連邦政府と経済システムは機能し続ける、と楽しげに仮定した。そのうえで、放射性降下物、いわゆる「死の灰」の影響は非常に誇張されていると指摘した。彼の指摘では、結果として遺伝子にある程度の変異が出てくるのは確かかもしれないが、このような変異は多くの人々が思っている以上の確率ですでに起きており、いずれにせよ人類が最終的に環境に適応して生き延びることには変わらないという。

また、死の灰がもたらす最大の影響は放射能障害であるため、放射能測定器を広く配給するよう提言した。そうすれば、シェルター内にいる隣人が本当に病気なのか、それともただ神経過敏になっているだけなのか、だれでも簡単に判定できるという。カーンは「隣人の測定器を見て、『ほら、あなたは一〇レントゲンしか放射能を浴びていない。それなのになぜ吐いているの？　シャキッとして仕事へ行きなさい』と言えばいいのです」と記している。

カーンの提案によると、食品は汚染度にしたがって分類され、汚染度は毒性が弱いものから強いものまで五段階で表示されることになる。カーンは「A食品は子供と妊婦に限定されて配給されます。B食品は高価ですが、だれでも入手可能です。C食品もだれでも入手可能で、しかも安価です。D食品は四十歳か五十歳以上の人たちに限定されます。というのも、こうした人たちはがんを患う前に別の原因でやがて死亡するからです」と書いた。E食品は動物向けだ。

「軍人のポルノ」

読者の多くは、明らかに無神経な『水爆戦争論』に衝撃を受けた。カーンはびくついている人たちに同情はしながらも、恐怖でおののいているのは時間と知的エネルギーの浪費であると考えた。人類が想像を絶する破壊的な戦争の瀬戸際に置かれているときだからこそ、水爆戦争が勃発しても確実に生き残ることができることをアメリカ人は認識しなければならない、と主張した。こんな認識があるだけでアメリカ人はより強くなり、逆説的だがより安全になるというのだった。

『水爆戦争論』が出版されたとき、カーンはさまざまな侮辱を受けたが、ナチスの「死の収容所」と比較されることだけは免れた。ただ、科学誌「サイエンティフィック・アメリカン」に登場した批評はカーンを容赦なく攻撃し、原文には「死の収容所」に触れる箇所もあった（賢明にも編集段階で削除された）。この雑誌の中で、数学者のジェームズ・ニューマンはカーンの本について「集団殺戮のモラルに関する小冊子――集団殺戮を計画し、実行し、逃げ切り、正当化する方法」と評した。ほかの批評も同じように厳しいもので、政治誌「ニュー・ステーツマン」は「軍人のためのポルノ本」と決めつけた。興味深いのは、保守系政治誌「ナショナル・レビュー」がカーンの本をこきおろし、ソ連に対して甘いと断定したことだ。

『水爆戦争論』を高く評価したのは、一部の平和主義者と核軍縮推進論者だった。その中には哲学者バートランド・ラッセルも含まれていた。ラッセルによると、カーンは気づかぬうちに核兵器による平和達成が不可能であることを明らかにしたという。社会党から大統領候補に立候補したノーマン・トーマスもラッセルと同じ見解だった。評論誌「サタデー・レビュー」に寄稿し、「『世界的な軍縮こそが人類存続を可能にする唯一の希望である』と信じる我々のような人たちの間で、カーン氏は高く評価されるべきだ」と指摘した。

ランドでは、フランク・コルボムはカーンの復職について条件を設けようとした。しかし、すでに成功して金持ちになっていたカーンはランドとの縁を自ら切った。妻と三人の子供を連れてニューヨークへ引っ越し、ロックフェラー財団から獲得した百万ドルの助成金を元手にして自分のシンクタンクをニューヨーク郊外に創設した。ハドソン研究所だ。そこで彼は「未来学」の分野を切り開いた。資本主義と技術には無限の未来があり、人類の運命は太陽系外の宇宙空間へ植民することにあるというのが、未来学の立場だった。

カーンはその後、異端の思想家として評価を高め、さまざまなテーマについて数十冊の本を出版している。しかし『水爆戦争論』に匹敵する成功を成し遂げることはなかった。核時代を生き抜くことができるのは、進んで死ぬ勇気がある人たちだけ――。この古いランドの信条が正しいことをなおも証明しようと、『水爆戦争論』の改訂版に取りかかりながら、カーンは一九八三年に亡くなった。歴史の流れのなかで彼自身の存在と彼の核戦争論が忘れ去られていくのか、予期できないままで、である。その一方で、ランドで核戦略家として一緒に働いたかつての友人たちは新しい技術潮流に適応し、彼らが構築した無慈悲な世界で成功していくのであった。

第7章　スプートニクの衝撃

一九五七年十月四日の夕方、うす気味悪い、不安をかきたてる音にアメリカ中が釘づけになった。地球の軌道上を回転する世界初の人工衛星、スプートニクの無線通信は、安価な短波用受信機があれば、国中のどこにいてもだれでも聞けた。途切れることのない、刺すような信号はアメリカ人にとって悪い兆候だった。アメリカはソ連に対する技術上の優位性を誇ってきたのに、ついにその優位性を失ったのかもしれなかった。

ソ連のニキータ・フルシチョフ首相が国連で机を靴でたたきながら資本主義者を「葬る」と脅したように、共産主義者がいよいよ我々アメリカ人を「葬る」用意ができたのかもしれなかった。泣きっ面にハチだったのは、直径六〇センチ、重量八〇キロ程度の球体が地表近くを非常に低く飛んだことだ。それはモスクワの「赤の広場」の赤い星と同じぐらいに明るく光り、アメリカのほとんどどこからでも肉眼で見ることができたのだ。

集団ヒステリー

スプートニク1号がアメリカの上空を飛び、アメリカ人をうろたえさせたその夜、上院多数党の院内総務リンドン・B・ジョンソンは、テキサス州パードナレス川沿いの大牧場でバーベキューパーティーを主催していた。ラジオでスプートニクのニュースを聞くと、周波数を合わせてスプートニクの謎めいた無線通信に耳を傾けた。のちに回想録の中で、次のように記すのだった。「そのとき、何か新しい方法によって、空はほとんど異質なものに変わったように見えた。もう一つ覚えていることがある。他国が技術的な優位性でこの偉大なアメリカを追い抜く可能性があると認識し、深い衝撃を受けたことだ」

スプートニクの打ち上げそのものは、そのタイミングはさておき、アイゼンハワー政権にとって驚きではなかった。すでに何年もの間、アメリカとソ連は宇宙空間に人工衛星を送り込む一番手になろうとして、いわゆる「国際地球観測年」を目標にして競い合っていたのだ。国際地球観測年とは、天文学上の現象を研究するための国際的な科学研究プロジェクトのことだ。このプロジェクトの推進団体である国際地球観測年特別委員会（CSAGI）は、太陽活動の膨張が予想されたこともあり、研究の重点時期を一九五七年七月一日から一九五八年十二月三十一日までに設定した。スプートニク1号の打ち上げは、中央アジア・カザフスタンの砂漠地帯にある基地で行われ、成功した。これをソ連国営のタス通信が報じたとき、「プロジェクト・バンガード」と呼ばれたアメリカ側の人工衛星計画は予定より遅れ、予算もオーバーしていた。

間もなく、集団ヒステリーの波がアメリカ中を襲った。民衆の想像では、ソ連の技術はアメリカの心臓部を狙い撃ちする光線銃だった。当時は、SF作家H・G・ウェルズの『宇宙戦争』を原作にしてジョージ・パルが制作した映画が公開されたばかりだった。アメリカ人の多くは、この映画に登場する火星人と同じぐらいにロシア人は容赦ない輩《やから》ではないかと恐れていた。しかも、ソ連の脅威はSFではなく、現実だった。「水爆の父」と言われる物理学者エドワード・テラーは「アメリカは（日本の奇襲攻撃を受けた）真珠湾よりも重要な戦いに負けた」との認識を示した。一方で、下院議員のクレア・ブーズ・ルースは「スプートニクの打ち上げはアメリカ的な生き方に対する大陸間宇宙時代ラズベリー（舌を出して軽蔑するしぐさ）である」と指摘した。

まじめな高級紙「ニューヨーク・タイムズ」までも社説で警鐘を鳴らし、「アメリカは競争に出遅れてしまった。といっても、軍拡の競争でも、まして国威の競争でもなく、生き残りの競争に出遅れたのである」と断じた。ほかの新聞は、アメリカの技術的な優位性確立に必要な資金を出していないとして、何もしないアイゼンハワー政権を批判した。共産主義や国防政策に甘いとして長らく批判されてきた民主党の政治家は、スプートニクの打ち上げを見て政治的な反撃に出るチャンスと考え、アイゼンハワーは大統領として明らかに失格であると攻撃し始めた。アイゼンハワーは国の仕事にかかわるよりも、むしろゴルフに夢中になっているとこきおろした。民主党のミシガン州知事G・メネン・ウィリアムズは、アイゼンハワーの無策について狂詩まで書いた。

おお、小さなスプートニクが空高く飛ぶ
モスクワ製の通信音を出しながら
空は共産主義者のものになったというのに
アメリカ政府は眠っている、と言っている

フェアウェーでもラフでも声が聞こえてくる
クレムリンは何でも知っている、という声が
我らのゴルファーも十分に知っていて
気を引き締めてボールを打ってほしいものだ

リンドン・ジョンソンも、アイゼンハワー政権に狙いをつける点では出遅れていなかった。十一月二十五日、上院軍事委員会の公聴会を開き、スプートニクが象徴する、紛れもない失策について調査し始めた。軍事委員会が出した結論は期待した通りだった。アイゼンハワー政権は財政支出の抑制にこだわり、アメリカの宇宙プロジェクトへ十分に資金を回さず、政策上のミスを犯したというのだった。ジョンソンの側近であるジョージ・E・リーディーは「ロシア人が技術的に我々よりも遅れているとは、もはや考えられない。これは単純明快な事実である」としたうえで、「彼らが我々の原爆に追い付くのに四年かかり、我々の水爆に追い付くのに九カ月かかった。今度は我々が彼らの人工衛星に追い付こうとしている」と語った。

ランドの予言が大当たり

アイゼンハワー政権の最高科学顧問で、マサチューセッツ工科大学（MIT）学長のジェームズ・R・キリアンはスプートニクの打ち上げについて「我々の国家的威信に対する侮辱」と表現した。科学技術担当の大統領特別補佐官であるキリアンは、アメリカとその同盟国に対するソ連の奇襲攻撃に備えるために数年前に発足した委員会の責任者だった。その委員会は、アメリカの大陸間弾道ミサイル（ICBM）プログラムを強化するとともに、レーダーにとらえられないほどの高高度を飛行し、

上空からソ連の軍事能力を偵察するジェット機の開発を加速させるよう提言していた。このジェット機はやがてU2偵察機として知られるようになるものだ。アイゼンハワーはU2の開発にゴーサインを出したが、そのことは伏せておき、U2による偵察結果も国家機密にしていた。しかしながら、これほど上空高く飛ぶスパイ機であっても、スプートニクがアメリカに与える脅威を探り出すにはあまり役に立たなかった。

ランド研究所では、スプートニク打ち上げのニュースは同じように衝撃をもって受け止められた。しかし、一種の因果応報でもあった。時をさかのぼること一九四六年、空軍から請け負った第一号プロジェクトとして、ランドは「地球を回る実験用宇宙船の初歩的なデザイン」と題した報告書を作成したのだ。この報告書の中で、ランドの研究者は次のように記していた。

もしほかの国が人工衛星の打ち上げに成功し、そのニュースをアメリカが突如として知ったと仮定しよう。我々がどんなに仰天し、そしてどんなに賞賛するのか、想像するのは難しくない。どれだけ自然界を理解しているかは、物質的進歩を示す信頼できる物差しである。従って、宇宙旅行の分野で最初に大きな一歩を踏み出した国は、軍事技術的にも科学技術的にも世界のリーダーとして認められるだろう。

当時、空軍にとどまらず、政府全体を見回しても、ランドの予言的な警告に耳を傾けた者はいなかった。そのなかでランドは、ロケットを使って人工衛星を打ち上げ、地球の軌道を回る宇宙ステーションを設置するよう提言していたのだ。そして今、ランドの警告が現実のものとなった。ランドの研究者は「しょうがないな。もう一回やってやろうか」と腕まくりして、またしても人工衛星の仕事に取りかかるのだった。今度は、人工衛星の仕事が一回きりのプロジェクトになるとはだれも思わなかった。

自分たちが正しかったことが証明できて、ランドの研究者は満足した。先見の明があったことで、ランド自体も大きな報酬を勝ち取った。アイゼンハワー政権主導の歳出削減のあおりで、ランドは痛手を受けていた。ところが、スプートニク打ち上げがきっかけとなり、国防総省との受託契約で減額されていた二百万ドル分の予算が復活したうえ、一九五九年度から一九六一年度まで総額四百万ドルの予算が上乗せされたのである。スプートニクは、ランドにしてみれば研究費をひねり出す蛇口のようなものになった。実際、ランドはスプートニク打ち上げの技術的・政治的影響について数十件に及ぶ研究プロジェクトを受託した。

アイゼンハワーの軍縮路線

政治的には、スプートニクによってアイゼンハワー大統領は板ばさみにあった。一九五六年に再選されて以来、彼は国防予算、なかでも核兵器関連の予算を増額することに消極的だった。理由は簡単に説明できた。元将軍の大統領ははなはだしく悲観的で、核戦争を生き残る見通しを持てなかったのだ。ソ連が軍事施設を攻撃しようが、都市部を攻撃しようが、どちらに転んでも、である。

公式には、アイゼンハワー政権はいわゆる「壊滅作戦」を支持し、仮にソ連が西ヨーロッパを侵略したら、徹底的な報復に出る構えだった。しかし、アイゼンハワーの関心はそこにはなかった。アメリカ文明を必然的に破壊する兵器に、どうしてカネを投じなければならないのだろう？　こんな疑問を持つアイゼンハワーは、「そうなったら、灰と化した国土から再スタートするようなものだ」と語っていた。彼の考えでは、陸軍の最大の役割とは、核戦争後に国内の秩序を維持することだった。実際、大統領在任中に核戦争が起きた場合に備え、アメリカ国外に大量の兵士を配置し、予備兵として確保しておく考えにも、彼は何年にもわたって反対していた。

このような姿勢は、アイゼンハワーの生来の倹約主義とともに、彼の国防政策、すなわち「ニュールック政策」とも合致していた。トルーマン政権時代に膨らんだ国防予算を意識的に削減しようとして、ニュールック政策は一九五三年のアイゼンハワー政権発足時に導入された。この政策によって、アイゼンハワーは核兵器を使って世界中あらゆる所でソ連の侵略を抑止する決意を固めた。国家安全保障会議（NSC）の文書「NSC162－2号」も、アメリカ経済に過度な負担をかけないように、長期的な計画に基づいた国防政策が欠かせないことを強調していた。何にもまして、アイゼンハワーは「第二の朝鮮戦争」にカネを投じることは避けたかった。朝鮮戦争にかかわったことでアメリカは景気後退に見舞われてしまったのだ。

しかし、一九五四年、ベトナムの都市ディエンビエンフーでフランス軍を支援するための軍事介入に踏み切れず、アイゼンハワーは「新」ニュールック政策を採用し、局地的な紛争には柔軟に対応できるようにした。アメリカは、限定戦争時の地域紛争で戦術核兵器を使用することを初めて認め、これを「柔軟反応」と呼んだのである。そこからもう一歩進めば、ランドが提唱したカウンターフォース（対兵力攻撃）構想、つまり「限定核戦争に勝てる」という考えにつながるのだった。だが、アイゼンハワーが「原子力のジレンマ」から抜け出す方法として強調していたのは、米ソ両国による軍縮交渉だった。

ゲイサー委員会

国防政策に対する批判を静めるために、アイゼンハワーはランド理事長のローアン・ゲイサーが委員長として運営する既存の委員会を利用した。一般には「ゲイサー委員会」として知られた「安全保障資源研究会」は、ウォルステッターによる国家機密文書「R266号」を受けて、国防問題を分析するために設置されたものだ。委員会の構成を見ると、軍、産、学が一体化していた。これはまさに、アイゼンハワーがのちに警戒心を示す「軍産複合体」の完璧な見本だった。委員のメンバーの多くはランドと関係しており、彼ら全員がランドの信条を共有していた。ソ連はアイゼンハワー政権が考えているよりもずっと強力な敵であるという信条を、である。

アルバート・ウォルステッター、ハーマン・カーン、それにアンドリュー・マーシャルは委員会のアドバイザーであり、委員には第一級の人たちが選ばれた。のちの「ピッグス湾事件」でキューバの革命政権の転覆に失敗し、悪名をとどろかせる中央情報局（CIA）のリチャード・ビッセル、CBS放送会長のフランク・スタントン、MITのジェームズ・キリアン、太平洋戦争で日本初空襲の「ドゥーリットル空襲」を指揮したシェル石油勤務のジェームズ・H・ドゥーリットル将軍、水爆開発が行われていたカリフォルニア大学放射線研究所のアーネスト・O・ローレンス博士、将来の世界銀行総裁でチェース・マンハッタン銀行のジョン・マクロイ、重電大手ウエスチングハウス・エレクトリック所属のロバート・B・カーニー提督、といった顔ぶれだった。何人かのランダイトも技術的な助言者として研究会に加わっていた。ゲイサーの後を継いだ二代目委員長はスプレイグ・エレクトリック社長のロバート・スプレイグだった。スプレイグ・エレクトリックは、原子爆弾などの兵器向けに決定的に重要な部品の開発・製造を手掛けていた。

スプートニクを契機に、ゲイサー委員会は国防上の主な問題点について一段と強い警告を発した。というのは、次のような疑問が出てきたからだ。たとえスプートニクが単なる天体観測衛星だと判明したとしても、仮にそれが兵器だったとしたら？　さらに言えば、ソ連はただ予行演習としてスプートニクを打ち上げたのであり、技術的な優位性を利用してアメリカを間もなく攻撃するとしたら？　報告書の中でゲイサー委員会は、核戦争時に民間人を守るために早急に核シェルターを構築するようアイゼンハワー政権に訴えた。似たような構想は、すでにロックフェラー財団やＭＩＴなどがまとめた研究報告書にも出ていた。このように核シェルターを設置するとなると、国家安全保障会議による見積もりでは、朝鮮戦争ピーク時の国防総省予算を上回る四百四十億ドルのコストがかかる計算になった。

ローアン・ゲイサーが突然病いに倒れたことで、報告書のトーンは一段と痛烈になった。ゲイサーはがんであり、数カ月後には死ぬ運命にあった。最終的な草案を書く役割を担ったのはポール・ニッツェだった。彼は終末論的な文書「ＮＳＣ68号」を執筆した中心人物で、この文書は一九五四年にアメリカとソ連が破滅的な武力衝突に向かうと予言していた。予言された「地球最後の日」から三年が経過した今、ニッツェはゲイサー委員会の報告書の中で再び人騒がせな予言をするのであった。

誇大広告

「核時代の抑止力と生き残り」と題した報告書は「ソ連は拡張主義的な意図を持ち、国防の概念を越えて軍拡路線を突き進んでいると結論するしかない。一九四五年以降のソ連の外交・軍事政策を点検しても、そのような結論を覆す証拠は何ひとつ見つからなかった」と警告した。報告書はまた、ソ連は少なくとも千五百発の核爆弾を製造する核原料物質を所有し、アメリカを上回る数のＩＣＢＭを製造した可能性が高い、と指摘した。さらに、当時の国防計画ではソ連の攻撃に際して民間人を十分に守ることはできないため、アメリカの国防は「もっぱら戦略空軍司令部（ＳＡＣ）による抑止力」に支えられている、との見方も示した。おそらくアルバート・ウォルステッター経由で、ロバータ・ウォルステッター著の『真珠湾――警告と決定』から一ページ借用したと思われるが、報告書によれば、ランドの研究者が言うところの「青天の霹靂《へきれき》」に対して、SACの防衛体制は非常に脆弱だった。報告書の提言には、アメリカのレーダー防衛システムの改良、SACの強化核シェルターの分散配備、空中偵察の拡充、核シェルターなど一連の民間防衛対策の導入、といったものが含まれていた。

このような提言の多くは、エドワード・バーローとジェームズ・ディグビーによる国防のシステム分析をはじめ、過去にランドが発表した研究報告書にもすでに盛り込まれていた。ランド関係者が多かったことを考えると、なおさら驚くに値しなかった。たとえば、ランド所属のアナリストであるアンドリュー・マーシャルは委員会のメンバー、ハーマン・カーンは委員会のアドバイザー、ランドのエンジニアであるエドワード・P・オリバーは委員会の正式な技術アドバイザー、さらにランド創設者の一人であるゲイサーは委員会の初代委員長だったのだ。それでもやはり、アメリカの国防体制が長期に及んで明らかに脆弱であり、早急に是正措置が取られるだろうというゲイサー委員会の期待（ランドの期待でもある）は見当違いだった。

個人的な経験からアイゼンハワー大統領は、軍事的な侵略は決して「驚き《サプライズ》」ではないと信じていた。真珠湾攻撃がそうだったように、攻撃の予兆として政治情勢が必ず悪化するものだと考えていた。そのうえ、スプートニクが深刻な軍事上の脅威になるとは思っておらず、民間核シェルターの構想に反対していた。「たとえ三千万人か四千万人が核戦争を生き延びたとしても、道路のアスファルトにくっついた死体を削り取るのに十分なブルドーザーは残っていないだろう」と記している。秘密のU2偵察機によるソ連の領空侵犯（これはゲイサー委員会のメンバーであるリチャード・ビッセルの管轄事項だった）に頼ることができるとも思っていた。すなわち、先制攻撃の可能性を無条件に拒絶はしなかったアイゼンハワーの考えに従えば、アメリカはU2のスパイ飛行によって十分な事前警告を得て、それに基づいて必要ならばソ連の空軍力を事実上壊滅させることもできるのだった。

率直に物を言うカンザス人であるアイゼンハワーは、誇大広告的なものを毛嫌いしていた。そして、アイゼンハワーにしてみれば、ゲイサー委員会はまさに誇大広告的なもので彼の目をごまかそうとしていたのである。

集う陰の実力者たち

アイゼンハワー政権はゲイサー委員会の報告書を採用する代わりに、それを葬り去ろうと試みた。アイゼンハワーは、がんの病から一時的に立ち直ったゲイサーと会った。その席で、向こう四年間でアメリカは国防予算を増額し始めなければならないという見方には同意したものの、自分の任期中には国防予算の増額は認めないと伝えた。ジョンソン上院議員の公聴会が同じタイミングで出した提言も無視していた。

アイゼンハワーが問題視したのは、ゲイサー委員会が「核戦争で人口の半分が殺戮されてもアメリカは生き残れる」と断じた部分だ。アイゼンハワーの考えでは、「現実には報復以外に国防政策はない」のであり、ゲイサーが唱えた対策を導入してもほとんど無意味なのであった。また、海外の空軍基地はいつでも爆撃機用のシェルターとして使えるのだから、SACの防衛体制はゲイサー委員会が考えている以上にしっかりしているうえ、アメリカ以外の自由主義世界も喜んで拡張主義的なソ連の封じ込めに協力してくれるとの読みもあった。

ゲイサーとの会合の翌日、アイゼンハワーはゲイサー委員会の科学者五十人前後に会い、報告書を作成してくれたことに対して感謝の意を示した。報告書は非常に興味深く書かれていると言ったうえで、「あなた方は報告書の中で、あるプロジェクトに十億ドル投じるよう提言していますね。十億ドルがどれほどのおカネなのか知っていますか？　十ドル紙幣を積み上げると（ワシントンの連邦議会議事堂近くに建てられている）ワシントン記念塔と同じぐらい高くなるのです！」と指摘した。彼は明確なメッセージを発したのである。つまり、大統領が十億ドルのプロジェクトに反対しているのだから、報告書が求めている総額四百四十億ドルの予算が認められると期待するのは見当違いということだ。

一カ月後の一九五七年十二月、アイゼンハワー政権がゲイサー委員会の報告書を無視したことに腹を立てて、委員会の副委員長であるウィリアム・フォスターはワシントンのジョージタウンにある大邸宅で重大なディナーパーティーを主催した。「ウィンチェスター」ブランドのライフルと弾薬の製造会社オーリン・マシエソン・ケミカルの会長でもあるフォスターは、一九五〇年代後半のアメリカで全国的な影響を持っていた政治家やマスコミ人を何人か招待した。招待リストに含まれていたのは、副大統領のリチャード・ニクソン、CBS放送社長のフランク・スタントン、ロックフェラー財閥のローレンス・ロックフェラー、ポール・ニッツェ、世論調査専門家のエルモ・ローパー、改革派「コウルズ委員会」を支援したコウルズ新聞グループのジョン・コウルズらだ。

このディナーパーティーは、非公式な場で陰の実力者が国の権力者を決めるひな型になったと見なすことができる。このひな型に従ってネオコン（新保守主義）が台頭して冷戦が復活し、ロナルド・レーガンとジョージ・H・W・ブッシュ（ジョージ・W・ブッシュの父）の両大統領が誕生したことで、陰の実力者は全盛を極めたのである。

それより以前、ランドの戦略家と、彼らに同調する外交政策のタカ派陣営は、空軍という動きの鈍い組織を動かし、ルメイにSACの体制を再編させることに成功していたが、共和党政権の最上層部で安全保障問題についての彼らの提言が妨害されている今、彼らは共和党そのものに攻撃の狙いを定めた。すなわち、ホワイトハウスの主を入れ替えようと考えたのだ。

マスコミに「漏洩」

ニッツェはディナーパーティーを利用して、ゲイサー委員会の実力者を説得し、報告書の結論を世間に向かって公表させようと動いた。病を患ったゲイサーに代わってゲイサー委員会の委員長に就いたロバート・スプレイグは、マスコミに頼るのを正式に拒否した。しかし、二日後の十二月十一日、「ニューヨーク・タイムズ」がディナーについての記事を掲載した。それから二週間以内に、今度はライバル紙の「ワシントン・ポスト」が出し抜き、一面を次のような見出しで飾った。「生き残りに膨大な軍事支出が決定的に重要」。記事の最初の段落では「アメリカは、二流国へ成り下がるという衝撃的な方向へ進んでいる」と警鐘を鳴らした。そのうえで、なお国家機密扱いのゲイサー委員会の報告書に触れ、「報告書によると、ミサイルを突き立てたソ連が目前の脅威として迫っており、アメリカは史上最大の危機に直面している」と断じた。

ただちに反響があった。民主党の政治家は、ゲイサー委員会が巻き起こした論争に飛びついた。同委員会の機密報告書を見せるよう要求するとともに、アメリカ人の生命を差し迫った危険にさらしているとして共和党を手厳しく批判した。スプートニクに対抗するための人工衛星打ち上げ計画「プロジェクト・バンガード」の失敗もだめ押しになった。二基のバンガードロケットが離陸から数秒後で、誤作動で爆発した。その間、ソ連はスプートニク１号に続いて、スプートニク２号、３号の打ち上げにも成功していた。神経質になっていた世間の目には、ソ連はロケット技術でアメリカを一段と引き離し、軍事力全体でもアメリカを超える優位性を築いたように映った。

「ミサイル格差《ギャップ》」という考え方は、政治上の白熱した論点になった。アイゼンハワー政権は手をこまねいていると見なされていた。ソ連がアメリカを打ち負かし、出し抜いているというのに、同政権はただ時間を浪費しているようだったのだ。新しい形の「行動する政府」の登場を求める声がますます高まった。ソ連の脅威に対して立ち上がり、アメリカの優位性を取り戻すことができる強力な民主主義体制の登場を、である。一九五八年までに、ミサイル格差は大統領選の争点になった。マサチューセッツ州選出の上院議員ジョン・ケネディは演説の中で「我々はこの国を再び動かさなければならない」と繰り返し強調していた。

フラストレーションがたまったアイゼンハワーは、ミサイル格差の発端を調べるよう指示した。すると、空軍による間違った推定に起因することが判明した。しかもその推定は、一九五〇年代半ばからの「爆撃機格差《ボマーギャップ》」についてのものだった。当時、空軍とCIAがそれぞれ同時にまとめた報告書には、ソ連が保有するバイソン爆撃機の数の推定値に相違があった。これをめぐって空軍とCIAは衝突し、ソ連の保有数を多めに推定した空軍は激しく抵抗した。バイソン爆撃機の数が多ければ多いほど、その分だけより大きな予算を獲得し、より多くの航空機を購入し、結果としてより大きな権力を手に入れることができるとの計算があった。

最初のうち、CIA長官のアレン・ダレスは彼自身の部下が出した推定値を擁護するのをためらった。CIAが数字をまとめる際には、伝統的に空軍が主なデータ提供元になってきたという事情を無視できなかったからだ。スプートニクの打ち上げに伴って、ダレスは推定の相違を説明できるようになった。つまり、ソ連はひそかに自国の兵器製造設備の利用目的を爆撃機製造からロケット製造へ切り替えていたのであり、それについてアメリカは誤った解釈をしていたというのだ。ロケットとは、スプートニク打ち上げに使われたようなミサイルのことだ。ダレスがこのように憶測するのもそれなりに筋が通っていた。ソ連のニキータ・フルシチョフ首相が自慢げに「将来、有人爆撃機は博物館でしか見られなくなるだろう」と宣言していたからだ。ソ連のミサイルが空を支配するというわけだ。要するに、官僚特有のごまかしによって、爆撃機格差がミサイル格差にすり替わってしまったのだ。[11]

五百なのか五十なのか

もともとは、ソ連は一九六二年までに、強行計画でいけば一九六一年までに、爆撃機五百機を保有すると予測されていた。この予測が一九五七年暮れになって書き換えられた。CIAが海外諜報活動に基づいて大統領向けに作成した同年版「国家情報見積もり（NIE）」によると、ソ連は一九六二年までにICBM五百基を保有すると予測された。訂正は何の慰めにもならなかった。なぜなら、アメリカは一九六〇年までにたったの二十四基のICBM、一九六一年までに六十五基のICBMを保有すると予測されていたからだ。

一九五八年、U2偵察機撮影の航空写真から得られる情報に基づいて、空軍はソ連のICBMについて推定し、誤った結論に達した。ソ連はSACの全空軍基地を破壊できるほど十分な数のICBMを保有しており、ソ連がアメリカに対して先制核攻撃を仕掛けると決めれば大きな脅威になる、という結論だ。しかし、諜報活動に携わっている専門家の間では、空軍の数字について疑問が広がるばかりだった。CIAのアナリストは、ソ連がこれだけの数のミサイルを保有しているとすれば、ミサイル実験をしているはずだ、と指摘した。ソ連が上空へ打ち上げたミサイル、ソ連の動きを探知する目的でトルコに配備した秘密レーダーのデータ、スパイ機がソ連の上空から撮影した航空写真などを総合分析すると、ソ連で稼働中のICBMの数は、空軍が主張している数よりも極端に少ないことが明らかだった。少ない数を主張している点では海軍と陸軍のアナリストも同じで、彼らはソ連で稼働中のミサイル数を五十基足らずと推定した。これらの相違は、一九六〇年版のNIEにも反映された。そこではソ連のミサイル戦力について確定的な推定は何もなく、さまざまな数字の寄せ集めが盛り込まれていただけだった。それによると、ソ連は一九六三年になっても、ひょっとしたらもっと後年になっても五百基のICBMを保有することはないという。また、一九六〇年時点では五十基しか保有せず、このうち稼働可能なのはおそらく三十五基にすぎない。一九六一年には百七十五基から二百七十基へ、一九六二年には三百二十五基から四百基へ増えるのだが、これらの数字は稼働状態にないICBMなども含んだものだ。

安全保障政策をめぐってこれだけ矛盾する予測が出てきて、アイゼンハワー政権は身動きできない状況にあった。事態をさらに複雑にする要素が二つあった。一つは、民主党の上院議員スチュアート・サイミントンがミサイル格差のリーク情報を公にしたこと。もう一つは、秘密文書を配布する際のCIAのルールが変わったことだ。

そして数字は五百のままに

一九四七年に空軍が陸軍から分離して以来、初代空軍長官の立場にあったサイミントンは大統領職への野望を抱いていた。上院軍事委員会の上席メンバーでもあるサイミントンは、元部下のトーマス・ランフィアー大佐を通じて空軍保有の数字を手に入れた。ランフィアー大佐は第二次大戦中の空軍のヒーローで、退役後はICBM「アトラス」の製造会社コンベアで働いていた。サイミントンはミサイル格差のことを調べようとして、CIA長官のアレン・ダレスとの面会を求めた。すると、ダレスからはソ連が実験のために打ち上げたミサイルの実数を知らされた。その実数は空軍の推定値とあまりにかけ離れていたため、サイミントンは再度ダレスと面会し、「CIAは政治目的のために誤った数字を政権に提供している」と主張した。一方、ダレスが下した結論では、空軍は大陸間（intercontinental）ミサイルではなく、誤って中距離（intermediate）ミサイルの打ち上げ実験を観察し、それに基づいて推定したのだ。そのためダレスはCIAの数字は正しいとして譲らなかった。

サイミントンが公の場でCIA批判を繰り広げたところ、アイゼンハワー政権は窮地に陥《おちい》ってしまった。秘密情報を公にしなければ、サイミントンの批判に反論できなかったからだ。結局、同政権は「我々は軍の機密情報など内情に通じており、やっていることに間違いはない」などと反論するにとどまり、説得力のある説明はできなかった。これではまるで、ニキータ・フルシチョフが民主党の政治キャンペーンの題目を書いているようなものだった。

一九五八年には失敗に失敗を重ねる格好になった。アイゼンハワー政権は政府の公式数字を発表するルールを変えたのだ。ルール変更以降、ランドのような軍の下請け業者は政府から公式数字を入手できなくなった。言い換えると、ランドが入手した最後の公式数字は、一九六一年までにソ連が五百基のICBMを保有するという、非常にかさ上げされた推定値になったのだ。

ホワイトハウス入りを目指すサイミントンのような批判者は、意図的にソ連の脅威を無視しているとしてアイゼンハワー政権を攻撃した。スプートニクとミサイル格差にもかかわらず、一九五九年までアイゼンハワー政権は、増大するとみられたソ連の脅威について何か行動を取ることを明らかに拒否していた。そこで、ランドの研究者は、それまで属していた政策集団の枠を飛び越え始めた。アルバート・ウォルステッターの言葉を借りれば、アメリカが「スプートニク前の睡眠状態」に再び入るのを防ぐために、である。

「ソ連は予告なく攻撃してくる」

このような混乱が続くなかで、ウォルステッターは有力誌「フォーリン・アフェアーズ」へ論文を書き、寄稿する気になった。かたくなに現実を見ようとしない政治家に対して注意深い表現を使って警告を発し、ホロコーストを招きかねない状況にあることを分からせるためだった。この論文は一九五九年に「きわどい恐怖の均衡《デリケート・バランス・オブ・テラー》」と題して発表され、歴史的な評価を得るのだった。それは駐ソ連大使のジョージ・F・ケナンがモスクワから同誌に寄稿し、ソ連の封じ込めを唱えた有名な「X」論文に匹敵するほどである。ウォルステッターの論文は、それまでに書かれたどんな論文よりも説得力をもって米ソ関係の見直しを訴えた。核競争が絶え間なくエスカレートし、結果として米ソ両国がそれぞれ全世界を何千回も破壊できるほどの軍事力を手にする事態に、どうやって向き合えばいいのか——。これを議論する土台を築いたのがウォルステッターの論文なのだ。

論文の中で、ウォルステッターはいわゆる「自動的な恐怖の均衡《オートマチック・バランス・オブ・テラー》」に依拠するアイゼンハワー政権を批判した。「自動的な恐怖の均衡」とは、簡単に言えば、核兵器の使用は自殺行為を意味するから、アメリカとソ連のそれぞれが核兵器を保有さえしていれば世界は安全である、という考え方だ。ウォルステッターにしてみればこれは間違いであり、非常に危険な考え方だった。

ウォルステッターは、槍を手に持ち、権力者にぶつかっていく遍歴の騎士として自分自身を描いた。彼が攻撃したのは単なる仮想敵ではなく、西側文明の生き残りをかけて消し去らなければならない凶暴な巨人であった。その事実を世の中の人たちに信じてもらうために苦労するのだった。ウォルステッターの論文の警告は、彼自身の基地研究の基本部分を反映したものであり、次のように書いている。

我々が予期しなければならないのは、一九六〇年代にソ連が大幅に攻撃力を強化し、その攻撃力を警告なしに使えるという状況だ。ソ連は、基本的に警告なしでの先制攻撃能力を相当に引き上げるのである。結果として、戦略的な抑止力を働かせるということは、実行可能であるとはいえ、非常に難しいだろう。我々は重大な岐路に立ちながら、攻撃を抑止する力を持ち合わせていないかもしれない。

水爆戦争が勃発すれば、攻撃する側も攻撃される側も共に壊滅すると信じる人たちがいる。こんな人たちに対して、ウォルステッターは第二次世界大戦中のソ連の例を示すのだった。

第二次大戦でロシアの死者数は二千万人以上に達した。しかしながら、ロシアはこの大惨事から見事に立ち直った。ロシア人が分別ある戦略的な選択をするのに、我々がしないとすれば、将来、ロシア人が自信を持って『二千万人よりもずっと被害を少なくできる』と考える、もっともらしい状況がいくつか出てこよう。一方、ある時点では、ソ連にとって先制攻撃を仕掛けないことのリスクが非常に大きく思えるかもしれない。きっかけはいろいろある。局地的な戦争で見事に負けるとか、反乱勢力がロシアまで広がる恐れがあるなかで重要な人工衛星を失うとか、あるいはアメリカによる攻撃の恐れが出てくるとか……。そんなとき、予告なしの先制攻撃はロシアにとって賢明な選択肢になるだろうし、彼らの視点からするとリスクも小さい方法だろう。

ウォルステッターは定量的な手法を駆使して自分の議論を組み立てた。バーナード・ブロディー流に歴史的な類推や比較をふんだんに使ったり、ハーマン・カーン流に核戦争後の生き残りの未来図を夢中になって語ったりするのは、ウォルステッターには似合わなかった。ウォルステッターが提唱したのは、彼自身がランドで編み出した「報復能力」構想を基にした核抑止力の新バージョンだ。すなわち、核戦争で本当に重要なのは、報復するのに十分な攻撃力を残しながら生き残る能力のことだ。

過去一年か二年の間、「先制攻撃《ストライク・ファースト》」と「報復《ストライク・セカンド》」を区別する重要性がだんだんと認識されるようになってきた。しかし、「恐怖の均衡」理論にとってこの区別がどんな意味を持っているのか、ほとんど認識されていない。（中略）これまでの仮説に従えば、ソ連の指導者はへまをするのか、協力的になるのか、そのいずれかである。いわば「西側が望ましいと考えるソ連の戦略」と呼べるものだ。ただ、ソ連の選択肢を狭めることが我々にとっていかに魅力的であっても、我々が望むようにソ連が行動する可能性は小さい。戦争を計画する合理的なロシア人には、彼らなりの選好の順番があるのだ。

ウォルステッターはICBMの利用を訴えながら、IRBM、つまり中距離弾道ミサイルの同時並行的配備を無駄と考えた。IRBMはプロパガンダとして使えるものの、西側同盟諸国の安全向上には何の役にも立たないと見なしたのだ。なぜ役に立たないのかというと、ソ連の近くに配備しなければならず、簡単に攻撃されるからだ。発射ボタンを押す前に調整作業が欠かせないのは言うまでもない（多重安全装置である「フェイルセーフ」機能がある有人爆撃機と違い、ミサイルはいったん発射されると止めることは難しく、まして帰還させることは論外なのだ）。

「通常兵器も大切」

ウォルステッターの観察では、ソ連にしてみるとIRBMの配備は西側陣営による一種のソ連包囲であり、アメリカによるソ連への先制攻撃の準備を意味した。ここで忘れてならないのは、アイゼンハワーはアメリカによる先制攻撃の可能性を排除してはいなかったということだ。ウォルステッターの観察は、ソ連のニキータ・フルシチョフ首相についての逸話で裏付けられた。フルシチョフはクリミア半島にある別荘から黒海を眺め、ゲストに向かって何が見えるか尋ねたという。「何も見えない」との返事を聞くと、「トルコに配備されているアメリカのミサイルが私の別荘に狙いを定めている。私にはそれが見える」と言ったそうだ。

論文の中では、ウォルステッターは核以外の通常兵器と最新技術の開発も提唱した。これによって、アメリカによる核の反撃を不要にし、一九九〇年代に実現した軍事革命、すなわちRMAを先取りするのだった。

核を使わない通常戦争の文脈で最新型地対空ミサイルの意味合いを考えてみよう。次々と飛来する爆撃機を迎撃し、敵軍を損耗させていけば、地対空ミサイルは大活躍したといえるだろう。核戦争ではそうはいえない。核爆弾搭載の爆撃機一千機の九九％を撃ち落とすほど英雄的な活躍をしたとしても、一〇〇％でない限りは母国を守ったことにはならないのだ。同様に、マスコミで時々登場する対戦車有線誘導ミサイルや対人破片兵器は、通常兵力における東西両陣営の力関係を変えるかもしれない。ただし、だからといって軍事関連の物資調達や研究開発へ資金を投じる必要性を排除できるわけではない。

ウォルステッターは「スターウォーズ計画」への道筋もつけた。これは、一九八〇年代にレーガン政権が提唱し、その後の共和党政権にも受け継がれたミサイル防衛システムのことだ。

仮に漏れのない防空システムを手に入れることができたら、多くのことが変わるだろう。たとえば、限定戦争の遂行能力があるかどうかは重要でなくなる。我々が危険にさらされることはないから、ちょっとした敵の脅しに対してさえも大規模な報復に出ればいいのだ。敵の攻撃を抑止するということもあまり重要でなくなるだろう。

ソ連の指導者は怪物という設定

ウォルステッターが非凡なのは、数字上の議論を整理し、視野が広く、整合性の取れた歴史観へ結び付けるところだ。その歴史観は、非常に悲観的、言い換えると「現実的」なものだ。ウォルステッターは反対側の人たち、つまりソ連側もランドのアナリストと同じように考えると仮定した。諜報機関が「鏡に映し出される自分の姿が反対側の姿」と仮定して行動するのと同じことである。ここでは、反対側が自ら被るリスクと得られるかもしれない利益を合理的に考えて結論を出すと、こちら側も同じように合理的な結論に達する。

しかし、それ以上にウォルステッターが重視したのは、歴史上めったにお目にかかれないほどの〝怪物性〟がソ連の指導部にあるということだった。ランドとペンタゴンの非常事態計画を別にすれば、得られるかもしれない政治的な利益を優先して、殺されると分かっていながら二千万人もの国民を計画的に戦場へ送り込むような国は、かつて存在したことがなかったのだ。

ここで考えなければならないポイントは、スターリンのソ連やヒトラーのドイツのように一人の独裁者が支配する国ではない場合、数百万人もの命を犠牲にしてこの種の冒険に走ることが可能なのか、ということだ。純粋に定量的な分析に頼ると、歴史的な事実を見逃す。フルシチョフが首相だった一九五九年のソ連のように集団指導体制の政府であれば、たとえどんなに独裁主義的であっても、数百万人もの命を犠牲にするほどのリスクは取れないという歴史的な事実を、である。そのようなリスクを取ると、集団指導体制の政府はたちまち複数の派閥へ分裂してしまうのだ。そうならないのは、絶対的な独裁者が君臨する国か、あるいは敵国の攻撃を受けている最中の国だけだ。

日本は集団指導体制でありながら、ウォルステッターが思い描いたような奇襲攻撃を仕掛けたではないか、と反論する向きもあるだろう。この反論は表面上もっともらしいが、根本的に間違っている。日本はアメリカを徹底的に打ち負かすつもりも、アメリカの全人口を全滅させるつもりもなかった。ハワイの全人口を全滅させるつもりさえなかった。単にアメリカの太平洋艦隊の無力化をはかろうとしたのだ。攻撃してもアメリカはすぐに報復に出られないから、東南アジアの占領地で支配権を強化している日本を邪魔することもできないという、誤った仮定に基づいた行動だった。昭和天皇も、真珠湾へ奇襲攻撃を仕掛けたからといって日本が破壊されるとは思いもしなかった。「攻撃されたらアメリカは核兵器で報復する用意がある」と知っていたら、東條英機の戦時内閣は真珠湾を攻撃しただろうか……。今となっては推測することしかできない。

その後の四十年間の生活が約束された

ウォルステッターの論文は、自己充足的な予言だった。誠実さから出たものであろうとなかろうと、彼の悲観的な世界観は、常に最悪の事態に備えなければならないという世界の誕生に一役買った。これによって向こう四十年間にわたり、彼はさまざまな方面で利益を得るようになるのだった。書籍や論文の執筆、政府委員職への任命、コンサルティング業、大学教員職への就任などだ。しかしながら、ウォルステッターのような人物は、ともすれば致命的な楽観主義に陥ったかもしれない世界で、少しでも常識を働かせるためには欠かせない存在だった。

もし政府の上層部があらゆる結末を考え、それに十分に備えていないとしたら、それは責任回避である。しかし一方で、何人かの歴史家が示唆したように、ウォルステッターのような不吉な運命の予言者がいなかったら、アメリカとソ連はそれぞれの仮説に頼り、核戦争問題は最終的に手に負えない展開を示したことだろう。

もちろんウォルステッターは、このような見方を強く否定するだろう。彼の視点に立てば、知性ある者は最悪の事態を予測する義務があり、最悪の事態に備えれば最悪の事態は起きないのである。平和を手にするために戦争に備えなければならない――ローマの皇帝アウグストゥスの言葉だ。これは古代の考え方であり、ウォルステッターはラテン語で言う「casus belli《カーサス・バリイ》（開戦を正当化する事由）」をいつも恐れていた。

ウォルステッターが熱心に説いてまわったことで、ついには「大惨事に備え行動する」は新しい世代の戦争計画者や政治家にとってのスローガンになった。時代遅れになったアイゼンハワー政権の制約をくぐり抜けようと切望し、彼らは予想外の成功を収め、やがては核戦争勃発の瀬戸際にまで世界を追い込むことになるのだった。

第三部

ケネディとともに

力強さを掲げた新政権は、若い人材を登用していった。
ランドのスタッフも次々と政権に入りこみアメリカを動かしていく。
ベトナム戦争へと——。

1960-

扉写真

演説をするジョン・F・ケネディ大統領。1963年。

Photo:Kyodo

アメリカ大統領

ジョン・F・ケネディ（1961～63）
リンドン・ジョンソン（1963～69）

主な出来事

1960	5月	ソ連によるU2偵察機撃墜
1961	4月	キューバ・ピッグス湾事件
	8月	ベルリンの壁建設
1962	10月	キューバ危機
1963	11月	ケネディ暗殺
1964	8月	ベトナム・トンキン湾事件
1965	2月	ベトナムへの北爆開始
1966	1月	ジョン・リンゼイ、NY市長就任
1967	7月	欧州共同体（EC）発足
1968	1月	ベトナム・テト攻勢
1969	7月	アポロ11号月面着陸

第８章　大統領選下の密談

ウォルステッターに電話をかけてきたのは、大統領選を戦うケネディ陣営の中枢にいる人物だった。その人物は、ランド研究所内部で政治上の立場の違いから、経営陣側と看板の戦略アナリスト側の間に対立があることを知っていた。

経営陣側のフランク・コルボムは常に空軍とアイゼンハワー政権の肩を持った。一方で、ウォルステッター夫妻の周辺に集まる経済学者、物理学者、数学者らの専門家集団は水面下で新しい方向、つまり違う考え方を望んでいた。たとえば、ウォルステッター側にはアラン・エントーベン、フレッド・イクレ、ダニエル・エルスバーグといった専門家がついていた。そんなわけで、アルバート・ウォルステッターは電話をもらったときにはまったく驚かなかった。電話の主が、名門のウェルズリーとスミスの両大学の卒業生であったから、なおさらのことだった。

ケネディがアイデアを拝借

ディアドリ・ヘンダーソンは、ケネディ陣営に属する当時二十五歳の若い選挙参謀だった。ハーバード大学国防問題プログラムの責任者だったヘンリー・キッシンジャーが彼女をケネディ上院議員の事務所へ紹介したのだった。当初は調査員にすぎなかったものの、国防と安全保障政策に精通していたヘンダーソンはすぐに、ケネディ陣営と「教授たち」を結ぶ連絡係として重宝されるようになった。「教授たち」とは、アメリカは変化を必要としていると主張する若手知識人のことだ。ヘンダーソンはまた、ケネディ陣営を代表して、ハーバードとボストン地域の「頭脳集団《ブレーントラスト》」と接触する際の連絡係にもなった。ブレーントラストの中でも特に、のちに「ウォーターゲート事件」の特別検察官になるアーチボルド・コックス教授や、ケネディのスピーチライターで相談役でもあったセオドア・ソレンソンと緊密に行動した。ヘンダーソンの仕事は情報を集め、政策提言を行い、知識人の支持を得て、間もなく「ニューフロンティア」として知られるようになるスローガンを打ち出すことだった。ヘンダーソンは、ランドを休職してハーバード大学で博士課程を修了しようとしていたダニエル・エルスバーグにも会っていた。そして、エルスバーグの紹介で、ウォルステッターとも接するようになった。

　ウォルステッターはすでに、彼自身の論文「きわどい恐怖の均衡《デリケート・バランス・オブ・テラー》」からケネディが多くの考えを拝借していることに気づいていた。ケネディは、ウォルステッターの考えをコラムニストのジョセフ・オルソップらの終末論的な警告と結び付けた。そして、ミサイル格差が存在するのではないかという問題をやり玉に挙げ、アイゼンハワー政権の安全保障政策の批判（あるいは安全保障政策の欠如の批判）に乗り出した。ウォルステッター自身は、米ソ間にミサイル格差が存在するとは考えておらず、ミサイル格差論者を見くだしていた。しかし、民主党内で彼自身のアイデアが支持されていることに非常に満足していた。

民主党に協力を約束

というのも、一つには、ウォルステッターは共和党の大統領候補であるリチャード・ニクソン副大統領をあまり好きでなかったからだ。ニクソンは以前、人気女優から政治家に転じたヘレン・ガヘーガン・ダグラスと上院選挙で争い、ガヘーガン・ダグラスを「共産党シンパ」と決めつけて攻撃し、勝利した経緯があり、そのことにウォルステッターはうんざりしていたのだ。しかも、無気力な共和党政権にフラストレーションを感じていた。この点ではほかのランド職員と同じだった。だからこそ、ディアドリ・ヘンダーソンがウッドストック街道沿いのウォルステッター家に現れたときに、彼はできるかぎり温かくもてなした。二人は階下の書斎で話をした。天井には日本では興隆の象徴とされている、赤い紙で作られた巨大な鯉のぼりがぶら下がっていた。ヘンダーソンに、国家安全保障問題についてケネディ陣営に助言したいかと聞かれると、ウォルステッターは「喜んでそのようにさせていただきます」と心から答えたのだ。

ヘンダーソンはミサイル格差問題にこだわったが、ウォルステッターはその話題から彼女を遠ざけようと全力を尽くした。その話題はわきにおいて、新しい政権にとって本当に重要な安全保障問題は何かに絞って集中的に話をした。ただ、ミサイル格差問題の話を完全に避けたいわけではなかった。結局のところ、ミサイル格差問題に焦点を当てて党派的な攻撃をしなくても、それをむしろ政治的な駆け引きの手段として使えると思ったのだ。事態は、ミサイル格差問題よりもずっと複雑だったのである。

ウォルステッターは、ほかのランド職員の協力もヘンダーソンに約束した。具体的には、口が堅いハリー・ラウエン、チャールズ・ヒッチ、ダニエル・エルスバーグの三人を念頭においていた。それでもなお、慎重に事を進めなければならなかった。ランドは依然として空軍の傘下であったし、フランク・コルボムはアイゼンハワーの支持者だったのだ。そのうえウォルステッターは、核抑止力といずいことになっていた。

う言葉を生み出し、限定戦争を提唱したバーナード・ブロディーをめぐって、コルボムとはすでにまずいことになっていた。

自腹ワインで話がこじれる

ウォルステッターにしてみれば、話す必要もないほどブロディー問題はつまらないことのように思えたが、ブロディーは激怒していて、事実上の謝罪を求めていた。すべてはワインのせいだと思えばいいのに！　ウォルステッターは、ブロディーの苦情を受けたコルボムからオフィスへ呼び出されると、困惑した。もともと上司のコルボムとはそりが合わなかった。コルボムがときにあまり合理的とはいえない振る舞いをすることが一因だった。そのため、コルボムと対峙するときは、まるで腹いせするかのように横柄な態度に出るのだった。

コルボムは、ブロディーからの手紙をウォルステッターに見せた。手紙の中でブロディーは「訪米中のフランス政府高官を夕食へ招待しても無視される」と不平を述べていた。代わりにフランス政府高官が出入りしていたのは、高価なワインと料理で知られるウォルステッター主催のパーティーだった。ウォルステッターのパーティーのせいで重要な人脈と情報源を失い、彼自身の努力が報われていない、とブロディーは感じていた。

最初のうちウォルステッターは、コルボムが冗談を言っているのだと思った。そもそもウォルステッターは料理代とワイン代はポケットマネーで払い、ランドに経費を請求していなかったのだ。ランド副所長のJ・R・ゴールドスタインが「パーティーの経費は合法的な費用項目であり、ランドが負担すべきものである」と言っていたにもかかわらず、である。コルボムの目つきが真剣であると分かると、ウォルステッターは単純に次のように答えたのであった。「フランク、私はワインが好きです。

ランドの黄金時代を担ったアルバート・ウォルステッター(背中を向ける手前の人物)。
1958年、ロサンゼルス近郊のハリウッドヒルズにある自宅で、国防問題の議論中。ランドの親しい同僚で、
ヘンリー・ラウエン(左から2番目)、アンドリュー・マーシャル(左から3番目)、アラン・エントーベン(右端)。
Photo : Lonard McCombe/Time Life Pictures/Getty Images

偶然にも、多くのフランス人もワインが好きです。特にフランスワインが。ワイン目的で彼らが私のパーティーに来るとは思いません。でも、仮にそうだとしたら、私にはどうすることもできません。あなたがバーナードにもっといいワインを買ってあげてみたらどうですか?」

ウォルステッターは、ブロディーの恨みに対して何ら対策を取る必要性を感じなかった。ブロディーは公益のために論文を書く分別のある男だが、ランドでは本流の人物ではない、と見なしていたためだ。ランドの仕事の本流は政策助言にある。この点についてブロディーはあたかも存在すらしないかのようだった。しかしウォルステッターは、ブロディーの怒りを静めるために、あるいはせめて彼の怒りを封じ込めるために、何かしなければならない立場に置かれた。

ひょっとすると、新政権が抱えるさまざ

まな難問が彼の怒りを解消してくれるかもしれない。ウォルステッターには核戦略に関する本の執筆依頼があったのだが、その仕事をブロディーに回す手もありえた。その場合には、ブロディーは調査のためにヨーロッパへ出張しなければならず、その間だけはウォルステッターの邪魔にならないのは間違いなかった。そうすれば、つかの間ではあってもウォルステッターはもっと重要なことについて考えることができるはずだった。

たとえば、娘のパーティーのこととか……。

プールパーティーでのささやかな会話

それはシンプルで、ささやかなプールパーティーになる予定だった。しかし、いつものことだが、ウォルステッター家では事態は手に負えない方向へ展開するのだった。娘のジョーンは、ハリウッド高校でスペイン語を一緒に勉強している友達を何人か呼びたかった。ほかの十四歳の生徒のほとんどは自宅にプールを持っていなかったし、暖かい春の日に独りぼっちで泳ぐのはあまり楽しいものではなかったのだ。

しかし、ウォルステッターは、ジョーンがプールサイドに作ったモザイク画を見せびらかしたかった。プールサイドには、プール関連の機材と着替え室を隠すために設けられたグラスファイバー製のパネルがあり、そのパネルにはオランダの画家モンドリアン風の色取りが施されていた。ウォルステッターは、彼自身の友人を何人か招待し、ホットドッグやポテトチップス、ハンバーガーに加えて、もっと大人向きのカナッペやテリーヌ、サンセールも食事メニューに加えた。もちろん大人向きの音楽も必要になった。ジョーンはこの日も、パーティーの前座として両親が行うダンスに耐えなければならなかった。家具を片付けた書斎の中で、ウォルステッター夫妻は若い時分に所属したダンスの一座にまだいるかのように、パソドブレ（スペイン風の社交ダンス）を披露するのだった。

　幸いにも、パーティーの当日、ジョーンの友達の到着前に、両親のダンスは終わった。そして、大人たちがシングルモルトのウイスキーやフランス産のワイン、ロシア産のウオッカを片手に現れると、ジョーンはやっと友達と勝手に行動できるようになった。ただそれも、ウォルステッターがグラスを手にジョーンの芸術的才能を祝って乾杯し、芸術的インスピレーションをもたらす神々をなだめるために、彼女のモザイク画にお酒を注ぐまでのことだった。友達の前ではバツが悪い行為だが、ジョーンの父はいつでもそのように振る舞うのであり、それは風変りでありながらもなぜか愛おしく思えるのだった。

　ジョーンは、父が出張先から送ってくる手紙のことを忘れなかった。父ウォルステッターは警備が厳重な場所へ頻繁に出張し、そのたびに娘に手紙を書いていたのだ。どの手紙にも、まるで画家のルドウィッヒ・ベーメルマンスが「マドレーヌ」シリーズの絵を描く代わりに核戦略家になったような気持ちにさせる、不思議なイラストが同封されていた。父と一緒にいれば、ジョーンはいつでも予想外の展開を期待できた。それでも、そのプールパーティーの日に限っては、父がクラスメートのリチャード・パールと交わした興味深い会話は予想できず、驚いた。

　リチャードはジョーンの父のことはすでに聞いていた。だから、ウォルステッターが娘の友達にあいさつしている機会をとらえて、核軍縮についての会話へ引っ張り込んだ。彼は少年の好奇心に驚いて、書斎へ「フォーリン・アフェアーズ」誌を取りに行き、自分の論文「きわどい恐怖の均衡《デリケート・バランス・オブ・テラー》」を手渡した。そして、アメリカの軍事上の弱点について本当に知りたいのなら、その論文を読むといいと言った。のちにウォルステッターは知人に「あの少年の質問は、いわゆるペンタゴン専門家の多くが私に投げかけた質問よりも的を射たものだった」と言うのだった。

「ところでケネディはどうなのでしょうか、ウォルステッターさん？」とリチャードは聞いた。

するとと彼はニコッと笑って答えた。「そうだね、彼は若い。まだまだ学ばなければならないことがたくさんあるね」

この少年リチャード・パールこそが、ウォルステッターの後押しを受けつつ才能を開花させ、やがて「暗黒のプリンス」、あるいは「ペンタゴンの頭脳」などと呼ばれるようになる男だった。そのことは後に触れることになる。

第9章　マクナマラの特使たち

一九六一年一月十七日の夜、民主党へ政権を明け渡す直前のことだ。アイゼンハワー大統領は国民向けに最後のお別れスピーチをした。ここで、アイゼンハワー政権を性格づける決定的なメッセージを発した。軍産複合体に対する警告である。

アイゼンハワーは、ゲイサー委員会の報告書が漏れたことにも、いわゆる「ミサイル格差」が大統領選の決定的な論点になったことにも、我慢がならなかった。そこで、アメリカの自由に対する不気味な脅威に言及し、警告したのだ。

政府の委員会において、意識的であろうがなかろうが、軍産複合体が正当とは認められない影響力をますます強めている。我々は軍産複合体の台頭を防がなければならない。そうしなければ、見当違いの権力が不幸にも誕生する可能性は消えないだろう。（中略）注意深く、聡明な一般市民だけが頼りになる。彼らの力を借りれば、巨大な産業組織と軍事機構を我々の平和的な手段と目標にうまく融合させることができる。そのようにすれば安全と自由が共に保障されるかもしれない。

最終稿から一つ前のスピーチ草稿では、アイゼンハワーは「軍産議会（軍事、産業、議会）複合体」と書いていた。しかし、報道によれば、議員に敬意を表して、三つのうちの最後は線を引いて削除した。結局のところ、伝統的なアメリカを最後に守ってくれるのは議員かもしれなかったのだ。伝統的なアメリカとは、アイゼンハワーの言葉を使えば「軍需産業が存在しない所で、農業用すきの刃を製造する会社が、必要に応じてやがて剣も作るようになる」時代のアメリカのことである。

しかし、お別れスピーチの最後で指摘したように、アイゼンハワーはあと三日で権力の座を後任者に明け渡すのであり、その後任者のジョン・フィッツジェラルド・ケネディは本質的に軍産複合体の産物なのだった。事実、ケネディがリチャード・ニクソン副大統領に僅差で勝利した点を考えると、彼が大統領職を手に入れたのはランド研究所の助言者とミサイル格差のおかげだともいえた。ケネディは選挙期間中ずっと、ランドの助言者から提供された情報を使い、アメリカの国防体制の弱さを指摘し続けたのだ。

新国防長官ロバート・マクナマラ

一九六〇年のケネディのホワイトハウス入り決定によって、ランドはついに、自らを空軍に縛りつけていた鎖を断ち切ることができた。それまでは、軟弱な共和党系グループがアイゼンハワー政権の政策を牛耳り、ランドの首根っこを押さえていた。そんな共和党を打ち破って力強い自由主義を掲げる民主党が登場し、急激な変化が起きたのだ。しかも、史上最年少のアメリカ大統領であるケネディは、自らを重々しく見せたいがために知的エリート階級をたくみに利用した。つまりサンタモニカにいるランダイトにも門戸を開き、東海岸で活躍する場を与えることになったのだ。従って、ランドのチャールズ・ヒッチが新国防長官のロバート・マクナマラと会ったとき、一目ぼれしたのも驚くに値しなかった。

マクナマラは縁なし眼鏡をかけ、ダークスーツを着込み、髪型をオールバックのヘルメット風にしており、見かけはハト派というよりもタカ派だった。しかし、図表や方程式の類にやたらに強かった。そのため、穏やかな口調でありながらも、計算にかけてはランドの第一人者を自負するヒッチとは完全に波長が合った。二人とも、数字が世界を救うと固く信じていたのだ。

マクナマラは、偏狭な政治的利害が染みつき、手に負えなくなっていた軍部を刷新できると自信を持っていた。それまでの伝統的なやり方は次のようだった。まず、議会が一定規模の国防予算を決める。次に、その予算の取り分をめぐり、陸、海、空の三軍間で争いが始まる。いったん予算の取り分が決まると、どのプロジェクトにどれだけおカネを使うか決めるのは、三軍それぞれの自由で、ほとんど何の制約もない。バーナード・ブロディーのようなベテラン軍事アナリストでも、このような「どんぶり勘定」は終わりにしてほしいと願っていながら、現状に慣れてしまい、特に何かしようとは思わなくなっていたようだ。

旧習は突如として終焉を迎えることになった。マクナマラは、ケネディ大統領から個別具体的な〝進軍〟命令を受けていたうえ、巨大民間企業の組織にメスを入れ、筋肉質で効率的な組織へ生まれ変わらせたその経歴を見込まれて国防長官になったからだ。当時はまだ四十四歳で、一九六〇年の大統領選の数カ月前にフォード・モーター社長に就任し、フォードで史上最年少の社長になったばかりだった。リベラルな知識人で、全米有色人地位向上協会（NAACP）とアメリカ自由人権協会（ACLU）の会員でもあったマクナマラは、デトロイトで働いていたものの、ミシガン州アナーバーにある大学都市に住んでいた。職場で十二時間の仕事をこなし、帰宅すると自宅で妻と一緒に知的エリートを集めたサロンを主催し、最後に最新の政治問題について書かれた大著を読みながら就寝する生活を、何とも思わずに平気で送っていた。

次々と人材をスカウト

同世代の多くの人たちにも当てはまる話だが、マクナマラの生活は第二次世界大戦によって取り返しがつかないほど変わってしまった。大戦中、陸軍に志願し、陸軍航空軍の統計管理局へ配属となった。ハーバード大学ビジネススクールの卒業生を集めたグループの一員となり、経営理論を応用して戦争の効率性を高める仕事を手掛けた。空軍での多くの業績の中でも注目に値するのは、カーティス・ルメイ将軍が司令官として指揮し、日本への大空襲で知られる第二一爆撃集団の航続時間を三〇％増やすのに貢献したことだ。

戦後、マクナマラと若手将校九人は、新しい経営手法を模索する民間企業に対して彼らのノウハウを提供しようと考え、グループを結成した。フォード創業者の祖父から家業を引き継いだばかりだったヘンリー・フォード二世は、マクナマラのグループを雇った。フォード内でこのグループは「神童《ウイズキッド》」として知られるようになった。情け容赦ないリストラでコストを削減することで、経営悪化でキーキーときしんでいた巨大自動車メーカーを戦後の新時代に適合させつつ、一方で利益を拡大し、効率性を高め、フォード車の人気を高めたのである。マクナマラはフォード製小型車の第一号「ファルコン」のデザインにも加わった。フォードでは、彼はいつも正しい判断をする有能な管理者として認められたのだった。

ケネディが大統領戦に勝つと、リベラル派の経済学者ジョン・ケネス・ガルブレイスは、国防総省《ペンタゴン》のトップにふさわしい人物としてマクナマラの名前を挙げた。軍の権力を掌握し、その近代化を推し進めたかったケネディは、効率化の名人マクナマラと直接面談することにした。ジョージタウンにある次期大統領の自宅に招かれたマクナマラは、気乗りしないで、単刀直入に「私は適任でありません」と告げた。

それに対して、ケネディは皮肉っぽく「えっ？　だれが適任でない？」と聞き返した。マクナマラは、第二次大戦後の軍事事情について明るくないので、どうやったら国防長官が務まるのかも分からないと説明した。すると、ケネディは「大統領になるための学校だってない。けれども、アイゼンハワー大統領と会ったら、自分でもできると自信を持てた」と語った。最後にはマクナマラは折れた。ただし、条件を付けた。一つはワシントンでのくだらない社交界には出入りしなくていいということで、もう一つは自分の部下は自分で選ぶということだった。ケネディが承諾すると、マクナマラは何百枚もの情報カードを手にして、ショーハムホテルのスイートルームに一週間閉じこもった。自分の部下としてだれを選んだらいいのか熟考するためだった。

ここでガルブレイスが再び口をはさみ、「マクナマラは経済学者のチャールズ・ヒッチと面談すべきだ」と提案した。マクナマラはヒッチというランドのアナリストは知らなかったが、ヒッチの著書『核時代の国防経済学』を読むと、たちまちファンになってしまった。本の中でヒッチは、ランドで長らく議論されてきたアイデアをまとめ、合理的意思決定システムによる統計的分析や価格比較、経営管理を提唱していた。これらは本質的に、マクナマラがフォード再建のために使っていた手法と同じだった。言い換えると、マクナマラは、「システム分析」という用語を知る以前から、いわんやランドの信条を知る以前から、システム分析の実践者だったのだ。

マクナマラが国防総省へ来ないかと誘うと、ヒッチも当初はためらった。しかしマクナマラ自身と同じように、自由に部下を選んでもいいとマクナマラから言われると国防総省入りを受け入れた。会計検査担当の国防次官補に任命されると、ただちにランドのアナリストだったアラン・エントーベンに連絡を入れ、国防次官補代理として新設のシステム分析局の責任者になるよう要請した。

生まじめなローマカトリック教徒であるエントーベンは国防問題に身をささげており、ウォルステッターの弟子の一人だった。ランドでは、戦略空軍司令部（SAC）の脆弱《ぜいじゃく》性を指摘した基地研究「R290号」の後続研究でウォルステッターと一緒に働いたことがあった。エントーベンは一九五〇年代終わりにランドに就職したものの、間もなくランド経営陣に不満を感じるようになり、結局はシンクタンクからペンタゴンへ転身した経緯があった。エントーベンは次のように語っている。

ランド全体の雰囲気に我慢ならなくなったのです。最高の重みのある、複雑な問題をテーマにして四十五分間のプレゼンテーションが上手に行われても、それがどのような扱いを受けるのか。（中略）風刺として私が好んで例にするのはハーマン・カーンです。重要で、刺激的な新しいアイデアをいっぱい披露しながら、彼が二時間のプレゼンテーションを終えます。すると、どんな反応があるかというと、まず経営陣の一人が口を開いて、「何で君の社会の窓（前チャック）が開いているのだ？」と質問します。次に別の一人が「プレゼンテーションは三十分以内に」と指摘するのです。

ヒッチから声がかかったとき、エントーベンはペンタゴンの調査・エンジニアリング部ですでに一年間働いていた。ヒッチとエントーベンは、ペンタゴン全体がどのように組織として運営されるべきか、抜本的に見直すことこそ使命であると考えた。そして、彼らがペンタゴンで行う改革は、ランド

アルバート・ウォルステッターの協力者であったアラン・エントーベン。

1958年、ランド内で戦略空軍司令部（SAC）向けに「予算」をテーマに講演している。

この直後、ランド経営陣に対する不満からランドを辞め、国防長官ロバート・マクナマラにスカウトされる。

国防総省では「マクナマラの神童」の１人として、ペンタゴン改革で活躍する。

Photo : Leonard McCombe/Time Life Pictures/Getty Images

流の信条に従って形づくられ、やがては革命になるのだった。この革命の実行者として、システム分析という分野を創設した人たち以上の適任者がいるだろうか？

数日のうちに、ヒッチとエントーベンはサンタモニカで働く数十人に声をかけ、一緒に働かないか誘ってみた。国防総省の予算を洗い直し、その影響を向こう五年間にわたって分析する作業への参加を打診したのである。予算の洗い直し作業は、空軍に悪影響を及ぼすのではとの不安もあった（ランドでは依然として、研究予算の九割は空軍との受託契約で占められていたのだ）。それでも、フランク・コルボムはゴーサインを出した。結局、ランドの経済学部から十四人が送り込まれ、それに新規採用の十人も加わって、メリーランド州ベセズダにあるランド事務所を拠点に仕事を始めた。

ヒッチがペンタゴンの予算にメスを入れるのと同時並行で、ウォルステッター周辺の別のエリート、ハリー・ラウエンがケネディ政権の上層部に加わろうとしていた。ラウエンは、ハーバード大学で本を執筆するためにランドを一年間休職中で、同大でポール・ニッツェに出会った。ニッツェは大統領選中にケネディ陣営の国防チームを指揮した功績を買われて、国際安全保障担当の国防次官補に任命されていた。国防問題のことでラウエンが積極的な見解を持ち、それが自分のものと一致していると知ると、ニッツェはヨーロッパの安全保障問題の補佐としてラウエンをスカウトした。

不思議なことに、アルバート・ウォルステッターはケネディ政権内で公式なポストを何も得ていなかった。しかし政権内のランド出身者からは頻繁に助言を求められ、常に連絡を取っていた。とりわけラウエンとは緊密にしていた。一方で、「ニューフロンティア」政策のために心から働きたいと願っていたランドのアナリスト、バーナード・ブロディーには悲しいことにまったく声がかからなかった。ブロディーは政権からの誘いをむなしく待ち、そして期待を裏切られるとその怒りをアルバート・ウォルステッターに向けた。ブロディーにしてみれば、ウォルステッターこそケネディ政権からのブロディー排除を主導した男だった。

ランド所属のアナリスト数十人が、期間はそれぞれ違ったが、国防総省へ出向した。その一人がダニエル・エルスバーグであり、一九六二年にはニッツェの後任者であるジョン・マクノートンの特別補佐官になるのだった。

ランドの希望・エルスバーグ

のちにペンタゴンペーパー（ベトナム戦争に関する国防総省機密文書）漏洩事件で中心的役割を果た

1958年、ランドのアナリストたちが戦争ゲームを展開中。空中戦とミサイル攻防戦の戦略で競っている。
新人だったダニエル・エルスバーグ（手前中央）も参加していた。
エルスバーグはいずれ核戦争が起きると信じ、企業年金に加入するのも辞退した。
Photo : Leonard McCombe/Time Life Pictures/Getty Images

すことになる経済学者ダニエル・エルスバーグの政治的な変遷は、順序は逆だが、ウォルステッターらネオコン（新保守主義）関係者に匹敵するものだ。バーナード・ブロディーやハーマン・カーン、ウォルステッターをはじめとしたランドの著名戦略家の多くと同様に、エルスバーグも世俗的ユダヤ人だった。彼の両親はキリスト教へ改宗し、敬虔《けいけん》な「キリスト教科学（クリスチャン・サイエンス）」の信者になっていた。ハーバード大学では、彼は聡明で、独創性豊かな経済学者として、意思決定理論について将来性のある論文を何本か書いた。この理論は、不確実な状況下での意思決定を抽象的に分析する分野のことだ。彼はまた、アメリカ海兵隊の中尉だったこともある。海兵隊員としての仕事がとても気に入り、一時は生涯のキャリアにしようと考えたほどだった。政治的には自分自身を「トルーマン・デモクラット（トルーマン元大統領いうことだ。

を支持する民主党員）」と考えた。つまり、国内問題ではリベラルで、対外問題で攻撃的な反共戦士と

おしゃべりで、お天気屋で、無限の探究心を抱きながら、絶望的なほど本題から脱線することもあるエルスバーグは、二十歳という若さで結婚し、二十五歳になる前に二人の子持ちになっていた。一九五八年、アルバート・ウォルステッターの推薦で経済理論家としてランドに就職した。ランドではアラン・エントーベンと同期になった。ペンタゴンでの将来の同僚と同じように、二十七歳のエルスバーグは核戦争の勃発を確信しており、ランドでは企業年金制度に加入するのも見送った。そんなのは無駄だと思ったのだ。

ランドでのエルスバーグの献身的な姿勢が目に留まらないはずはなかった。エルスバーグは聡明で革新的な思想家としてたたえられ、ウォルステッター周辺の核戦略家と交流するようになった。彼はウォルステッターを父親のような存在と考え、基地研究でウォルステッターに協力したハリー・ラウエンともすぐに親しくなった。いつの間にかエルスバーグはランド経営陣の寵児《ちょうじ》となり、シンクタンクの将来を担う希望の星として扱われるようになった。

マクナマラの神童

マクナマラの下で、ランダイトはコルボムや疑い深い空軍に邪魔されることなく、ペンタゴン内の権力の中枢に自由にアクセスできた。アイゼンハワー政権の最後の数カ月、ウォルステッターの一派がケネディ陣営を支援していると知ったコルボムは、ランドの組織改革によって人事と予算の権限を各部の部長から奪い取り、その権限を経営委員会へ移管した。経営委員会はコルボムが牛耳っており、彼の意向に逆らうことはまずなかった。この改革でウォルステッター周辺の戦略アナリストは翼をも

ぎ取られた。

しかし、政権が交代した今、立場が入れ替わった。ウォルステッターの一派は、今度はマクナマラの特使となった。つまり、つい最近まで彼らの上に君臨していた空軍上層部を監督する立場になったのである。国防総省入りした彼らはただちに権限を行使した。客観的・合理的分析を装い、自分たちの意思をペンタゴンに押し付けたのである。

行政管理予算局長のデビッド・ベルの助力も得て、ヒッチとエントーベンは特に空軍を標的にしながら国防総省の予算に大ナタを振るった。数カ月かそこらのうちに、新型のB58とB70爆撃機やさまざまなミサイルシステムなど、それまで聖域化されていたルメイお気に入りの空軍プロジェクトが次々と打ち切られた。聖域にメスを入れたのは、若くて、角刈りで、ビジネススーツを着込み、パイプを吹かしている知識人だ。

彼らはフォードの経営を再建したグループに敬意を表して「マクナマラの神童」と呼ばれるようになった。このようなランダイトにとって、ルメイとSACはやせこけたネアンデルタール人同然だった。すなわち、変化に後ろ向きで、柔軟性や説明責任、財政規律が求められる新時代に適応できなくなっていたのだ。一方で、ペンタゴン入りしたランドの連中は海軍の「ポラリス」潜水艦プロジェクトを承認し、陸軍の通常戦力増強を提唱したため、空軍にとっては踏んだり蹴ったりだった。神童たちは、空軍内では徹底的に忌み嫌われていることを知っていたが、気にかけなかった。彼らはふざけて「我々のうち何人かが一緒にベトナム行きの飛行機に乗り込むとしたら、ルメイはどうやってそれを撃ち落とそうとするだろうかね」などと言ったものだ。

空軍が苦々しく思ったのは予算削減だけではなかった。神童たちの挑発的な態度も空軍を激怒させたのである。核戦争について白熱した議論が続くと、ある時点でエントーベンは「将軍、核戦争で戦った回数ではあなたに負けてはいませんよ」と怒鳴ったことがある。また、空軍の別の将軍から聞きたくもない説教を聞かされた際には、「将軍、あなたは分かっていないようですね。私は説明しにきたわけじゃないのです。我々が決めたことをただ伝えにきただけですよ」とにべもなく指摘した。

神童たちがペンタゴンを乗っ取ったことでランドは財政的に潤った。国防長官府は利幅の大きい多数の研究プロジェクトをランドに新たに委託したし、マクナマラに押されて空軍はランドとの既存契約を拡大した。一九六一年の夏までに、マクナマラの興味がどこにあるか見極めたコルボムの経営委員会は、国防長官府から研究資金を得ようとして、ランドの各部からプロジェクト案を新たに募集していた。新プロジェクト案の中には、限定戦争、軍縮、政治関連（特にアフリカとラテンアメリカの民間防衛と冷戦）をはじめ、以前なら考えられなかったような分野のものも含まれていた。

それでもやはり、ランドに対する憎しみは根深く、なかなか消え去らなかった。十二年後になっても、空軍のバーナード・シュリーバー将軍はマクナマラの神童についてなお不平を言うのだった。

マクナマラの部下は全国をくまなく駆け巡っていた。我々の司令部にやってくると、司令部のあらゆるレベルの人たちに話しかけ、さまざまな企業を訪ねると、やはりそれらの企業のあらゆるレベルの人たちに話しかけた。大抵、我々は彼らが何を考えているのかさえ分からなかった。どんな事情があろうと、彼らが報告書を完成させたとき、そのコピーを手に入れることはできなかったからだ。だから、組織の上のほうでいったい全体何が起きているのか、知るよしもなかったわけだ。

空軍にしてみれば、ランドがうまくペンタゴンの内部へ入り込んだということは、裏切り行為そのものであった。統合参謀本部を率いていたルメイが怒り心頭に発していたのは、彼自身が育て守ってきた組織が親に向かって牙をむいた格好になっていたからだ。ルメイはマクナマラと神童たちを嫌悪し、空軍内の友人に向かって次のように皮肉ったものだ。「一つ質問しよう。もしフルシチョフがアメリカ国防長官だったら、事態は今よりもっと悪くなっただろうか？」

各自自前のシンクタンクを設立

それまで聖域だった分野をランダイトが攻撃したことに対し、軍の指導部は彼ら自身のシステム分析部門を立ち上げ、自分たちが使いたい兵器の購入を正当化しようとした。その過程で、「費用対効果」や「妥当と想定される筋書き」といった用語を学ぶとともに、悪名高い「殺人委員会」の仕組みも取り入れた。殺人委員会では、ランドの研究者が同僚の新規プロジェクトを徹底的に批判し、発案者を疲労困憊《こんぱい》させ、時に愚弄《ぐろう》するのである。当初、ランド式を模倣する軍の企てはいかがわしく、分析結果もばかばかしかった。しかし、最後には軍の指導部は未検証の仮説を設け、条件付きパラメーターを用意するコツをつかんだ。印象的なグラフや計算、方程式とうまく組み合わせれば、望む結果を引き出せたのだ。

ランドは、対政府助言機関として唯一のシンクタンクではなくなった。陸軍は陸軍自身のシンクタンク、海軍も海軍自身のシンクタンクを設置した。空軍さえ、より空軍寄りのシンクタンク、エアロスペース・コーポレーションを創設する計画を温めていた。しかしながら、これらのどのシンクタンクも影響力や評価の点でランドに及ばなかった。ランドの名声を確固たるものにしたのは、長期的な視野を持ち、「仮説」を組み立てる能力にあったのだが、ほかのどのシンクタンクもこの能力を身に付けていなかったのだ。ほかのシンクタンクは徹甲弾の最適な厚みを調整したり、メキシコ湾流のミネラル含有量を検出したりするなど、個別具体的な作業に専念するしかなかった。[12]

そうはいっても、一般向けの雑誌「ライフ」や「ルック」、「サタデー・イブニング・ポスト」では、裏で空軍が仕組んだ一連の記事が掲載され、ランドはほかのシンクタンクとともに一緒くたに扱われた。これらの記事は「国防知識人」という概念を持ち出した。それは、「ツタで覆われた大会堂の中に身を置き、現代の戦争はチェス盤の上で決着させることができる」と信じる人たちのことを指し、具体的にはランダイトのことを意味した。評論家の見方では、国防知識人はだれに対しても説明責任を負わない無責任な学者連中であり、罪のない一般大衆にエリート思想を押し付けているのだった。議会はシンクタンクに疑惑の目を向け、その後ランド向けも含めペンタゴンのシンクタンク予算を削減することを決めた。

空軍長官のユージーン・ザッカートは、空軍以外からの受託プロジェクトがランドの目的をあいまいにし、資源を分散させていると主張した。そして、ランドが受託できる「外部」プロジェクトの割合を全体の二割以下にする条件を設けようとした。ザッカートがこんな要求をした結果、最終的に神童たちが去った後、ランド内でなお空軍に恩義を感じていたグループが分裂状態に陥った。空軍が「二割以下の条件が満たされなければ、ランド向けの研究資金はこれ以上出さない」と脅すと、状況は一段と悪化した。この時点でコルボムさえも反乱を起こし、空軍法律顧問のマックス・ゴールデンの所に怒鳴り込んだ。激しくやり合うなかで、コルボムは「空軍がもし二割以下の条件にこだわるなら、ランドは空軍との契約をすべてキャンセルし、店じまいも辞さない」と主張した。コルボムはあまりに神経をたかぶらせていたため、会話の途中で三回も席を立とうとしたほどだ。ついにゴールデ

1962年1月、ジョン・F・ケネディ大統領の隣に座るカーティス・ルメイ将軍（右）。
アメリカ空軍参謀総長で、ランドのドンでもある。日本では東京大空襲の司令官として知られる。
ルメイはケネディとそりが合わず、ケネディの国防政策について
「ソ連の国防政策と変わらない」などと皮肉ったこともある。

Photo : Hulton Archive/Getty Images

1961年8月、自宅で愛犬と遊ぶカーティス・ルメイ将軍。ちょうど「ベルリン危機」の真っ最中だった。

photo : Ed Clark/Time Life Pictures/Getty Images

ンは、コルボムがやれるものならやってみろという開き直りに出ていると理解し、さじを投げた。「ランドと違い、我々には国益を危うくするような贅沢は許されていない。拳銃が私の頭に突き付けられた今、従来の条件でやっていくことを認めよう」

空軍による反革命は失敗に終わった。ランドのアナリストは引き続きスリム化・効率化によるペンタゴン再編を推し進めたばかりか、最終的にシステム分析やプログラム予算といったランドの用語はアメリカ政府全体の共通語となるのだった。最も重要なのは、開戦、戦争抑止、西側と共産圏の関係などについてのランドの理論がケネディ政権の公式外交ドクトリンとなり、アメリカが世界と向き合う方法まで変えてしまったことだった。

第10章　脳神経から「インターネット」を発想

一九六〇年の春、ポール・バランという若いエンジニアは、ランド研究所で新たに与えられたプロジェクトの恐ろしい意味合いをじかに理解した。もし彼の計算に落ち度があれば、アメリカには何の未来もないかもしれない。ソ連がアメリカに先制核攻撃を仕掛けたら、戦略空軍司令部（ＳＡＣ）はどうやって反撃の指令を出したらいいのだろうか？　先制核攻撃ですでにアメリカの全通信システムが破壊されていたとしたら？　アルバート・ウォルステッター流の言い方をすると、もし先制核攻撃による破壊を一部のミサイルが免れたとしても、そのミサイルと交信する手段を欠いていたら、アメリカは有効な報復能力を手にしているといえるのだろうか？

技術者ポール・バラン

このような問題に取り組むために、バランはサンタモニカの海岸沿いにあるランドに入所し、そこの事務屋の仲間になったのである。以前は南カリフォルニアのエルセグンドにある航空機会社ヒューズ・エアクラフトに所属し、大陸間弾道ミサイル（ＩＣＢＭ）「ミニットマン」の設計エンジニアを務めていた。一九五〇年代終わりから一九六〇年代初めにかけて、多くのランドの職員たちは文明の未来は自分たちの手にかかっていると信じていたが、バランも例外ではなかった。ウォルステッターが指摘したように、ソ連の爆撃機がわずかな数であってもアメリカの領土内に入り込めれば、それだけでアメリカに深刻な打撃を加えることができると考えられていた。それにとどまらず、電離層の中で核爆発の影響が広がり、長距離・高周波の無線通信がすべて不能となるかもしれない。もし電話システムの中央交換ノード（交換機）も破壊されたと仮定すると、アメリカのミサイルを発射するために必要な指令・制御・通信システムは何も残らないことになる。

ポーランド生まれで二歳のときに両親とともにアメリカへ移住したバランは、歴史が気まぐれであり、国防体制が弱いか強いかで個人の人生も大きく変わることに深い影響を受けてきた。彼のミサイル通信問題への取り組みは、究極的には今日の「インターネット」へ発展するのだった。

バランはいわゆる「ニューラルネット」の研究にかねて関心を持っていた。ニューラルネットとは、思考をパターン化して分散処理する、人間の脳の神経回路網のことである。神経細胞の相互結合で構成される複雑なネットワークのおかげで、人間は肉体的な課題に驚くほど柔軟に対応できる。あるシステムに負荷がかかり過ぎると、別のシステムが救いの手を差し伸べてくれる。たとえば、「手を挙げなさい」という命令が通常の神経経路を通れない場合、脳は並列する類似経路を一時的にハイジャックし、命令を迂回させるのだ。

バランは、低周波のAMラジオ放送局に注目した。ウォルステッターの観察では、このような放送局が全国各地に豊富にあるということだった。ここからヒントを得て、バランはAMラジオ用アンテナを代替手段として使ってアメリカのICBMを打ち上げるという、独創的な案を考え出した。AMラジオ用アンテナは、国中の通信を担う神経中枢（あるいは制御ノード）として機能するという。緊急事態の場合、ＳＡＣは発射指令をミサイルに伝えるために民間のアンテナを徴発できるのだ。空軍はただちにバランの提言を採用し、二用途アンテナのネットワークを実際に構築した。これらのアンテナは、ラジオでは聞こえない秘密の信号を使って、攻撃命令をノードからノードへと伝送するのだ。

バランはこの成功に喜びながらも、もう一段の改良を加えたかった。「発射」や「中止」といった単純な指令を出すよりも、さらに先を行きたかったのだ。ただ、非効率なアナログ回路を使っていては雑音が多すぎるため、メッセージをデジタル化する方法を見つけ出さなければならなかった。

パケット通信

一九六〇年代の初め、「デジタル」という言葉は辛うじて知られていたが、日常会話で使うことはまずなかった。ラジオと電話の信号波はすべてアナログであり、つまり連続的に変化する電流と電圧によってデータが送られていた。だからこそ電話局に中央交換ノードが必要だった。当時は全国のほとんどの電話局はＡＴ＆Ｔという独占企業によって所有されていた。[13] これらのノードは信号を受け取り、それを増幅し、それから最終的な受信者へ伝送した。問題は、ノードを経由するたびに信号が何度も増幅されるため、受信者が送信者から物理的に離れているほどひずみ（あるいは雑音）が大きくなることだった。

ダビングしたビデオテープをダビングし、さらにダビングすると、映像がぼやけてとても鑑賞に値しないものになる――これと同じことである（記憶力がいい人であれば、昔は海外へ電話をかけると、声がこだましたことを覚えているだろう。この原因はひずみだった）。

これに対して、デジタルは二進法だ。つまり、コンピューターと同じように、あらゆる情報はプラスとマイナス、あるいは数字の「1」と「0」の長い配列で送られる。遠距離がもたらす雑音やひずみはデータにほとんど影響を与えず、高音質・高画質の送受信を可能にする。また、必要とあればデジタル信号はバックアップ回路へ切り替えて送受信することが可能で、増幅の必要がなく、結果としてひずみとも無縁になるのだ。

バランの研究が画期的だったのは、メッセージをデジタル化しただけでなく、「パケット」へ小分けしたことだった。パケットとは、受信者、送信者、ネットワークに存在した時間といった情報を含んだデータのかたまりである。その中には、全体を復元するためにパケットの配列順序も情報として入っていた。また、パケットはそれぞれ送信元からあて先までの経路情報を自ら持っていた。DNA分子のように、送受信エラーがあれば、そのたびに正しく自己複製できた。パケットは自動的に最も効率的な経路を探し、いったんメッセージが目的地に達すると自動的に再構成された。

もはや、ノードも交換局も不要で、直通の電話回線すら要らなくなるということだった。もしワシントンの連邦政府とカンザス州ウィチタのミサイル格納庫を結ぶ専用線が破壊されたら、パケットは利用可能な電話線を勝手に探し出せば済んだ。一秒の数分の一のスピードで、たとえばアメリカ本土からオーストラリア、中国、ハワイ、カナダを経由してウィチタを目指すわけだ。そうなると、世界全体が脳のように機能し、電話回線が中枢神経系統のように機能する——まさしくニューラルネットだ。

バランは自分のアイデアをAT&Tに売り込んだが、受け入れてもらえなかった。AT&Tの説明では、たとえデジタル通信システムが構築できたとしても、自ら最悪の競争相手を生み出すようなまねはできないということだった。代わりに、全世界を結ぶパケット交換システムの構築構想はアメリカ空軍に、その後は国防総省の管轄に移った。一九六六年、国防総省の高等研究計画局（ARPA）

は大学や研究所のコンピューターをつなぐ「ARPANET」を開発した。皮肉にもARPANETは、バランとは別に独自のネットワーク構想を打ち出していたイギリス人科学者、ドナルド・デイビスの考えを採用した。その後、ARPANETは軍事的な色彩をなくし、今日のインターネットへ発展していくのだった。

バランの場合、タイミングが悪かった。彼がデジタル化を提唱したのは、世界が二進法へ進む用意が整うよりも前だった。彼は時代の先を行きすぎて、その犠牲になったのだ。だが安全保障問題を原動力にしてランドが科学技術革新の先駆者になるのは、バランのデジタル化構想が最初ではなかったし、また最後でもなかった。

ＪＯＨＮＮＩＡＣ——全米一のコンピューター

一九五〇年代の初めには、ランドの数学部長、ジョン・ウィリアムズが東海岸へ出張してＩＢＭを訪ね、空軍のプロジェクト向けに大規模な計算を行えるようなコンピューターの開発を依頼した。当時の計算機では、ランドが新規導入したシステム分析を使って問題の解答を得ようとしても、変数が無数にあって対応できなかったのだ。たとえば、エド・パクソンがソ連への爆撃用に「最高」の爆撃機を設計する仕事を与えられたときのことだ。爆撃機の性能、予想される損害、攻撃目標の範囲、後方支援のほか、護衛用戦闘機など補助的なニーズのことも考慮しなければならなかった。さらには、研究や物資調達、軍事行動への段階的な資金配分も無視できない要素だった。こうした変数が相互に関連し合うと、とてつもない計算が必要になった。ＩＢＭはこのような要求に耐えられるコンピューターの開発を断った。その結果、ランドのエンジニアは自力でコンピューターを開発する道を選んだ。

ランダイトは自分たちのマシンを「ＪＯＨＮＮＩＡＣ（ジョニアック）」と命名した。「ＩＬＬＩＡ

C」「SILLIAC」「WEIZAC」「MANIAC」などのコンピューターと同じように、プリンストン大学の高等研究所（IAC）の設計思想に基づいていたため、「IAC」を使った。その前に「JOHN（ジョン）」を持ってきたのは、ランドのコンサルタントで数学者のジョン・フォン・ノイマンに敬意を表してのことだった。コンピューターの奇才ウィリス・ウェアがジョニアックのハードウエアを設計した。何年もの間、ジョニアックに匹敵する能力を持つコンピューターは全米に十台前後しかなかった。このマシンは、パンチカードを利用した入出力をはじめ、いくつもの革新的な特徴を備えていた。保守の際に、八十本の真空管へ容易にアクセスできるような設計にもなっていた。当時の初期型コンピューターは、休みなしに数時間以上続けて稼働させることはできなかった。ジョニアックの回転部を冷却し、使用可能な状態にしておくために、ランドのエンジニアは摂氏一三度の気温を保つ地下室でこのマシンを保管していた。すぐにジョニアックは、肺炎を患っていることにひっかけて冷笑的に「PNEUMONIAC（ニューモニアック）」と呼ばれるようになった。その後、何年にもわたって、ランドのエンジニアはジョニアックの改良を続けた。たとえば、蓄積管の代わりに最初の商業版磁気コアメモリを取り入れ、高速インパクトプリンターへ接続した。また、スワッピング型磁気ドラムを導入して複数のユーザーによる共同利用を可能にした。オンラインでの共同利用システムとしては草分けといえる。

ICBMの開発

ジョニアックの利用方法として将来性の高いものの一つは、線形計画法用コンピューターソフトウエアの開発にあった。これは、線形方程式が支配する多変数関数の最適値を見いだすための計算と関係している。たとえば、兵士の食事のために確保しなければならない一定量のカロリー、タンパク質、ビタミンがあるとしよう。特定の時間に特定の場所で手に入る食料をベースに選び、与えられた予算を超えないようにしながら、最適の結果を得るにはどうしたらいいのか？

一九四〇年代の終わりに、ランドのジョージ・ダンツィークは、このような問題で最適値を得るために、彼が「シンプレックス法」と名付けた手法を開発した。彼が想定したのは、ありえるすべての解決策を多面体に表示し、個々のベクトルのうちどれが一番いいか明らかになるまで分析することだった。ジョニアックの計算力と組み合わせてシンプレックス法を用いることで、ランドの研究者は軍事上の物資調達や工業工程、管理計画などで直面するさまざまな問題をすばやく、効率的に解決できるようになった。

しかしジョニアックは、ランドの出版物として最高のベストセラー『十万正規偏差の百万乱数表』となるものをまとめるには力不足だった。題名がはっきりと示すように、この本はルーレットが選んだ数字で構成された。使われたルーレットは、ランドのエンジニアが作った特別製の電子式だった。このような偶然性は、ランドが確率問題に取り組むうえで決定的に重要だった。事実、ある原子力潜水艦司令官は『十万正規偏差の百万乱数表』を常に携え、敵の攻撃を受けた場合にどの進路へ逃げたらいいのかを決める手段にしようと考えた。題名が風変わりだったことから、この本はニューヨーク公立図書館で「心理学分野」へ分類されたという話もある。一九七一年までに三刷となる売れ行きで、テロで不安が高まった二〇〇一年には再び増刷となった。

ランドが手に入れた強力な計算能力は、ソ連のロケットを赤外線で探知するうえで極めて価値が高いものだった。そればかりか、アメリカの国家安全保障にも大きな貢献をするのだった。ランドが残した周知の業績、つまり機密扱いから外された業績としては、アルバート・ウォルステッターの業績を別にすれば最大の貢献かもしれなかった。その貢献とは、ランドの物理学者ブルーノ・オーゲンスタインによるICBM、すなわち大陸間弾道ミサイルの開発だ。
ジョン・ウィリアムズは一九四九年、「スーパー」と呼ばれる水素爆弾の開発を進めるため、パデュー大学で教えていたオーゲンスタインをスカウトした。ランドではオーゲンスタインはソ連最初の水爆実験の結果を調査し、ソ連の科学者がリチウムを核分裂性物質として使っていることを発見した。リチウムの使用によってソ連製核爆弾はアメリカ製よりもずっと軽量になっていたのだ。そこで、オーゲンスタインは軽量な水爆を数発用意し、ミサイルの弾頭へ取り付ける着想を得た。一九五〇年代初めのころの大陸間ミサイルはあまり正確ではなかった。このようなミサイルを使って通常の原爆を落としても、軍事上の目的を十分に果たせなかったわけだ。しかし、より強力な水爆を複数搭載した弾頭を使えば、破壊できる範囲はさらに広範囲になるため、不正確さはほとんど取るに足らない問題になった。

一九五四年、オーゲンスタインは自分の考えを文書にまとめて提案した。これは、当時ミサイルについて書かれたものとしては最重要文書の一つと考えられている。彼はまた、すでにランドのコンサルタントになっていたジョン・フォン・ノイマンが委員長を務める国防総省の委員会に対して自分の考えを売り込んだ。オーゲンスタインの数字とフォン・ノイマンの強力な支持によって、空軍はオーゲンスタインの提言を取り入れ、ミサイル防衛をペンタゴンの最優先事項にした。

オーゲンスタインが新設計のICBMをプレゼンテーションしたのを受けて、国防総省はシステム工学の立場からICBMプロジェクトを委託できないかランドに打診した。システム工学となると、ランドはシンクタンクの枠を超えて応用科学の会社へ変わってしまいかねなかった。その可能性に気づいていたフランク・コルボムは国防総省の打診に応じなかった。そこで国防総省は、ラモ・ウールドリッジというベンチャー企業にICBMプロジェクトを発注した。

今にして思えば、ICBMプロジェクトを引き受けなかったのは重大な決断だった。というのも、これによってランドは、TRW（かつてのラモ・ウールドリッジ）社のような巨大なエンジニアリング・航空宇宙会社にならずに済んだのである。コルボムとランドにしてみれば、知的生活はあまりにも魅惑的で、それと比べれば単なる利益追求は取るに足らないものだった。ただ、不可解な選択でもあった。そもそもランドという研究所は、自己主義とカネ儲けという二つのプリズムを通じて歴史を書き換える組織だったのだから。

「プロジェクト・ゴーファー」

ランド内部では、オーゲンスタインの成功によって物理学部の地位が絶頂を迎えた。しかし、ICBMプロジェクトは国家機密扱いであり、政府発注プロジェクトとしては大きな利益も期待薄であることから、ランドは新たな収入源を開拓するためにほかの領域へ進もうとした。しばらくの間、宇宙空間の探査が将来有望に思われた。

ランドがロケット研究に親しみを感じていたのは、シンクタンクとしての誕生時点からして明白だった。ランド最初のプロジェクトは、それまでは空想の世界だった宇宙旅行の可能性をまじめに取り上げ、三百二十四ページの報告書「地球を回る実験用宇宙船の初歩的なデザイン」として結実したのだ。しかしながら、それから十年以上先となるスプートニク打ち上げまで待たなければ、ランドの科学者が自らのアイデアを生かして実際の宇宙研究を手掛けることは認められなかった。

一九五四年九月、ウォルステッターの「基地研究」の結論に促されて、国防動員局の科学諮問委員会はアイゼンハワー政権向けに、ソ連に対する奇襲攻撃の可能性を調査し始めた。ランド所長フランク・コルボムの懐刀《ふところがたな》で、マサチューセッツ工科大学（MIT）学長のジェームズ・キリアンが委員会の委員長を務めていた。また、キリアンの右腕は、インスタントカメラ会社ポラロイドの社長、エドウィン・ランドだった。通称「ディン」と呼ばれるランドは、こぎれいで黒髪の男で、アーモンド形の目はいつも何かしら深い物思いにあることを示していた。非凡な才能があり、演出上手でもあった彼は、偏光フィルムとポラロイドフィルムを発明し、非常に金持ちになった。彼はまた、政府が助成する科学技術研究に深くかかわっていた。キリアン委員会の下部組織として、戦略課報《ちょうほう》問題に焦点を当てる技術力小委員会ができると、自らその委員長に就いた。キリアン委員会がまとめ、アイゼンハワーに警告した報告書「奇襲攻撃の脅威と向き合う」の大半を起草したのも彼であり、次のように提言している。

課報活動による推測は具体的事実に基づくべきであり、そのような具体的事実をもっと増やす方法が求められている。もっとうまく戦略的な警告を発し、攻撃に際しては冷静に対応できるようにするとともに、敵の脅威を過大評価したり過小評価したりするリスクを少なくするためだ。このような目的に向かって、科学技術上の先端知識を広く利用する厳格なプログラムの導入を我々は提案する。

これを高く評価したアイゼンハワーはその後、ソ連の脅威についてもっと広範に情報収集する方法がないかどうか調べるよう指示を出した。

すでに一九五〇年代の初め、SAC、つまり戦略空軍司令部向けの機密プロジェクトとして、ランドの研究者はソ連を偵察する狙いで、数百個の無人熱気球を飛ばす構想を温めていた。これは、一九四九年にソ連領土内に多数の観測気球を送り込んだ海軍の作戦「モビーディック」に対応したものだった。海軍と常に競争関係にある空軍はランドに対し、海軍よりも大型で空軍独自のスパイ気球を上げるプロジェクトを委託した。これを受けて、ランドの科学者は「プロジェクト・ゴーファー」という作戦を立ち上げた。作戦に従い、気流に乗ってうまくソ連領土内に運ばれると期待して、スパイカメラを搭載した五百個以上の高高度気球をトルコや西ヨーロッパ各地から飛ばした。計画では、「フライング・ボックスカー」と呼ばれるC119大型輸送機を飛ばし、気球と一緒に貴重なカメラを空中で回収することになっていた。驚くべきことに、これがうまくいった。気球四十個が回収され、カメラが撮った写真は五百万平方キロメートルに及ぶソ連内領土を網羅していた。

一九五二年、ソ連が自国の領土内にアメリカ製スパイカメラの残骸を発見すると、プロジェクト・ゴーファーは中止となった。しかし、おそらくこのプロジェクトが原因で、知らぬうちに国中が大騒ぎになった後のことだった。一九五〇年代にアメリカ南西部、特にネバダ州の空軍基地近くで多数のUFO目撃報告があったのは、砂漠の上で実験用に上げられた気球が目撃されたため、と推察する歴史家もいる。不幸にも、この説には何も証拠がない。これらの実験の細部の多くはいまだに機密扱いになっているからだ。

宇宙の自由利用権

プロジェクト・ゴーファーが失敗したことで、アイゼンハワー政権は改良型爆撃機にソ連領空を飛行させ、偵察させようとした。しかし、このような飛行で何機も偵察機が撃墜され、国際問題に発展しかねない事件になった。キリアン委員会の報告書が出ると、空軍は別の方法を試みた。今度は気球を高度二十キロ以上、つまり大気圏外に出る辺りまで飛ばし、ソ連の上空通過後に日本かアラスカで回収する作戦で、「プロジェクト・ジェネトリックス」と名付けた。ランドの研究者らと組んでSA

Cのチームは西ドイツ、スコットランド、トルコ、ノルウェーから気球を飛ばした。

それでも、ソ連が再びスパイ気球を捕獲し、抗議してくることがないようにするために、アイゼンハワー政権は次のような内容の、架空の特集記事をでっち上げた。気球を飛ばしたのは、アメリカが「国際地球観測年」と呼ばれる研究プロジェクトに参加する一環として、ジェット気流を調べるためだった――。その間アイゼンハワーは、やがては一つに収斂《しゅうれん》する二つのプロジェクトに極秘にゴーサインを出した。高高度スパイ機U2の開発と、ランドによる原子力スパイ衛星の設計だ。

このような計画を補強する狙いから、一九五五年七月二十一日にジュネーブでソ連のニキータ・フルシチョフ首相と首脳会談した席で、アイゼンハワー大統領はのちに「オープンスカイ（領空開放）」として知られるようになる構想を発表した。米ソ超大国間で相互の信頼が欠如していたうえ、両国が「恐ろしい兵器」を手に入れていたことから、核兵器による奇襲攻撃が起きるのではという不安が広がっていたためだ。アイゼンハワーはこのような不安を和らげる具体策として、相互の監視下で相手国の領土内を空中査察するとともに、相手国を上空から写真撮影する施設を設けるよう提案した。

しかし、首脳会談のその日のうちに、フルシチョフはアイゼンハワーのオープンスカイ構想の受け入れを拒否した。自国の領空に対する主権を侵害される形になると見なしたのだ。廊下での立ち話でアイゼンハワーに「これは軍縮をしないで査察しようということであるから、まったくもって認められない」と言った。翌年になってU2よる偵察飛行が始まると、フルシチョフはアイゼンハワーには認められたと思った。というのは、アイゼンハワーは首脳会談を終えて帰国すると、「地球の周りを回る小型の無人衛星」計画を発表したからだ。相互に相手国の上空を飛行する提案を拒否したことで、フルシチョフはうかつにもアメリカに対して「宇宙の自由利用権」原則を確立する口実を与えてしまった。どの国も宇宙空間に対する領有権は主張できないという原則だ。宇宙の自由利用権は国際法の主要な原則になり、一九六〇年代には国際条約が発効した。

原子力宇宙船

アイゼンハワーがジュネーブでオープンスカイ構想を発表したとき、彼が念頭に置いていた「地球の周りを回る小型の無人衛星」の一つは、ランドが提案していた原子力宇宙船だ。「プロジェクト・フィードバック」と呼ばれた原子力宇宙船は無人の人工衛星のことであり、テレビカメラで地表を撮影し、その偵察結果を送信するのを目的に設計されていた。この無人衛星は、地表から四百八十キロの上空を飛びながら、地表の映像を放映することになっていた。地表にある三十メートルの物体の識別が可能な解像度だった。

プロジェクト・フィードバックは一九五四年三月一日に正式にランドで提案された。国防総省の誘導ミサイル研究会が「ICBMは技術的に実行可能であり、六年以内に稼働状態にすることができる」と空軍に報告したのと同じころだった。年末までに軍部は、ランド版衛星とICBMの両方を同時並行で開発する計画を承諾した。

空軍は、ランド設計の原子力衛星の開発・製造をロッキード・エアクラフトに発注した。「WS117L」と呼ばれたプロジェクトは独創的であったものの、まさにその革新性が実行可能性についての疑念を招いた。一例を挙げると、空軍は原子力を利用する提案に依然として懐疑的だった。プロジェクト・フィードバックは、ランドの原子力ジェット機プロジェクトを彷彿《ほうふつ》させたのである。空軍が原子力ジェット機の開発を見送ったのは、原子炉からもれる放射能がパイロットに致命的な影響を与えかねないと判断したからだ。原子力衛星については別の問題があった。テレビカメラの利用だ。当時のテレビ技術は黎明《れいめい》期にあり、放送の精度にも秘密性にも信頼を置けなかった。写真用カメラのほうが精度も信頼性も高かった。

一九五七年までに、WS117Lは納期を過ぎても完成せず、技術的な問題に直面していた。キリアン委員会はアイゼンハワー大統領にランドの原子力衛星プロジェクトを白紙撤回するよう促した。その年のスプートニク打ち上げにショックを受けて、どのようにしてソ連を偵察するかという問題に早く決着をつけたかったからだ。原子力衛星計画の代わりに、アイゼンハワーは新しい秘密プロジェクトを認めた。それは、一九五〇年代前半のプロジェクト・フィードバックとスパイ気球の要素を組み合わせたものだった。「コロナ」[14]と呼ばれたこのプロジェクトに従えば、衛星をミサイルに搭載し、地球の軌道上へ打ち上げるのだった。これは、その後のあらゆる偵察衛星プログラムのお手本になった。

コロナでは、宇宙ロケットへ転換したICBMを使いながら、カメラ搭載の観測衛星を打ち上げることに変わりはなかった。違うのは、打ち上げられた衛星はランドが想定していたテレビ映像を配信するのではなく、代わりに地球の軌道を回った後に地表へ向かって落下し、ジェネトリックスの気球のように回収される点だった。大統領の具体的指示に基づき、プロジェクト・コロナは中央情報局（CIA）の管轄になった。CIAはその時点で、二年近くにわたってU2偵察機によるソ連上空の飛行を行い、実績を上げていた。ARPA、すなわち国防総省の高等研究計画局は、ランドの科学者による監督の下で、CIAの指令を実行するのだった。

これは組み合わせとしては完璧だった。CIAの秘密主義、ARPAの技術ノウハウ、ランドの科学的インスピレーション――。ただし問題が一つあった。プロジェクト・コロナ自体が文字通り離陸しなかったのだ。衛星の打ち上げは一九五八年、中央カリフォルニアにある現在のバンデンバーグ空軍基地で始まった。最初の十二回の打ち上げはみじめな失敗に終わった。それぞれの打ち上げの間隔は一カ月にすぎず、プロジェクトにかかわるエンジニアが十分に時間をかけて問題解決に取り組めな

60年代の国家機密偵察衛星計画「コロナ・プロジェクト」で、石油掘削装置を点検し、ミサイル発射台に転用できないかどうか調べているランドのエンジニアたち。

photo : Leonard McCombe/Time Life Pictures/Getty Images

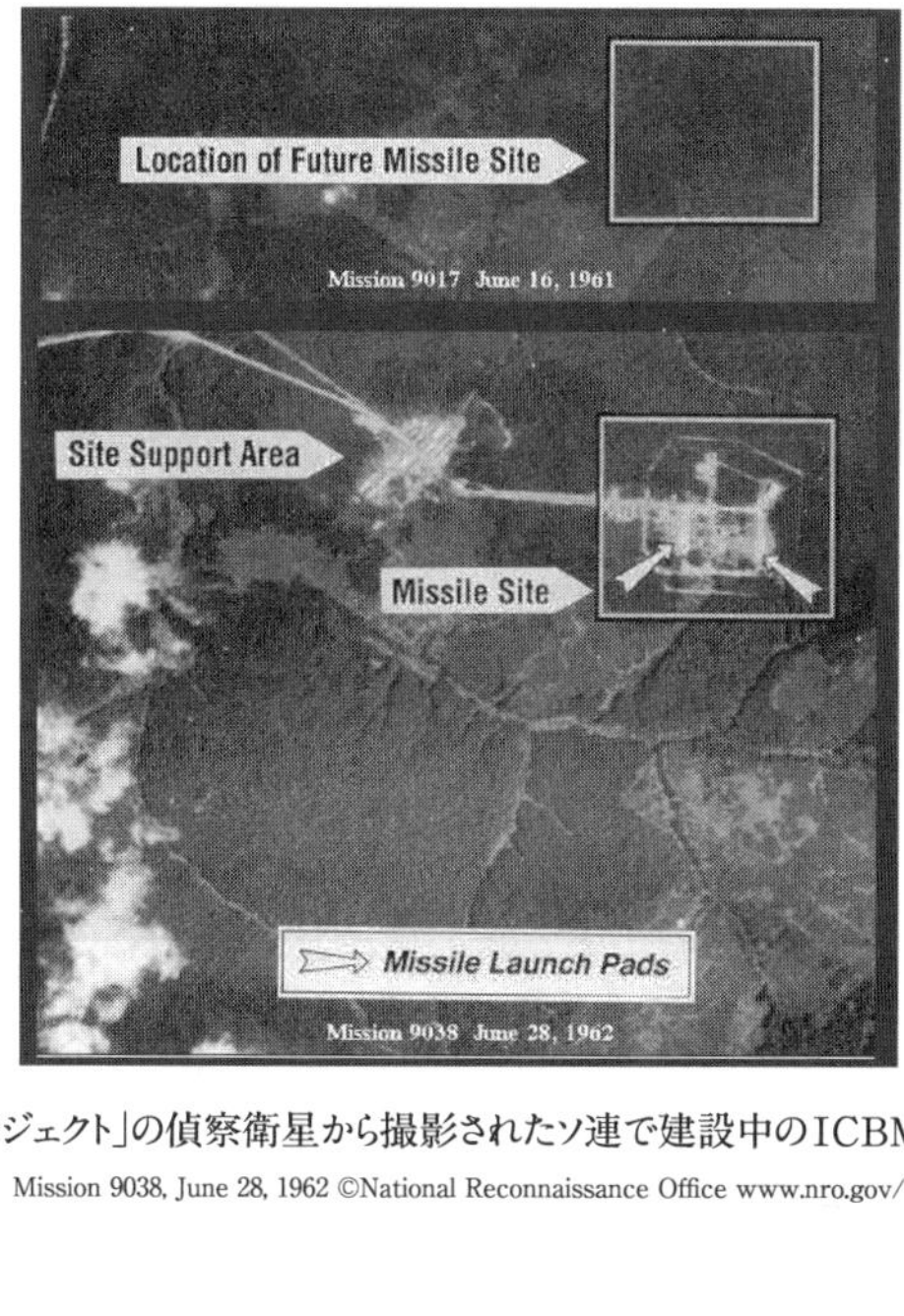

「コロナ・プロジェクト」の偵察衛星から撮影されたソ連で建設中のICBM発射施設。

Mission 9038, June 28, 1962 ©National Reconnaissance Office www.nro.gov/

かったためだ。しかしながら、アイゼンハワー政権は強いプレッシャーを受けており、ソ連の真の戦術的軍事力がどの程度のものなのかはっきりと把握したかった。米ソ間のミサイル格差が政治的な論争になり、アイゼンハワー政権の内部でもソ連の真の実力についての見方にはピンからキリまであったのだ。

コロナ作戦十三回目の衛星打ち上げは、一九六〇年の八月十日に行われ、この段階でようやく成功した。しかし、衛星が搭載していたのは診断装置だけで、フィルムはなかった。十四回目の打ち上げでそれまでの何年もの努力が報われた。衛星は重さ七キロものフィルムとともに回収された。衛星が撮影したソ連領土の範囲は、それ以前にU2偵察機が撮影したものの総計を上回った。十二年後に新型衛星に取って代わられるまでの間、コロナはアメリカの対ソ連諜報活動の柱になった。第二次世界大戦中のエニグマ暗号解読と同じ働きをしたのだ。

コロナ撮影の画像は、最終的には約一・八メートルの物体を識別できるほどまで解像度が高まった。その気になればアメリカはソ連（とほかのほとんどの国々の）の領土内を隅から隅まで撮影できるようになった。それまでアナリストは、古い地図を見たり、信頼できない現地調査官からの間接情報に頼ったりしていた。コロナによって新しい展望が開けたのだ。彼らは、以前は名前しか知らなかったソ連の都市がどこに位置しているのか発見できた。ソ連の弾道弾迎撃ミサイル、中国国境兵力、原子力発電所、街路、田畑などのほか、果樹園の木からぶらさがる果物の大きさすら確認できた。

冷戦時代に危機が表面化した際には、コロナを使ってアメリカ政府はソ連の軍事力がどの程度なのか正確に把握できた。コロナ撮影の画像には、イスラエルとアラブ諸国の間の「六日間戦争」やソ連のチェコスロバキア侵攻も含まれていた。コロナに頼れば、ソルジェニーツィン著の『収容所群島』に出てくる強制労働収容所の残物まで画像で見ることができた。ジョンソン大統領は次のように語っている。「我々は宇宙プログラムに三百五十億ドルか四百億ドル投じている。宇宙からの写真によって我々が得た知識以外に何も成果がなかったとしても、投じた費用の十倍の価値がある」

NASAへの協力

ランドが積極的にかかわった宇宙プログラムはプロジェクト・コロナにとどまらなかった。たとえば、開発コストを見積もる新システムの設計によって、ランドはアメリカ航空宇宙局（NASA）の創設に際して決定的な役割を担った。開発コストの見積もりは予算を組むうえで極めて重要なのだ。

一九五〇年代の初頭、空軍はランドに対し、ジェット戦闘機とジェット爆撃機とともに初期型ICBMの研究を委託した。当時、研究・開発・実験・評価（RDT&E）に関連した一時的な特別費用をすばやく見積もる方法がなく、問題になった。国防予算の削減と新技術のコスト上昇が同時発生しているなかで、ペンタゴンは有効なコスト抑制策の導入を求めていたのだ。そこでランドのアナリスト、デビッド・ノビックが救いの手を差し伸べた。

一九五〇年に発足したコスト分析部の部長として、ノビックは部下とともにコスト分析の手法を一新した。それがあまりに画期的であったため、一九五〇年代から一九六〇年代にかけてコスト分析の文献は圧倒的にランドの出版物で占められた。完成まで長時間を要する航空機のコストを統計的に見積もる手法として「学習曲線」がある。これを土台にして、ノビックらは「コスト見積り関係（CER）」と呼ぶ新手法を開発した。これを使えば、スピードや航続距離、高度などの要素を変数として航空機コストの大まかな比較が可能になり、開発コストの流れがはっきりと分かる。予測方程式の利用で新ロケットシステムなどのコストをすばやく、正確に見積もることができるようになったのだ。ウェルナー・フォン・ブラウンといったロケット科学者は、当時計画されていた巨大ロケットのコストに関する過去データをほとんど持っていなかった。そのため、ロケット発射台のコストとその適切な予算を見積もろうとして、ランドの分析手法を活用して必要なデータを集めた。

一九五八年、下院の宇宙航行・宇宙探査特別委員会は、宇宙システムの利用と特徴について指針をまとめるようランドに要請した。同年、しばらくしてアイゼンハワー大統領の指示でNASAが発足すると、今度は空軍がランドに対し、宇宙関係のプロジェクトにかかわり続け、NASAのために研究を行うよう提案した。ランドの経営陣は空軍の制約下にあってイライラし、収入源を多様化したがっていたことから、この提案を喜んで受け入れた。

当初、ランドはNASAの経営陣に「宇宙プロジェクトに適したシンクタンク」であることを売り込んだが、理解を得られなかった。NASAから受託していた研究プロジェクトを期限内に終えられなかったためだ。一九六〇年になって、ランドの仕事はNASAにようやく認められた。この年、ランドはNASA向けに、通信衛星開発に関する政策問題の研究プロジェクトを〝突貫工事〟でまとめ上げた。従来と違い、数週間で完成させたのだ。これに気をよくしたNASAは、原子力ロケットの利用可能性を分析する短期プロジェクトもランドに委託した。ランドはこのプロジェクトもすばやく終えたが、NASAのお偉方は報告書の結論に不満だった。「自分たちのプログラムを売り込む」のが難しくなると思ったからだ。

ランドは報告書の結論を修正し、NASAに便宜を図った。しかし、ランドの科学者の多くにとってこれは我慢ならないことだった。ランドは客観性で評価を高めてきたのに、妥協してしまったからだ。これを受け、ランドは個別具体的な短期プロジェクトの受託を避け、空軍との間の「プロジェクト・ランド」のように、NASAと長期契約を結ぼうとした。だが、この努力も徒労に終わった。ランドが収入源を多様化し、空軍の束縛から脱するという目標を達成するのはいつになるのか。大統領が死に、ランド顧問団の指導下でアメリカ史上最も不人気な戦争が始まるまで、待たなければならなかった。

第11章　ソ連問題の最終解決案

アメリカの全面核戦争計画に「単一統合作戦計画（ＳＩＯＰ）」がある。ランド研究所がケネディ政権に影響を及ぼし、その具体的成果として最初に生まれたものがＳＩＯＰの修正だった。それも、たぶん世の中のためになる善い修正だった。

アイゼンハワー大統領は、アメリカの三軍がお互いに調整せずに野放しに核兵器の備蓄を増やしていたことを問題視し、政権最後の年にＳＩＯＰの策定を命じた。ＳＩＯＰによって、海軍の潜水艦発射ミサイル「ポラリス」をはじめとする海軍艦隊や陸軍部隊保有の核兵器について、指揮系統が統一された。しかしそれでも、一九五〇年代の古い「壊滅作戦」と大して変わらなかった。計画実行の初年度にちなんで「ＳＩＯＰ62」と名付けられたこの計画によると、ソ連による西ヨーロッパへの侵攻が差し迫ったものになった場合、たとえソ連が核兵器を使用しなくとも、アメリカが核による報復に出ることを想定していた。報復で使用する核戦力は合計千四百五十九発の核爆弾で、二千百六十四メガ（メガは百万）トンの爆発力に相当した。攻撃目標はソ連、中国、東ヨーロッパにある軍事拠点と都市部で、合計六百五十四カ所に上った。ソ連の脅威を感知して、アメリカが先制攻撃に出るとどうなるのか。この場合、アメリカの全核戦力が総動員されることになっていた。つまり、合計七千八百四十七メガトンの威力に相当する三千四百二十三発の核爆弾すべてだ。これだけの核戦力が使われれば大虐殺であり、二億八千五百万人のロシア人と中国人が死亡し、それに加えて四千万人が重傷を負うと推定された。

風向き次第で最大六億人死亡

この数字はロシア人と中国人に限った話だ。アメリカ軍を統括する統合参謀本部の推定では、東ヨーロッパでさらに一億人以上死亡するほか、直接の核攻撃を受けなくとも放射性降下物の影響で、フィンランドやオーストリア、アフガニスタンといった周辺の中立国で一億人が死ぬという。まだある。北大西洋条約機構（NATO）加盟国でも風向き次第で放射性降下物が降り、一億人程度の死亡が避けられないとみられた。すべてを合計すると、死者数は最大で六億人になる。死者には善人も罪人も、傍観者も世間知らずも含まれる。アメリカがソ連の脅威を感知し、それに自動的に反応した結果である。言うまでもないが、これほど大規模な核爆発が地球環境に及ぼす影響については何の配慮もしていなかった。

一九六一年二月三日、ジョン・F・ケネディの大統領就任から二週間後、戦略空軍司令部（SAC）は国防総省幹部に対しSIOP62のプレゼンテーションを行った。国防長官マクナマラや国防副長官ロズウェル・ギルパトリックらを相手に、SACを代表して空軍参謀総長のトミー・ホワイト将軍がプレゼンテーションを主導した。ホワイト将軍らSAC高官は目がくらむような図表、数字、統計をマクナマラに見せて点数を稼ごうと期待したが、マクナマラはまったく動じなかった。彼はすぐにプレゼンテーションの要点を理解したばかりか、そこで見たデータを統合し、過去の分析と比べることができた。そのうえで、攻撃計画の中にはとんでもないほどの重複があると指摘した。たとえば、いくつかの攻撃目標は四回から十回も攻撃される運命にあった。彼はまた、ソ連側の死者数と産業拠点の破壊度合いを少なく推定しすぎていると大っぴらに批判した。

マクナマラが特に肝をつぶしたのは、ホワイト将軍が半ば冗談で「長官、アルバニアに友人か親族をお持ちでないといいのですが。我々はアルバニアを壊滅させなければならないでしょうから」と言ったときだ。たまたま共産主義者の支配下にあるというだけで、アルバニア人が皆殺しにされるのは仕方がないというのだった。東ヨーロッパやソ連、中国に住む何億人もの人たちと同じように、である。

マクナマラは、アメリカの核戦略を変えなければならないと決心してSAC本部を後にした。そして、マクナマラの話を聞いたケネディは、アメリカが主導的に核戦争を始めることは絶対にないと確約したのである。

だが、核という妖怪が恐ろしい現実となって現れた場合に備えた何か別の計画を用意しなければならなかった。どんな計画だろうか？　その答えは数週間後に出てきた。マクナマラは、ランドのアナリストであるウィリアム・カウフマンと会い、カウンターフォース（対兵力攻撃）について決定的に重要な説明を受けた。カウンターフォースという概念はマクナマラにとって初耳だった。

ランドのエントーベンとヒッチが動いて、一九六一年二月十日にカウフマンがマクナマラにプレゼンテーションする機会を設けた。プリンストン大学ではブロディーの教え子で、ランドではウォルステッターの同僚であるカウフマンは、ブロディーが編み出した「都市部を攻撃目標にしない計画」を発展させた。かいつまんで言うと、カウンターフォースとは、ソ連攻撃の際に人口が集中する都市部を狙わずに、既知の軍事拠点に攻撃目標を限定して核兵器を使用するというものだ。カウフマンはまた、ウォルステッターが考案した「報復能力」も取り入れ、計画的な反撃方法を提案した。すなわち、カウフマンのカウンターフォース構想では、核戦争がエスカレートする前にソ連に停戦の機会を与える狙いで、ソ連の先制攻撃に対するアメリカの反撃は段階的に行われるのだ。カウフマンがマクナマラに対して行ったプレゼンテーションは、それ以前に彼が空軍で何十回も行い、大した成果を上げなかったものと同じであった。マクナマラとの会談に備え、カウフマンは四時間のプレゼンテーションを行う予定で表やグラフを用意していた。しかし、マクナマラがただちにカウフマンの新概念をのみ込んでしまい、プレゼンテーションは一時間もかからずに終わった。

　マクナマラは、カウンターフォースと報復能力の考え方を取り入れたカウフマンの提案に飛びついた。ソ連の動きに柔軟に対応しながらアメリカの核戦力を使う新方法を提示していると判断したからだ。マクナマラには、「九十六本のトロンボーン」として知られるようになる、国防政策でやるべき九十六項目のチェックリストがあった。「バンド（楽団）」と言われたマクナマラの側近たちと古いオペレッタの歌詞、ミュージカル『ミュージックマン』の代表曲「七十六本のトロンボーン」――[15]。それが、「九十六本のトロンボーン」という呼び名のゆえんである。マクナマラは部下に対してさらに指示を出した。「国家安全保障の基本政策と仮説を修正する草案を用意しろ。そこには『カウンターフォース』に関係した考え方も含めること」。この指示を受けて、カウフマンをコンサルタントにしてマクナマラのチームが作り上げたものは、新核戦略の根幹を形成することになった。

　マクナマラは、九十六本のトロンボーンのうち第一号プロジェクトをポール・ニッツェに回した。その後、第一号プロジェクトはニッツェからハリー・ラウエンへ、ラウエンからダニエル・エルスバーグへ回された。エルスバーグへ行き着いたのは、彼が軍の戦争計画を深く研究した一握りの民間人の一人だったからだ。エルスバーグは第一号プロジェクトを任され、アメリカの核への対応をより合理的にするのはもちろんのこと、より正確に、より効果的にするチャンスであると考えた。エルスバーグにしてみれば、当時の核戦略全体はばかばかしく、仮にソ連の侵略があったとしても、正気とは思えないほど殺人的な内容だったのだ。

実は多かった核ボタン

ランドのアナリストのカウフマンはもともと、核戦争の引き金を引くのは大統領自身か国防長官で、考え抜いたうえで下される政府最高レベルの決断である、と想定していた。しかしエルスバーグはカウフマン以上に内部事情に精通していた。

一九五〇年代、核の指揮・統制問題を研究するためにアメリカ太平洋軍総司令部（ＣＩＮＣＰＡＣ）へ出向したことがあった。そこで彼が知ったのは、公式な説明とは違い、アイゼンハワーは一定の状況下で核攻撃開始の権限を主な作戦現場の司令官に委譲していたことだ。一定の状況下とは、ワシントンにある連邦政府との通信がストップした場合（当時はよく起きることだった）、あるいは大統領が職務遂行できなくなった場合（アイゼンハワーは心臓発作で職務執行できなくなったことが二度あった）、である。問題はもっと深刻だった。現場の元帥のうちの何人かは、核攻撃開始の権限をさらに直属の部下へ委譲していたのだ。世間で思われていたよりも核攻撃の指令を出す権限はずっと分散しており、ちょっとした間違いや職権乱用によって核攻撃が始まる危険性があったわけだ。

正気を失った一介の司令官が核のボタンを押してしまう悪夢――。これは多くのＳＦ小説やスリラー小説のテーマだったが、非現実的な話として片づけるわけにはいかなかったのだ。特に、ウォルステッターが「フェイルセーフ（多重安全装置）」の概念を考え出すまでは（それでもやはり、この権限委譲は後になってケネディによって再び認められ、一九六四年にはジョンソン大統領によって再確認されている)。

エルスバーグは草案を書き、「ロシア、中国、あるいは東ヨーロッパの一般市民は、彼ら自身の政府の行動について責任はない」と何度も指摘し、戦争の際には民間人の犠牲が最小限になるようにアメリカは反撃しなければならないと主張した。人口が集中する都市部への無差別攻撃を控える一方で、「そのような都市部を必要に迫られれば攻撃すると脅せるように緊急残存兵力を保持しておく」というのだった。エルスバーグはまた、報復用に予備戦力を確保しておくとともに、アメリカ軍の指揮・統制センターを何があろうとも維持していく必要性を強調した。予備戦力と指揮・統制センターの部分は両方とも当時の核戦争計画から省かれていたのだ。

一九六一年五月、SIOP62が発効する一カ月前のことだ。マクナマラはエルスバーグの提案を採用し、一九六三年の新作戦計画の柱として統合参謀本部へ送った。その間エルスバーグは、ソ連との紛争が核戦争へ発展しないようにするために全面戦争の定義を見直すよう訴え続けた。訴えた相手はケネディ政権の安全保障担当の高官たち、つまり国家安全保障会議(NSC)のマクジョージ・バンディ、国務省のウォルト・ロストウ、マクナマラの右腕ロズウェル・ギルパトリックだった。エルスバーグの努力は実った。一九六二年の初め、マクナマラはミシガン州アナーバーにあるミシガン大学で講演し、カウンターフォース政策を公にしたのだった。

この新しい危機対応策は、実際には数週間もたたないうちに真価を問われることになった。一九六一年の夏、短い期間ではあったが、アメリカ政府はソ連への先制核攻撃を真剣に検討した。これに伴い、ランドのカウンターフォース構想が大規模な報復と比べてどの程度のものなのか、現実問題として試される格好になった。きっかけになったのは、アメリカとソ連が最も激しく対立した場所ベルリンだった。

ピッグス湾事件と新ベルリン封鎖

ベルリンは、共産主義の大海原に浮かぶアメリカの孤島のようなものだった。第二次大戦後、ドイツという国自体が東西に分断されたように、ドイツの旧首都ベルリンも共産主義の東側と民主主義の西側に分断された。何年もの間、ベルリン経由で東ドイツから西ドイツへ大量に住民が流出し、東ドイツの当局は頭を抱えていた。一九五八年までに東側から西側へ累計二百万人が流出し、その後毎月一万人が西側へ逃れていた。スターリンはアメリカとその同盟国をベルリンから追い出そうとして、一九四八年にベルリン封鎖に踏み切った。しかし、西側が三百日に及ぶ大規模な「ベルリン空輸」でベルリン封鎖を妨害すると、ソ連はベルリンへの交通制限を解除することで合意した。ケネディが大統領選に勝利する前、フルシチョフはベルリンへの軍隊・物資の輸送を再び制限しようと騒いでいた。東ドイツと最終的な平和条約を結べば、同国の共産主義政権にベルリンの交通の全責任を担わせることができるとの理屈からだった。

フルシチョフは、一九六一年六月にオーストリアの首都ウィーンでケネディ大統領と会談した際にも新「ベルリン封鎖」をちらつかせた。当時、ケネディは「ピッグス湾事件」でキューバ侵攻に大失敗し、そこからどうにか立ち直ろうとしていた。一九六一年四月のキューバ侵攻は、もともとはアイゼンハワーが承認し、中央情報局（ＣＩＡ）が指揮した秘密工作だった。アメリカで訓練された千二百人の亡命キューバ人部隊をキューバへ送り込んで、フィデル・カストロの共産主義政権を転覆させることを狙っていた。しかし、亡命キューバ人部隊が規模で勝るキューバ軍の抵抗にあったのに、ケネディ大統領がアメリカ正規軍による支援を拒否したため、キューバへ侵攻した部隊は敗北した。カストロがアメリカに対して初めて大きな勝利を収めたことになり、ケネディ政権の評判はガタ落ちとなった。

ピッグス湾事件での大失敗は、ケネディが若く、国際問題では経験不足だったことと無縁ではなかった。この結果、クリミア半島の小作農の血が流れるフルシチョフは、ケネディを青二才だと見なすようになった。ケネディに説教し、十二月までにアメリカとその同盟国が西ベルリンから撤退しなければ戦争になると警告した。それに対してケネディは挑発的に「それなら戦争でいいでしょう、首相。非常に寒い冬になりますよ」と答えた。

ケネディがあまり不安に思わない理由が一つあった。フルシチョフが自慢していたソ連の核戦力の規模だ。ケネディが大統領に就任してから数週間後、CIAはマクナマラにU2スパイ機による極秘の偵察結果を伝えた。それによると、ミサイルの戦力でソ連がアメリカを上回っているという「ミサイル格差」は存在しないというのだった。マクナマラは国防長官就任後初の記者会見で「ミサイル格差があるとすれば、それは実際には、アメリカがソ連を上回っているという意味での格差である」と口を滑らせてしまった。すぐにスキャンダルに発展した。「ニューヨーク・タイムズ」は一面記事でマクナマラの発言を報じ、アメリカ中の新聞は社説で「ケネディ新政権は国民を欺《あざむ》いていた」と激しく非難した。また議会では、マクナマラの辞任と大統領選のやり直しを求める声も出た。マクナマラは辞任を申し出たが、ケネディは受け入れず、マクナマラに「だれでもたまには失言するものだ。忘れればいい。時間がたてば事態は丸く収まるだろう」と言った。

非常事態計画

ケネディ政権の諜報活動によると、ソ連が核戦力での優位性を自慢するのは、政治的な見せかけにすぎなかったわけだ。しかしながら、東ドイツでソ連の戦闘能力が優位にあるのは紛れもない事実であり、そのことをケネディ政権は痛いほど認識していた。数個師団のソ連軍がベルリンを取り囲んでいた一方で、アメリカ軍は十八日間の通常紛争を持ちこたえられる程度の弾薬と食料しか持っていなかった。

ソ連が西ベルリン封鎖を決断した場合、アメリカ軍は封鎖突破を目指して、西ドイツからのアウトバーン（ドイツの高速道路）経由で数個旅団を送り込むというのが、アメリカ統合参謀本部の計画だった。仮にソ連かワルシャワ条約機構の同盟国が抵抗したら、次はSIOP62の出番、つまり全面的な核攻撃が想定されていた。

ワシントンでは、ケネディはトルーマン政権時代の国務長官ディーン・アチソンから鋭い助言を得た（ケネディ政権の国務長官には職業外交官で、ロックフェラー財団理事長のディーン・ラスクが就任していた）。アチソンの見解では、ソ連はベルリンの危機を利用しアメリカの意図を試そうとしていた。もしケネディがベルリンで軟弱な姿勢を見せたら、ソ連はほかのアメリカ側重要拠点も何のおとがめもなしに攻撃できる――このようにソ連が考えるだろうとアチソンは言った。アメリカは核兵器を使うのを恐れるあまり、同盟国に対する義務を果たせなくなったとソ連は見なすわけだ。アチソンは、「アメリカは簡単には引き下がらない」というメッセージを発するために、通常兵力の大幅強化をケネディに提案した。一方でアチソンは、このようなやり方は核戦争を引き起こしかねないということをしぶしぶ認めた。ウィーンでの首脳会談に同行した現国務長官のラスクもアチソンの提案に賛成し、その夏の後半にヨーロッパ諸国の外相とNATO常設理事会を訪ねる計画を立てた。

一九六一年七月二十五日、ケネディはアチソンの助言を取り入れて、歳出予算を三十三億ドル増額し、そのうちの半分を通常兵力の増強に振り向けるよう議会に要請した。また、陸軍兵力を八十七万五千人から百万人へ増員したほか、アメリカの臨戦態勢を補強する一連の対策の導入を命じた。アメリカには核戦争を始める準備ができていなかったにもかかわらず、ベルリン情勢は核戦争へ発展する可能性もあった。それを回避するために、ハリー・ラウエンは非常事態計画のメモ作成を指示した。

この非常事態計画のメモは、SIOP63向けにエルスバーグが提案したカウフマン流カウンターフォース構想に基づいて、国家安全保障担当の大統領副補佐官カール・ケイセンが書いた。

そのメモは、ソ連の核戦力を一網打尽に除去するという可能性を提示していたが、このような可能性が示されことは初めてであり、驚愕するほど刺激的な内容であった。

偵察衛星が撮影した写真を分析すると、かつて恐れられたソ連のミサイル戦力は、それまでの最も楽観的な推定よりもさらに小さかった。国家安全保障会議の推論では、ソ連の地上に配備され、アメリカを攻撃できる能力がある大陸間弾道ミサイル（ICBM）はたったの四基しかなかった。ソ連の兵器や軍事施設を狙うカウンターフォース式の先制攻撃を仕掛ければ、数百万人のロシア人の命を犠牲にするだけで、ソ連が地上に配備する核ミサイルの脅威を完全に破壊できると考えられた。[16]だが、メモは警告もしていた。アメリカの先制攻撃にもかかわらず、ソ連側で爆撃機か潜水艦搭載のミサイルが数基だけでも破壊されずに残り、それを使ってソ連が反撃に出たら……。メモによれば、この場合には二百万人から千五百万人のアメリカ人の命が奪われるのだった。

ミサイルの位置はわからない

メモは政権内の人たちを激怒させた。ケネディの主要スピーチライターで今やホワイトハウス法律顧問のテッド・ソレンソンは、メモを持参したラウエンの助手を怒鳴りつけた。「おまえは狂っている！　おまえたちのような人間にこの辺をうろちょろしてもらっては困る」。国家安全保障会議の職員で左派のマーカス・ラスキンは「だからといって我々は胸を張れるだろうか？　ナチスドイツでガス処刑室を設計した技術者や『死の列車』用線路を敷いたエンジニアよりも、我々のほうがマシだと言えるだろうか？」と疑問を投げかけた。ラスキンはのちにシンクタンクの政策研究所（ＩＰＳ）を創設し、ベトナム戦争に猛烈に反対することで有名になる。

ポール・ニッツェさえもメモの内容を拒絶した。彼は次のような疑問を示した。もしソ連の核兵器がすべて破壊されなかったら？　もし破壊を免れた核兵器がニューヨークかワシントンを狙ったら？　これらの都市とそこで生み出された文明を失う覚悟がアメリカに本当にあるのか？

メモは、ソ連の短距離・中距離ミサイルの位置について確かな情報がないと認めていた。この手のミサイルは百基単位で存在し、アメリカの同盟国に死の雨を降らすことができるというのに、である。これが現実となれば、ヨーロッパでの死者数は数千万人に上る恐れもあった。ニッツェにしてみれば、こんな計画は到底受け入れるわけにはいかなかった。そのうえ、ソ連はだれにもまねのできないやり方ですでに行動し、ベルリンの危機を抑え込んでいた。一九六一年八月、ソ連は「ベルリンの壁」の建設に着手し、問題の根源だった住民流出を事実上ストップさせたのだ。

ベルリンの危機は徐々に沈静化していった。毅然としていながら、柔軟な対応を示したケネディに負うところが大きかった。ケネディはここで得た教訓をその後のフルシチョフとの交渉でうまく生かすのだった。十月、ベルリン問題への対応策を探っていたケネディと直接会話する通信手段を確立すると、フルシチョフは勝手に設けていた「アメリカ側がベルリンから撤退しなければならない期限」を無期延期した。マクナマラの右腕である国防副長官ロズウェル・ギルパトリックは一九六二年十月後半の講演で、ソ連を交渉の席に着かせようとして、ソ連のミサイル戦力の限界を知っているとにおわせた。また、アメリカを核による報復に向かわせるような行動にソ連が出れば、それはソ連にとって死刑宣告になると警告した。

アメリカ側の強硬な態度におじけづき、フルシチョフは西ベルリンへの軍隊・物資の輸送制限を解除し、平時状態へ戻した。それでもやはり、ランド式のカウンターフォース理論を現実の世界で応用する瞬間が仮にあったとすれば、それはベルリン危機の間だった。一年後には、ソ連のSS4とSS5中距離核ミサイルがキューバからアメリカ本土に照準を合わせていることが発覚し、キューバ危機が表面化した。そのときでさえ、アメリカ側ではソ連に対する先制攻撃は議論にならなかった。もちろん、ある局面でアメリカは軍によるキューバへの侵攻を検討したし、キューバの核ミサイルの無力化を狙いにした空爆も検討した。しかし、ケイセンのメモが想定したような本格的な核攻撃の可能性について真剣に考えた人は、ケネディ周辺にはだれもいなかった。代わりに、ケネディは海上封鎖によってソ連がキューバへ兵器を運び込むのを阻止した。

フルシチョフとの緊迫したにらみ合いの後、ケネディはキューバへ侵攻しないと確約した。また、ソ連がキューバからミサイルを撤去する見返りに、アメリカはトルコからNATOの旧式ミサイルを撤去すると提案した。こうすれば、フルシチョフは共産党政治局の前でメンツを保てると考えた。ランドの戦争ゲームの多くと同じように、核のボタンを押すほどの度胸、狂気、あるいは自殺行為への衝動を持つ人は、アメリカ政府内に一人もいなかったのだ。

しかし、ベトナムは狂気そのものだった。

第12章　ベトナム戦に応用された対ソ戦略

捕らえられたゲリラは頑固だった。彼はランド研究所の尋問者に対し、ベトコン（南ベトナム民族解放戦線）のためならば自分の命を犠牲にしてもいいと語った。ベトコンは、南ベトナムの地方を支配下に置いている共産主義勢力だ。彼はまた、チャンスを与えられれば同じことを喜んで再びやるとも言った。小柄で、やせていて、常に礼儀正しい囚人は、革命のために行ったさまざまな行動のどれ一つを取っても後悔していなかった。顔は傷つき、鼻は砕かれていた。ＡＲＶＮ、つまり南ベトナム軍に捕まり、殴られたのだった。それほど虐待されながら囚人は屈することなく、サイゴンにある南ベトナム政府をただ憎んでいた。

民族解放の愛国者

トニー・ルッソーらランドの研究者は、一九六五年の南ベトナム訪問中、この囚人が話したような話をくり返し何度も聞かされた。もともとベトナムでの共産主義者の反乱は、アメリカの外交政策全体の中ではそれほど重要ではなく、世界の辺境で起きている混乱にすぎなかった。しかし、ジョンソン大統領はベトナムに取りつかれ、どんな犠牲を払ってでも負けたくないと思うようになった。国防総省は、アメリカが支援する南ベトナム政権と戦うベトコンの動機と士気を探ろうと考え、ランドに調査を依頼した。これを受け、ルッソーらは一九六四年の終わりから南ベトナムを旅していた。サイゴン大学の学者や通訳者を引き連れて、何カ月にもわたって数百人ものゲリラとインタビューし、記録した。ゲリラは質問されても、拷問されると思ってか、最初のうちは押し黙っていた。しかし、ルッソーが彼らの信条にしか興味を持っていないと知ると、ゲリラは口を開くのだった。ベトコンは例外なく、自分たちのことを民族解放のために戦っている愛国者であると考えていた。

ベトコンが言うには、彼らの闘争はまずフランスとの戦争から始まった。アメリカ軍が南ベトナムから立ち退いて、南北ベトナムが統一された段階で初めて、彼らの闘争は終わるのだった。

これは、北ベトナムの指導者ホー・チ・ミンが望んだ展開だった。ベトコンは単に領土獲得のために戦っていたのではない。何のためかといえば、子供の教育、経済的な機会拡大、社会的な格差解消、正義などのためだ。彼らはまた、外国の帝国主義勢力とその傀儡《かいらい》政権（サイゴンにある腐敗した南ベトナム政府のこと）からの解放のために戦っていた。だからこそ、ベトコンが何人殺されようが関係なかったのだ。多くのベトコンが死のうとも、ほかのベトコンが現れて取って代わればよかった。たとえ彼らの闘争が百年間続こうとも、ベトコンは決して降伏したりはしないのだった。

ランドの研究者たちは、例の囚人に礼を言い、尋問室の外に出て一服した。サイゴン市内の交通騒音が、ランドの本部になっていた古いフランス植民地時代のオフィスビルの中にこだました。中庭の巨大なバナナの木に向かってたばこの煙が立ち昇っていくのを見ながら、彼らはその日の囚人への尋問を振り返った。それまでに数え切れないほど同じ経験を繰り返してきて、その日も再び同じ経験をしたのである。そして、ルッソーは助手のほうを振り向いて言った。

「戦争について我々の政府が説明していることは間違っている。完全に間違っている」

軍事クーデターをやれ

サイゴンで正義を追求することはランドが受託したプロジェクトの契約には含まれていなかった。政策の道義性に疑問を投げかけることもランドの使命ではなかった。ランドに与えられた任務は、ケネディの後任であるリンドン・ベインズ・ジョンソン大統領のベトナム政策を分析することだった。ベトナムの反乱ゲリラ勢力の性質を調べるためにランドはジョンソン政権に雇われたのだ。ベトコンを動機づけているものは何かを探り出し、ベトコンを無力化するのが目的だった。このような対ゲリラ作戦の研究はランドにとってカネになる仕事だった。この時期、ランドの全研究費の四分の一近くが国防総省とアメリカ航空宇宙局（NASA）との契約で占められていた。ランドの収入に空軍の占める割合は七〇％になり、その割合は年々下がっていた。結果としてランドで最も羽振りがよくなったのは、長い間無視されていた社会科学部で、同部は経済学部から主役の座を奪い取った。[17] ちなみに、過去を振り返ると、経済学部は物理学部から主役の座を奪い、物理学部は数学部から主役の座を奪っていた。発足時の使命は徐々に忘れ去られ、ランドは自然な成り行きとして進化していた。

ランドが第三世界を研究対象にし始めたのは一九五九年のことだ。左翼の反乱が相次ぎ、それにどのように対応したらいいのか、ペンタゴンがランドに調査を依頼したのだ。キューバ、グアテマラ、ベネズエラ、コロンビア、コンゴ、ラオス――。当時、かつてアメリカの保護領だった所で激しい反アメリカ暴動が広がり、終わりがないように見えた。それまで何年もの間、中央ヨーロッパでのソ連との総力戦に集中していた国防総省は、第三世界での危機に対処するため新しいパラダイムを必要とするようになった。

ランドは当初、国家安全保障面での新パラダイムへの転換を後押しした。そして、相次ぐ反乱の解決策について専門家を集めて会議を主催した。ランドの結論では、暴徒を打ち負かす方法の一つは危機に直面した国で軍事クーデターを支援することだった。

軍隊は急ピッチで国の近代化を進め、宗教色を排除して産業を振興させるうえで役に立つばかりか、貧困層に対しても配慮を怠らない、と考えたからだった。軍隊の近代化と軍事クーデターの黙認はペンタゴンで流行し、アメリカの軍事専門家は「第三世界の軍人階級は進歩の旗振り役であり、二十世紀にふさわしい国家体制を築いてくれる」とたたえた。そんなわけで、第三世界の軍人階級がアメリカからの寛大な援助と引き換えにアメリカの利権と価値観を歓迎したのも、偶然ではなかった。一九六五年当時の南ベトナム軍事政権はまさにこの状況にあった。

ランドが第三世界の研究に向かったのは、カウンターフォース（対兵力攻撃）構想の必然的な結果でもあった。ウィリアム・カウフマンの認識では、アメリカが核兵器による大規模な報復に出る戦略が成り立たない状況もありえた。それをいいことに、ソ連と中国は通常戦力によって周辺地域から自由主義世界を徐々に〝かじり〟始め、最後はアメリカを死に追いやるというのだった。カウンターフォース構想は、ルメイ将軍の「壊滅作戦」の批判者が支持していた。その一人が陸軍のマックスウェル・テイラー将軍だ。アメリカが軍事面での信頼性を維持するには、敵の攻撃に対する「柔軟反応戦略」の考え方が必要であると同将軍は提唱した。なぜなら、たとえば中国が国境を越えて北ビルマに侵入しても、アメリカがそこへ核の雨を降らすわけにはいかないからだ。

攻撃に対して限定的に反応するという理論は、ケネディ大統領の考え方とも一致した。ケネディは、ソ連のフルシチョフ首相が一九六一年一月に行った演説に夢中になっていた。ソ連はアメリカとの平和共存を望んでいるものの、共産主義者は「世界中の人々の心をつかむ競争」に資本主義者を引き込む用意がある――演説の中でフルシチョフはこのように強調したのだ。戦いの場はフルシチョフが言うところの「民族解放戦争」であり、そこでアメリカとソ連は直接対決するというのだった。フルシチョフは、社会主義への道を選んだ国々をソ連はいつでも「誠心誠意、無条件で支援する」覚悟がある、と指摘した。数日後、ケネディは有名な大統領就任演説でフルシチョフに答えて、次のように宣言した。

戦いを生き抜き、自由を勝ち取るために、アメリカはどんな犠牲も払い、どんな負担も受け入れ、どんな困難にも立ち向かい、どんな友人も支援し、どんな敵にも立ち向かう。

ケネディはフルシチョフの演説のコピーを政権の高官に配り、一九六三年に暗殺されるまで何度もそれを引用した。ケネディの頭の中で大きな比重を占めていたのは、キューバの共産主義化と旧ヨーロッパ植民地での社会主義革命だった。ラオスやベルギー領コンゴなど旧ヨーロッパ植民地では、社会主義の東側陣営と資本主義の西側陣営が覇権をめぐって激しく対立していた。西ヨーロッパで東西がにらみ合う状況が続くなかで、冷戦時代の次の戦場は第三世界になるとケネディは確信していた。

「ベトコンの士気と動機の研究」

アルバート・ウォルステッターもそのように認識していた。彼は、秘蔵っ子であるハリー・ラウエンを使って政府の政策に大きな影響を及ぼしていた。国防総省の国際安全保障問題局（ISA）を率いるラウエンを通じて、第三世界の紛争にますます関与していたケネディ政権をうまく利用していたのだ。ランドの副所長J・R・ゴールドスタインは「このように明らかに学際的な問題に取り組むには独特のノウハウが必要である。我々はそんなノウハウを持っていたし、少なくとも持つべきだと信じていた」と語っている。

結果として、ランドは一連の研究プロジェクトを請け負うことになった。限定戦争と対ゲリラ作戦のプロジェクトを引き受けたほか、北大西洋条約機構（NATO）政策、後方支援問題、支援システムなどの分野にもかかわった。歴史上の出来事を分析するプロジェクトも手掛け、第二次大戦後のマレーシアでイギリス軍が展開した対ゲリラ作戦の成功や金門島で中国と台湾が繰り広げた砲撃戦などを研究した。ウォルステッターは洞察力のある論文を二本発表した。「キューバ危機の考察」と「共産主義後のキューバの研究」であり、カストロ対策についてケネディ政権に与えた助言に基づいて書いている（当然のことながら、ウォルステッターの結論では、カストロは不安定、すなわち非合理的な性格の持ち主で、非常に狡猾であるから信用してはいけない。アメリカはキューバに対する禁輸措置を継続すべきであるし、仮に反カストロ運動が出てきたらそれを支援すべきであるという。ただウォルステッターは、反カストロ運動が出てくると期待してはいけないとクギを刺していた）。

トニー・ルッソーがかかわった「ベトコンの士気と動機の研究」は、マクナマラが発注したプロジェクトで、ベトナムの共産主義ゲリラの原動力は何なのかを調べるのが狙いだった。

このプロジェクトを指揮したのは、人類学者のジョン・C・ドネルと政治学教授のジョセフ・J・ザスロフという二人のコンサルタントだった。二人は一九六五年、ラウエンと彼の新しい上司ジョン・マクノートンに中間報告を行い、「ベトコンはベトナム独立のために帝国主義者と戦争していると思い込んでいる」と強調した。ベトコンは狂信的な共産主義者でもなかった。また、土地の所有権が欲しいという単純な思いで反乱を起こしたメキシコのサパティスタ民族解放軍のアジア版でもなかった。彼らは愛国主義者であり、長期戦覚悟で戦っていたのである。それが分かると、ラウエンはマクノートンのほうを振り向き、ルッソーの観察結果を繰り返すかのように叫んだ。「ジョン、我々はどちら側につくかで選択を誤ったと思う。戦争に負ける側についてしまったのではないだろうか」

「ベトコンの士気と動機の研究」の結論は、ランドが何年も前に行った分析の内容を土台にしていた。一九六二年、ランドのワシントン事務所が開催した「対ゲリラ作戦に関するシンポジウム」では、ケニア、マレーシア、フランス領ベトナムなどで反政府ゲリラと戦った経験を持つ軍事専門家が出席した。彼らは「最強のゲリラ戦士は大義のために戦っている戦士である」との見方で一致し、警鐘を鳴らした。エドワード・ランズデール少佐は、皮肉にも一九六〇年代半ばにアメリカのベトナム和平工作に深く関与するのだが、シンポジウムでは「成功するゲリラ活動の中心には教養があり、やる気もある活動家がいる」と説明した。ベトコンはあちこち動き回る山賊でもなく、単なる悪党でもない。大義のためには喜んで命をささげる、信念の人たちだ。従って、彼らの不満の原因が取り除かれない限り、ゲリラ活動は続くのである。彼らが全員死ぬか、あるいは中央政府が崩壊するまで……。

それでも、ジョンソン政権はドネルとザスロフの警告を無視した。その時点でアメリカは、ベトナムへ介入する条件を再検証せずに、すでにベトナム戦争へ深入りしすぎていたのだ。ジョンソンがランドに接触したのも、ベトコンを打ち負かす方法を探すためであって、ベトコンを理解するためではなかった。

金をかければ勝てる

一九六四年、ジョンソンは「ベトナム人がやるべき仕事をアメリカ人にやらせる必要はないから、ベトナムへは派兵しない」と公約して大統領選で地滑り的勝利を収めた。それにもかかわらず、一九六五年末までに南ベトナムにさらに五十万人のアメリカ兵を送り込んだ。ベトナム情勢はもはや一九六二年ほど単純明快ではなかった。一九六二年当時、マクナマラはベトナムを訪問し、「我々は戦争に勝ちつつあると、あらゆる定量的なデータが示している」と語っていたのだ。

実のところ、一九六五年時点で、アメリカはベトナム戦争でどんどん窮地に追い込まれていた。同年末までにベトコンは十七万人の兵力を抱えていた一方、北ベトナム軍は通信専門家や兵器技術者らを送り込むなどしてベトコン分遣隊を拡大していた。北ベトナムはまた、ジャングルの中を進む細い、曲がりくねった道「ホー・チ・ミン・ルート」を切り開き、最新機器や物資を運び込む実質的な幹線道路を開通させた。そのうえ、「ローリングサンダー（とどろく雷鳴）作戦」によってアメリカが北ベトナムに対する爆撃、つまり北爆を実施したにもかかわらず、北ベトナムの共産主義政権は和平交渉の席に着こうとはしなかった。北ベトナムにしてみれば勝利か死かの二者択一だったからだ。国防次官補のポール・ウォーンキはのちに「彼らが道理のわかる人たちと同じように反応することを期待していたのに」と悔しそうに認めるのだった。

南ベトナムで混乱が増大していたにもかかわらず、ランドが作成した報告書の一部は「十分に資金を投じて戦闘に専念すれば、アメリカはベトナム戦争に勝つだろう」と指摘していた。その中で最も目立った報告書を書いたのはランドの経済学部長チャールズ・ウルフ・ジュニアだ。「反乱と反乱鎮圧――新しい神話と古い現実」と題した報告書は、アメリカ軍への情報提供や寝返りに対して報酬を与え、戦争犯罪人への恩赦プログラムを導入するよう提言した。食糧供給を支配してベトナムの農民をアメリカ側につかせるという説得力ある議論も展開した。しかし、ウルフの結論はランド全体で支持されているとはとてもいえなかった。間もなくランドのアナリストは、ベトナム戦争推進派と反対派へ分裂するのだった。

ランドをかつて活気づけていた使命感は薄れ始めた。世界の片隅で、社会正義を求めて戦う貧農を殺すことがアメリカの国益に本当にかなうのだろうか――ランドのアナリストがこんな疑問を持ち始めたためだ。

ベトナム戦争反対派で目立っていたのは、ドイツからの亡命者で政治学者のコンラッド・ケレンだ。彼は「ベトコンの士気と動機の研究」の取りまとめ役だった。この研究によってベトコンの捕虜がすさまじい愛国者であることを知り、アメリカの対東南アジア政策の有効性について深く悲観するようになった。一九六五年以降、「アメリカはベトナム戦争に勝てない」「ベトコンを根絶することはできても、征服することは決してできない」などと主張し、ベトナムからの一方的な撤退を提唱するようになった。ケレンのようにベトナム戦争に反対するアナリストはランド内では増えていた。ダニエル・エルスバーグもその一人だった。彼らは年を追ってベトナム戦争にますます反感を強め、ついには「ニューヨーク・タイムズ」へ寄稿してベトナムへの軍事介入をやめるようジョンソン政権に訴えた。数日後、今度はランド内のベトナム戦争推進派が同紙へ寄稿し、ケレンやエルスバーグの主張に反論した。

同じように物議をかもしながら、正反対の見方を提示したのは、やはり亡命者だった東ヨーロッパ出身のレオン・グーレイだ。ソ連専門家のグーレイは熱烈な反共主義者であるあまり、正常な判断力を失っていた。一九六二年に書いた『ソ連の民間防衛』で「ソ連が築き上げた巨大な防衛システムは、同国が奇襲攻撃を仕掛ける予兆である」という誤った警告を発した。一九六五年にベトナムを訪問すると、グーレイはドネルとザスロフが集めたデータの一部を取り上げ、それを次のように解釈してみせた。「南ベトナムの農民はベトコンを非難している。ベトコンがアメリカに北ベトナムを爆撃するよう仕向け、その後の大混乱を引き起こしたと考えているからだ」。そんなことから、グーレイはベトコンの士気をくじく方法として、より強力でより広範な北爆を提唱したのである。

空軍とともに、コルボムを筆頭にしたランドの保守派職員もグーレイの提言を熱心に支持した。彼らはいわゆる「ドミノ理論」を信じていたのだ。つまり、ある地域で一国が共産主義化すると、周辺諸国も将棋倒しのように次々と共産主義化し、ソ連陣営に加わってしまうという理論である。

ドミノ理論がベトナム戦争に当てはまるとは、二重の意味で皮肉なことだった。まず、「ニューヨーク・タイムズ」のレスリー・ゲルブが書いたように、最初に倒れる将棋の駒は、ベトナム戦争に反対するアメリカの世論だったのだ。また、それに続いて将棋倒しでソ連陣営に転じるカンボジア、ラオス、ビルマなどの国々は、アメリカによるベトナムへの軍事介入が失敗した結果、将棋倒しになったのだ。

泥沼化の後押し

ランドの著名アナリストの多くは、本質的に偏りがあるとしてグーレイの提言を切り捨てた。つじつまが合うように事実をねじ曲げて使っていると見なした。ヒッチの後任として経済学部長に就いたグスタフ・シューバートは、グーレイを次のように非難した。「出まかせに適当な日時を選び、自分に都合がいいインタビューの一部を抜粋しているのではないか。北爆によってアメリカ人ではなくベトコンに対する敵意が増したという説が裏付けられるように、である。だから、より多くの爆撃を行えば、より良い結果を得られると主張できたわけだ」

ベトナム戦争推進派と反対派の間の敵対関係があまりに激しくなったことから、経営会議の場で素手の殴り合いも起きた。ランドは忠実に国全体の縮図になっていた。国を二分するほどの対立関係の縮図に、である。

一九六一年から一九六七年にかけて、アメリカ政府はランド流の限定戦争論を実際に応用しながら、ベトナム戦争を展開したと見なせる。ちなみに限定戦争論は、対ソ連戦争の手引書からそのまま借用したものだ。限定戦争推進論者の一人がウォルステッターの門弟で、将来のノーベル経済学賞受賞者であるトーマス・シェリングだ。ランド在籍中に『紛争の戦略』を執筆し、「戦争ではいつも交渉能力が決め手であり、交渉能力は相手を傷つける能力にかかっている」と指摘した。

ジョンソン大統領とマクナマラが北ベトナムへさらなる圧力をかけようとしたとき、二人はシェリングの助言に従っている。歴史家のフレッド・カプランによれば、ジョンソン大統領は一九六四年五月二十二日、国家安全保障担当の大統領補佐官マクジョージ・バンディからメモを受け取った。メモには「国防総省のジョン・マクノートンの下で、北ベトナムに対して段階的に政治上・軍事上の圧力をかける統合計画を準備しています。この計画のミソは、北ベトナムを痛めつけるけれども破壊はしないという部分です。目的は、北ベトナムによる南ベトナムへの介入政策を変えさせることにあるのです」と書いてあった。

マクノートンは国防総省でベトナム担当の次官補を務めていた。ハーバード大学の同窓生である友人のシェリングと連絡をとり、ベトナム戦争がエスカレートしている状況にどう対応したらいいのか助言を求めた。ちなみにエルスバーグの上司でもあったマクノートンの考えに従えば、北ベトナムに痛みを与え、同国の政策を変えさせるには北爆が最良の方法であった。北爆はどのように展開したらいいのか？　アメリカはどれほど激しく空爆すればいいのか？　北ベトナム政府の態度が変わったことをアメリカ政府はどうやって察知できるのか？　北爆終了後に北ベトナムが南ベトナムへの介入を再開しないという保証はどうすれば得られるのか？

マクノートンとシェリングはこのような疑問について一時間ほど議論したが、何の解答も見いだせなかった。ただ、シェリングはマクノートンに「北爆を開始するなら、三週間以上は続けないことだ」と警告した。三週間が過ぎれば、北ベトナムは和平を求めるか、そうでなければ何も起きないのだった。「ローリングサンダー作戦」による北爆は一九六五年三月二日に始まった。結局、北ベトナムにもベトコンにも何の影響も与えなかった。北ベトナムとベトコンは、サイゴンにある南ベトナム政権の転覆を目指して行動し続けるだけだった。

アメリカ政府は次のように主張していた。「我々は人口が多い大都市への爆撃は避ける（たとえばハノイや北ベトナムのかんがい用堤防を爆撃したら、数百万人の命を奪いかねない）。戦争は一歩ずつ計画的に拡大させる。北ベトナムを侵略しない。そして、敵が我々のメッセージに反応し、停戦を求めてくるまで待つ。なぜなら敵は、合理的な方法は和平交渉以外にないという結論に当然行き着くからだ」。これは、計画的に膠着《こうちゃく》状態を作り出す政策である。言い換えると、北ベトナムの指導者ホー・チ・ミンがアメリカ政府に泣きつくまで、用心しながら段階的かつ冷徹に敵に与える痛みを大きくしていく（すなわち敵を拷問する）ことによって、膠着状態を実現する政策だ。最後にはホー・チ・ミンにとっての戦うコストは、アメリカのそれよりも大きくなり、結果として戦争を終えるメリットが戦争を続けるメリットよりも大きくなるというのだった。この政策が失敗してベトナム戦争が泥沼化し、結果としてもたらされた悲劇に対して道義的な責任があるが、ランドは決してそれを認めなかった。

確かに、ランドが「ベトコンの士気と動機の研究」を通じて真実を権力者に伝え、道義的な責任を果たそうとしたのは事実だ。国防長官マクナマラはのちに「ベトナム和平で最大の障害になっていたのは、ベトナム人の行動について納得できる説明が欠けていたことだ」と弁明したが、この弁明がうそであることをランドは示したのだ。マクナマラは次のように回想している。

政府内には、我々の無知を補ってくれる専門家がいなかった。（中略）東南アジアで対ゲリラ作戦の経験を持つペンタゴンの将校を一人だけ知っていた。エドワード・ランズデール大佐だ。彼は、フィリピンのラモン・マグサイサイ大統領と南ベトナムのゴ・ジン・ジエム政権の顧問を務めたことがあった。しかし、比較的若手であり、地政学上の幅広い経験を欠いていた。（中略）我々はまた、ホー・チ・ミンが主導する運動の愛国主義的な側面をまったく過小評価していた。彼のことを第一に共産主義者と見なし、第二にベトナム人愛国主義者と見なしていた。（中略）このような仮説を批判的に検証しなかった。意思決定する際の土台となるべきものが大きな欠陥を抱えていたわけだ。

しかし、マクナマラが二十年近く後になってこのように虫のいい弁明をしたところで、ランドが救われるわけではない。ランドは、純粋に政治的な目標、つまり東南アジアの共産主義化の防止という目標を達成するためにカウンターフォースの理論を提供したのである（ベトナムがアメリカ本土に核爆弾を落とすとはだれも言っていなかった）。従って、カウンターフォースを実際に利用した人たちと同等の重い責任をランドは負っている。ランドが思い切って政府の政策に干渉し、ベトナム戦争の理論的正当化をやめさせることはできなかったのか――。

ダニエル・エルスバーグやコンラッド・ケレンのように、ランドに所属する個々のアナリストの何人かは立ち上がった。だが、ランドは組織として何も行動を起こさなかった。フォード財団やハーバード大学、コロンビア大学などは「エスタブリッシュメント（支配階級）」側にありながら最終的にはベトナム戦争を非難することになるが、ランドは「良きドイツ人」よろしく最後まで政府の対ベトナム政策を支持し続けた。

降伏しろ

ランドは自らのパラダイムに縛りつけられていたのだ。

表向きは独立したシンクタンクでありながら、実のところ空軍や国防長官府といった財布のひもを握るパトロンの意向には逆らえないのだった。また、特定の政策問題について善悪を判断するのはランドの気質とは相いれなかった。シンクタンクとしての基盤を揺るがすような政策問題の場合には、善悪の判断はなおさら行いにくかった。映画『フランケンシュタイン』で助手のフリッツがフランケンシュタイン博士に向かって「死体から怪物を作るのは良くないことです」とは言わないのと同じことだ。フリッツの存在意義は、博士に善悪の判断を述べることではなく、死体から脳を取り出して博士が怪物を作れるよう手伝うことにある。

敵が違う言語を話すだけでなく、違う目標を持ち、違う期待を抱いている場合、意思疎通を図るのは難しい。冷戦時代、カウンターフォースの議論が浮上した当初、ある観察者は次のようにコメントした。「アメリカ人は何をしたらいいのか。メガホン片手にヘリコプターに乗り込み、敵地の上空から『もう十分戦っただろう？　降伏するか？』と叫んだらいいのか」。悲しいことに、このコメント通りのことをアメリカ軍は南ベトナムでやるのだった。アメリカ軍のヘリコプターは、爆撃目標となった地域に百万枚単位のビラをまき散らし、ベトコン戦士に向かって戦いをやめるよう呼びかけたのだ。一九六六年八月の最終週に限っても、ベトコンの支配地域と北ベトナムの上空から四千五百万枚以上のビラをまいた。

しかし、デモ行進する学生は当時、次のようにシュプレヒコールしていた。

ホー、ホー、ホー・チ・ミン。

NLF（南ベトナム民族解放戦線）が絶対に勝つ！

ベトコンと北ベトナム人にしてみれば、どんな苦痛を伴っても勝利以外に解決策はなかった。アメリカは意識的に真実に目を向けようとしなかった。しかも、ジョンソン大統領は「やつらを痛めつけろ」と言い、「戦争に負けた二十世紀最初のアメリカ大統領」になるのを避けたがっていた。結果として、アメリカは狂気じみた行為に走った。有名な「五時の愚行」が代表例だ。つまり、アメリカ軍が南ベトナムの首都サイゴンで毎日開いた記者会見のことだ。会見の席で軍の報道官は毎回敵の死傷者数を発表し、アメリカが戦争に勝ちつつある裏付けとして示した。これはまだいいほうで、アメリカはやがて極端に殺人的な行動に出るのだった。悪名高い「フェニックス作戦」だ。この作戦によって数万人ものベトナム人があからさまに処刑された。

ベトコン幹部たちを殺せ

ランドでフェニックス作戦を担当した中心人物は、燃えるような情熱と鋭い知性をあわせ持つロバート・W・コーマーだ。「ボブ」の愛称で呼ばれたコーマーに、アメリカの駐ベトナム大使ヘンリー・キャボット・ロッジは「ブロートーチ・ボブ」というニックネームを付けた。ロッジが言うには、コーマーと議論になると、自分の尻にブロートーチ（溶接用のバーナー）が向けられているような気持ちでコーマーを相手にしなければならないからだった。ただ、普段は穏やかで、べっ甲縁の眼鏡をかけ、ブライア製パイプをくゆらせているコーマーは、スパイ小説家ジョン・ル・カレが言う「インテロクラート（知的官僚）」の典型でもあった。

コーマーは一九六〇年代半ば、国家安全保障会議の一員として西アフリカのガーナの軍事クーデターにかかわり、初代大統領エンクルマの社会主義政権を転覆させた。アメリカ主導の戦争が東南アジアでエスカレートした一九六六年には、ジョンソン大統領から特別補佐官に任命され、「ベトナム関連の和平確立に向けた非軍事プログラムの指揮・調整・監督」を担当した。その使命は、和平工作を通じてベトナム人の人心をつかむことだった。理論上は情報、プロパガンダ、それに適度な軍事力を動員して、その使命を果たさなければならなかった。コーマーがジョンソン大統領に「この分野ではあまり現場経験を積んでいません」と不安を示すと、同大統領に「たぶん、新鮮な肉（新しい人材）が必要とされているんだよ」と言われたという。[18]

後に中央情報局（CIA）長官となるウィリアム・コルビーによると、コーマーは「統計マニアで恐ろしいほど楽観的」だった。コーマーがベトナム専門家に求めたのは、測定可能な目標と戦争の達成基準の設定だけで、幅広い視野に立って哲学的な議論を促すことはなかった。コーマーはランドの数値合理主義を信条にしており、ジョンソンの求めていることに対しては極端に敏感だった。そして、ジョンソンが当時必要としていたものは、アメリカがベトナム戦争に勝ちつつあることを示す数字だった。ジョンソンの側近は次のように語っている。「仮に『ベトコンに対するプロパガンダによってどれくらいのベトナム人が影響を受けたか？』と聞かれたとする。すると、コーマーは十三時間二十分以内に国家機密扱いの電報を打ち、二百六十三万四千二百一・一一人と回答したでしょう」

一九六七年、コーマーはベトナムのアメリカ大使館の職員になり、エルスワース・バンカー大使に次ぐポストを得た。数日内に、対ベトナム作戦の非軍事指揮系統の再構築に乗り出した。「民間作戦・革命発展支援局（CORDS）」を指揮するウィリアム・C・ウェストモアランド将軍の副官に任命され、南ベトナムのグエン・バン・チュー大統領を説得し、ベトコンの幹部を捕らえるか殺すかる特別作戦を立てるよう促した。その作戦は「フェニックス（不死鳥）」と命名された。ベトナムには神話に登場するどこにでも飛んで行ける鳥フンホアンがいて、それを大まかに英語に訳すとフェニックスになったのだ。

フェニックス作戦チームは、ベトナムの諜報機関を通じて情報を集めた。その手段として「地方偵察部隊（PRU）」と呼ばれるCIAの暗殺部隊を使い、ベトコン支配下にある地方の状況を探らせた。戦争が何年も続いていたので、ベトコンの中核グループ、つまりベトコンの地方幹部の正体は、どの村でも突き止められていた。コルビーを右腕として使い、コーマーは「毎月三千人のベトコン幹部を無力化する（殺す）」という目標を設けた。

フェニックス作戦で捕虜になったベトコンは最初から処刑される運命にあったわけではない。理屈のうえでは、捕らえられた囚人は口を割り、南ベトナム当局がほかのゲリラを探し出す手助けをするはずだったからだ。しかし実態は、「まず射殺、それから質問」だった。腐敗した南ベトナム当局の高官はフェニックス作戦を悪用していたのだ。無実の人たちを脅して金品をむしり取ったり、本来捕らえるべきベトコン幹部を逮捕しない代わりにわいろを要求したりした。「ニューヨーク・タイムズ」紙のベトナム特派員ニール・シーハンはピューリッツァー賞を受賞した『輝ける嘘』で「南ベトナム政府の高官は（毎月三千人の）目標を達成しようとして、戦闘中に殺された下級ゲリラを死後にベトコン幹部へ格上げしていた」と記した。

南ベトナムで捕らえられたベトコン幹部らは、千人単位で殺害され、拷問された。あるいは獄中で死んでいった。拷問の場合、強姦、電気ショック、水攻め、殴打、天井からの吊り下げなどがあり、最後は処刑となった。一九七一年、フェニックス作戦の諜報員バートン・オズボーンはアメリカ議会での公聴会で次のように証言した。「同僚がベトコンではないかと疑った男を最後まで見とどけました。海兵隊の防諜施設内での尋問に立ち会うように言われたのですが、部屋に足を踏み入れると、その男は殺されて引きずり出されるところでした。長さ六センチの合い釘が耳から脳にかけて突き刺さったのが死因でした。（中略）私が知る限りベトコンと疑われて拘置され、尋問を生き延びた人は一人もいません」。同じ公聴会でウィリアム・コルビーは「フェニックス作戦期間中に二万八千五百二十七人のベトナム人が殺されました」と証言した。

しかしながら、道義的にどんなに大きな問題があったとしても、コーマーのような人間が好きな数値至上主義に従えば、フェニックス作戦は成功だった。ベトコン勢力は、彼らにとって伝統的な避難場所であったメコン川デルタ地帯から追い出され、南ベトナム軍は五年以上にわたって影響力を及ぼせなかった地域で支配権を奪い返した。コーマーは功績を買われて、一九六八年にジョンソンによって駐トルコ大使に任命された。その後、ニクソン大統領に呼び戻されてランドに入所した。ランドでは、NATOについての調査報告書のほか、ペルシャ湾で早急にアメリカの軍事力を増強するよう求めた報告書を書いた。その後、カーター政権で政策担当国防次官に就任することになり、事実上、ベトナム戦争組で民主党政権入りする最後の一人となった。

風向きが変わってきた

ランドがベトナム戦争で果たした役割は、理論や政策の次元にとどまらない。ランドは一九六五年と一九六六年に、対ゲリラ作戦機としてF5Aジェット戦闘機「スコシ・タイガー」の有効性に関する研究プロジェクトを請け負っている。ランドの研究チームが実験計画を立て、F5Aの戦闘能力分析に六カ月間費やし、空軍の最終報告書の大半を書いた。報告書の結論では、運用が容易な軽量のジェット戦闘機F5Aはベトナム戦争に非常に適していた。この戦闘機は南ベトナム軍へ供与され、一九七五年のサイゴン陥落まで使われることになった。

しかし、一九六〇年代も終わりに近づくと、ランドは、国を二分するほどの物議をかもしていたベトナム戦争と距離を置き始めた。「キャメロット」と命名されたプロジェクトが、はからずもランドの路線変更を促す媒介となった。

キャメロットとは、中南米での急進派勢力による革命の見通しについて、陸軍がランドに発注した極秘の研究プロジェクトだ。チリ当局が偶然にもこのプロジェクトの存在に気づくと、国際的な波紋を呼んだ。チリ政府も、アメリカの駐チリ大使もその存在を知らなかったから、なおさらだった。チリの学生は抗議のデモを行い、チリ政府はアメリカ政府に正式に抗議した。このスキャンダルを受けて、国務長官のディーン・ラスクは特別委員会を設置した。外国を対象にした研究プロジェクトをランドのような外部の下請け業者に発注していいものなのか、検討するためだ。

政権内での調整不足に困惑したジョンソン大統領は「国務長官がアメリカの対外関係に悪影響が出ると判断すれば、外国研究のプロジェクトを絶対に外注すべきではない」と宣言した。そして、国防長官府、全国防関連機関、それに統合参謀本部を対象に指令を出した。これによって、政府のあらゆるレベルで発注される研究プロジェクトを国務省の担当官が事前に審査することになった。プロジェクトには行動・社会研究、世論調査、経済分析などが含まれた。もはや、政権内の「神童《ウイズキッツ》」がランドの元同僚に電話し、軍事関連の興味深い研究についてあれこれ調査するよう要請できなくなったわけだ。どんな要請も、彼らが影響力を及ぼせないルートを通さなければならなくなったのだ。

一九六五年末までには、それほど多くの神童が政権内に残っていたわけではなかった。チャールズ・ヒッチはカリフォルニア大学システムの総長ポストを受け入れ、ハリー・ラウエンは行政管理予算局で職を得た。また、ウィリアム・カウフマンとトーマス・シェリングは学界へ復帰した。アラン・エントーベンさえも間もなく政権から離れるのだった。ただ、彼が政権を離れるのは、もうひと仕事終えてからのことだった。主にランドの職員と出向者で構成されるシステム分析局に対して、ベトナム戦争について調査するよう指示したのだ。でき上がった調査報告書は「アメリカによる北爆は逆効果であり、近い将来にベトナム戦争を軍事的に解決する見込みはない」と結論していた。

ランドから連邦政府へ多くの神童が移籍したうえ、システム分析とその政府版「計画化・プログラム化・予算化システム（PPBS）」が流行したことも、ランドにとって重圧となった。多くの職員が「今ではだれもがシステム分析を使っているから、システム分析は新鮮さを失った」と感じていた。また、ハーマン・カーンやエド・パクソン、アルバート・ウォルステッターら、いわゆる「一匹狼」がいなくなったことを残念がっていた。彼らがいなくなる前には、エルスバーグ、ラウエン、エントーベン、フレッド・ホフマン、ウィリアム・カウフマンらがペンタゴンへ移っていた。

軍事から社会問題へ

要するに、ランドは成熟しつつあった。核戦略政策の中心的存在だった一九五〇年代の黄金時代にランドを特徴づけた若々しい勢いを失い始めていた。ウォルステッターが後年に語ったように、アナリストが次々とランドを去らねばならなかったのは、「決定を実行に移す権限を持っている人たちと一緒に働くため」だった。すべては時の流れのせいであり、初期のランドが活気にあふれていたのは一九五〇年時点の職員の平均年齢が三十歳未満であったからだ、という見方もある。組織的に無気力感が広がっていたとすれば、それは組織が成長して成熟化したことを示しているのと同じように、職員の胴回りが太くなり髪の生え際が後退したことを示しているのであった。

問題をさらに複雑にしていた事情があった。空軍長官が再びランドの独立性に揺さぶりをかけ始めたことだ。今度はフランク・コルボムも支持した。空軍を率いる人物として最適任者との呼び声が高かったユージーン・M・ザッカートは、空軍の中では最も頑固者の一人でもあった。空軍以外の「外部」発注プロジェクトをめぐる争いで一か八かの勝負に出たランドに以前負けたザッカートは、一九六五年に強力な支援者を得た。下院軍事委員会の委員長カール・ビンソンと秘蔵っ子の下院議員ポーター・ハーディーだ。ビンソンの監督の下で、ハーディーは政府発注契約の不正を追及しようとして下院小委員会で一連の公聴会を開いた。狙いは、国防長官マクナマラに政治的な打撃を与えることで、ペンタゴンの予算をめぐるマクナマラとの争いを有利に進めることだった。

ハーディーの公聴会は多数の不正を暴いた。なかでも空軍の有力下請け業者であるエアロスペース・コーポレーションの不正がクローズアップされた。たとえば、同社は社長のヨットをニューヨークからカリフォルニアへ運ぶ際、その費用を空軍に負担させていた。エアロスペースに対する監視がいい加減だったことが明らかになり、空軍はなおさらランドへの支配権を強めようと願うようになった。スキャンダルが再発するのを防ぎ、古くからの争いに決着をつけるためだ。ザッカートはランド理事長のフランク・スタントンに対し、彼の指示通りに「外部」プロジェクトの割合を下げなければ、プロジェクト・ランド自体をつぶす用意がある、と宣言した。それに対してランド理事会は屈することなく、独立性を維持する方針を再確認した。

ランドの将来の支配権をめぐる争いが起きたのは、大きな利益を生み出しつつあった社会研究分野への参入拡大を促す声がランド内で高まっていた時期と重なった。一九六〇年代半ばまでに、ジョンソン大統領の「偉大なる社会」政策に従って、連邦政府はアメリカの社会問題に数百億ドル規模の資

1965年、大統領に立候補した社会主義者ノーマン・トーマスの講演に出席し、
ジョークを聞いて笑い転げるランドの職員。
1960年代半ばまでに、ランドの職員の多くは従来の保守的なイデオロギー路線と距離を置き始めた。
Photo : Leonard McCombe/Time Life Pictures/Getty Images

金を投じ始めていた。ランドの幹部は当時、手に負えないベトナム戦争の泥沼から抜け出したく、社会研究に対する潜在需要が非常に大きいことに魅力を感じていた。たとえば一九六五年五月。保健教育福祉省の教育副局長ヘンリー・ルーミスは、学校での指導方法の改善策を調べる研究プロジェクトをランドに打診した。教育局全体の予算は十億ドルで、一九六六年までに三十億ドルへ増える予定であると説明した。また、研究予算も同じように増え、向こう数年で数億ドルの増額が見込まれるとつけ加えた。

コルボムは自らルーミスの提案を断った。ランドの歴史的な使命に反すると判断したからだ。コルボムは以前空軍からのランドの独立性を守ろうとして堂々と戦ったとはいえ、本質的には「飛行機野郎」だった。設立当初のビジョンからランドを遠ざけるものは、何であってもすべて禁じ手だったのだ。一九六二年、政府事業に関する下院小委員会の席で、コルボムは次のように発言している。「私が思うには、ランドという組織の扱い方について、空軍は最初から一つの哲学と政策を持っていました。それは実際問題としては完璧なものといえます。もしこのような状況を変えたら、国全体にとって決して望ましくない結果を招くことでしょう」

ランドの理事会は、たとえそれがどんなに高尚なものであったとしても、コルボムの見識を認めなかった。そして、空軍以外の「外部」プロジェクトの受注拡大をコルボムが阻止したことも批判した。

また、コルボムとマクナマラの一派が緊張した関係にあることを気にしていた。後年コルボムは「ワシントンのカクテルパーティーでマクナマラと一緒になると、彼がどこにいるのかチェックして、常に部屋の反対側に立つようにしていた。（中略）彼に話しかけたくなかったし、話しかけているところを見られたくもなかった」と回想している。

思いがけなくザッカートがマクナマラからのプレッシャーに負けて辞任すると、後任にはマクナマラ派のハロルド・ブラウンが就任し、空軍を率いることになった。ランドの理事会はそこに災いの前兆を見て、コルボムの辞任を要求した。これは、コルボムがまったく予期していない展開だった。その後コルボムは生涯にわたって、自分を追い出した人たちに対する侮りをほとんど隠そうとしなかった。ランドが歩んだ方向も不快に思っていた。経済的な苦境に陥ったからではない。理事会に追い出された後、彼は金融業者「サウスウエスタン・リサーチ・アンド・インベストメント・カンパニー」の会長になった。一九八五年、引退生活はどうかと尋ねられると、コルボムらしい辛辣《しんらつ》な言い方で「やりたくないことは何もやっていないし、やりたいことは何でもやっている。これ以上、何を望んだらいいのか」と答えた。

コルボムが去った後、ランドの理事会は熟慮のうえで後任を選んだ。ウォルステッターのお気に入りで、ダニエル・エルスバーグの親友だったハリー・ラウエンだ。元「神童」のラウエンの指揮下で、ランドは新しい研究分野を開拓し、名声を手に入れ、スキャンダルに見舞われるのだった。ラウエンら神童がけしかけ、警鐘を鳴らし、最後は否認した戦争、つまりベトナム戦争はその間、勝手にエスカレートしていった。さらなる戦争進行にブレーキをかけるには、ランドの〝哲人〟の一人がメコン川デルタ地帯の臭い水田で目覚め、立ち上がらなければならなかった。

第四部

ペンタゴンペーパーの波紋

一九七一年六月、ベトナム戦争の機密レポートが暴露され、
ニクソンの政権は動揺する。
それは将来を期待されたスタッフがランドから持ち出したものだった。

1970-

扉写真

ニクソン辞任の報道に、ホワイトハウスに詰め掛けた市民。1974年。

Photo:UPI/Sun/Kyodo

アメリカ大統領

リチャード・ニクソン(1969～74)
ジェラルド・フォード(1974～77)
ジミー・カーター(1977～1981)

主な出来事

1970	4月	第一次戦略兵器制限交渉(SALT-I　72年調印)
1971	6月	ペンタゴンペーパーが「ニューヨークタイムズ」で連載報道される
	8月	アメリカ、金ドル交換停止(ドル・ショック)
1972	2月	ニクソン、中国訪問
	5月	日本赤軍によるテルアビブ空港乱射事件
1973	10月	第四次中東戦争による、オイル・ショック
1974	8月	ニクソン辞任
1975	4月	サイゴン陥落
1976	9月	毛沢東死去
1977	10月	ドイツの秋(ドイツ赤軍による連続テロ事件)
1978	1月	イラン革命はじまる(～翌79年1月国王亡命)
1979	12月	ソ連、アフガニスタン侵攻

第13章　エルスバーグの運命を変えた一夜

ダニエル・エルスバーグは、南ベトナム政府軍（ARVN）の少佐が自分を殺しに来るものだと確信していた。安物のビールとコニャックを飲んで、半分酔った状態でベッドに横たわりながら、ARVNが支配する村落内の物音に真剣に耳を傾けていた。少佐は長いこと銃を発砲していないようだったが、エルスバーグは行き当たりばったりで対応するつもりはなかった。拳銃を取り出し、腕を伸ばせば届く所に置いた。しかし、キャンプ用ベッドはあまりに狭く、思い直して、落ちないようにうまくバランスを取りながら自分の胸の上に拳銃を置いた。少佐が護衛の監視をくぐり抜けて入り込んできた場合に備えてのことだった。

日時は、一九六六年クリスマスイブの深夜。エルスバーグは少佐が現れるのをハラハラしながら待ち構えていた。場所は、ロンアン省のラックキエンという村の近郊。メコン川デルタ地帯の一角で、サイゴンの南に位置している。ラックキエンの基地にいるもう一人のアメリカ人は、南ベトナム軍の顧問を務める陸軍大尉で、すぐ横の簡易ベッドでスヤスヤと寝入っていた。まるで出身地のカンザス州ウィチタかオクラホマ州マスコギーで休日を過ごしているかのように、迫りくる危険を気にも留めていなかった。

　エルスバーグは、ちらちらするろうそくの炎が壁に投げかける影をながめながら、両手を頭の後ろに回して仰向けになっていた。大尉には最初の四時間は見張りに立てると約束していた。しかし、そんな約束をしなくとも、眠らずにいられたことだろう。絶え間ないバッタの鳴き声、通りすがりの鳥が時々ガーガーと鳴く声、ほとんど人間のような木や稲の息づかい――。デルタ地帯の夜にはさまざまな音がある。それに大尉はいびきをかいている。暗闇の中からは土、花、汗、糞などのにおいも漂う。こんな環境下でエルスバーグは眠れず、衣服を着たままで、いざとなればただちに自分を守れるように。

　その日、エルスバーグがベッドに入る前のことだ。「彼は酔っ払っているのです」と南ベトナム軍の若い中尉はエルスバーグに釈明し、上官である少佐の無礼をわびた。エルスバーグの目の前で少佐がアメリカ人を侮辱したのだ。そんな少佐の振る舞いについて、南ベトナム軍の大隊長と部下は非常に心苦しく思っていたという。中尉は「彼らは（侮辱行為に）賛成ではなかったのです。むしろ腹を立てています。でも相手は少佐ですからね」とつけ加えた。

　エルスバーグは「少佐が言ったことに彼らは同意していないということなのですか？」と聞いた。

「まあ、少佐が言ったことの中でも同意できる部分はあるかもしれません。ただ、強く同意するわけではありません」

　たぶん大隊長らのほうが正しく、少佐の無礼はすべてお酒のせいだったのだろう。その日は、フランス語を話すカトリック教徒の大隊長がアメリカ人顧問団をねぎらおうとして、特別のディナーパーティーを催した。パーティーに顔を出した将校たちは、シーバスリーガル、レミーマルタン、ワイン、ベトナムビール「33（バーバーバー）」といったお酒を全部飲み干した。エルスバーグはフルーツケーキも持参した。「戦場で郷愁にふけるアメリカ兵への差し入れ」と言う駐ベトナム副大使のウィリアム・ポーターに持たされたからだ。魚しょうゆ、めん類、フルーツケーキ、フランス産コニャック――。すべては戦士を元気にする食料品である。

なぜ少佐が暴言を吐いたのか、特別な理由はなかった。エルスバーグは少佐と一緒のテーブルでクリスマスキャロルを歌い、その後は将校たちが歌う悲しげなベトナム民謡を微笑みながら聞き入っていた。そもそも、彼がベトナムにいたのは、和平工作を観察し、駐ベトナム大使のヘンリー・キャボット・ロッジに警告を発するためだった。つまり、南ベトナムでアメリカによる軍事展開が行き過ぎると、むしろ逆効果になり、農民をベトコン側につかせることにならないかどうか、助言するのが任務だった。彼はなお南ベトナム政府を支持していたものの、ベトコン側にも大義があるのではという考えを持ち始めていた。

ランド研究所本部の恵まれた環境に身を置いていたときは違った。エルスバーグは、ベトナム戦争に勝利する以外に有効な選択肢は何もないと主張していた。アメリカがベトナム戦争に負ければ、東南アジア全体が共産主義化し、最悪の専制政治と国民抑圧体制を招きかねないと信じて譲らなかった。エルスバーグは前の年に国防長官マクナマラ用にスピーチの草稿を書いたことを、ふと思い出した。

我々は約束を守るためにベトナムで戦っている。必要なことをきちんとやり、南ベトナムが独立を維持できるように手助けするという約束を守るため、である。うんざりするような仕事を続けることにアメリカが飽きてしまわないだろうか？　永久に飽きることはない。

この草稿はマクナマラのスピーチで実際には使われなかったにしても、威厳ある言葉で書かれていた。そしてエルスバーグは、失恋の苦しみから逃れようとする時代遅れのロマンチストのようにベトナムにやってきた。彼は自分の目でベトナム戦争の誤りを見た。無意味な領土的拡大、汚職、殺人――。今では時々、大英帝国時代のイギリス兵の気分になるのだった。過剰な暑さの中で過剰な物資を抱えながら、国土の形状も分からないままで進軍する外国部隊の一員になって、敵と戦うのだ。しかし、敵はこの生まれ故郷のほかに行く所がないから、決して降伏しない。

「なぜあんたたちアメリカ人はここにいるんだ？」。酔っ払った少佐は怒鳴り散らした。「ベトナムでベトナム人に教えなければならないことがあると思っているのか？　我々が勇敢でないから、共産主義者とは戦えないと思っているのか？」

少佐は同じテーブルにいたほかの将校にもベトナム語で怒りをぶちまけたが、だれ一人として彼に反論しようとする者はいなかった。それから彼は兵舎へ戻って拳銃を取ってくると、「アメリカ人を殺してやる！」と怒鳴り散らした。ベトナム人の中尉が少佐の無礼を代わりにわびているなかで、少佐はエルスバーグとアメリカ人の陸軍大尉に向けて発砲したのだった。

「何でもないから、心配しないでください」とベトナム人中尉は念を押した。「でも、今夜は外に出ないようにしてください。家の中なら安全です。大隊長は兵士たちに少佐を見張るよう命じました。この家に少佐が近づくことはありません」

アメリカ軍基地がある遠方から、50口径の銃声が響き渡った。夜になり、ベトコンが自分たちの存在を誇示しているのだった。これは我々の土地、我々の水田、我々の家畜、我々の同胞だ、お前たちは決して勝てない――。間もなくアメリカ軍が砲兵射撃で応じた。次に静けさが訪れた。そして、コオロギが再び悲しげな曲を奏で始め、物憂げな風が吹き、大尉が再びいびきをかいた。エルスバーグは娘のメアリーと息子のロバートのことを思った。クリスマス当日になって、サンタモニカが急に冷え込むことはないだろうか？　それとも、カリフォルニアの太陽がいつものようにさんさんと輝き、マリブの自宅近くの砂浜を暖めてくれるだろうか？　エルスバーグは汗をかいていたにもかかわらず、寒気が体の中を突き抜けるのをそのとき感じた。

クリスマスイブの過ごし方としてはひどいものだ——彼は思った。迫撃砲の応酬が蒸し暑い夜の中でこだましていた。

第14章　民政へのシフト

一九六五年の秋、アルバート・ウォルステッターはシカゴのレイクショア大通りにあるアパートを出ると、毎日必ず、自分がいかに恵まれているかを考えた。あるいは、神の存在を信じていたとしたら、幸運の女神に救われたと考えたことだろう。合理主義者のウォルステッターは、神の存在を信じるよりも、十八世紀の啓蒙運動的な立場を取っていた。つまり、創造主を時計師にたとえれば、人間は時計師の作品であり、善悪の区別も付けられない存在であるという見方をしていた。

それでもやはり、ウォルステッターは「自分は運が良かった」と思うのだった。シカゴ大学で終身在職権を得て、素晴らしい家族に恵まれ、湖を見渡せる魅力的なアパートに住み、お互いに気配りし合う多数の友人と知り合えたのだ。彼は名声と財産（少なくとも過剰な財産）とは縁がなかった。強欲の化身「マモン神」は兄に譲っていた。その兄は全国的な電話帝国を築くのに忙しかった。アルバートは物事の中心にいることで満足していた。政策を実行し、影響力を振るう権力者は、アルバートのような「考える人」にしてみれば「バラム（旧約聖書に出てくる、当てにならない預言者）」に相当するのだ。彼の関心は権力そのものにはなく、権力へのアクセスにあった。歴史に自分の名を残し、

「自分の力で変化を起こし、後世により良い世界を残せる」と思いながら死にたいからだ。世の中のために歴史を変えた――。一人の男がこれ以上のものを望めるだろうか？

ランド研究所から解雇される

もちろん失望したり落胆したりする局面が訪れることもある。ウォルステッターがそんな局面に差しかかったのは、一九六三年にランド研究所を屈辱的に追い出されたときだ。バーナード・ブロディーにそそのかされて、フランク・コルボムが腹立ち紛れにウォルステッターをクビにしたのだ。このような偉大な男たちがこれほど卑しく振舞うとは！　まあ、少なくともバーナードには偉大な時期があった。コルボムは常に「月並みな男」のにおいがした。信念が知性であり、頑固が勇気であると誤って思い込んでいる男だったのだ。

自分のアパートがあるビルから出ると、ウォルステッターは寒さで身が引き締まった。一年のうち秋学期と春学期だけ教鞭《きょうべん》を執り、残りはロサンゼルスでコンサルティングの仕事に打ち込む今後の展望を祝福した。温暖なカリフォルニアで仕事ができるというのに、だれがわざわざシカゴで厳しい冬を過ごそうとするだろうか？　ビルのドアマンにあいさつしたとき、彼は自分自身の古い笑い話を思い出した。ランド内ではあまりに多くの職員（青い制服を着ている）に話しかけたものだから、ワシントンにあるショーハムホテルのドアマン（やはり制服を着ている）に対しても質問し、結果を報告させ始めた――。彼はタクシーを呼び止め、後部座席に座り込んだ。

一九五一年から一九六三年までの十二年間。ウォルステッターは中年時代をランドにささげたことになる。人生最高の時期だったか？　いや、それほど良くはない。最高の時期はこれからやってくるのだ。それにしても、あれほどあっさりと追い出されるとは……。もちろん、彼がハリー・ラウエンに渡した文書は秘密文書に分類されていた。しかし、秘密扱いという規定は、遵守するというよりも違反するためにあるようなものだ。ウォルステッターはふと「回想録を書くとしたら、このことにどのように触れたらいいものか」と思った。狂信者が怒りにまかせて疑い深い現実主義者を追放したと書けばいいのか？　それとも、ならず者が信念の人を背後から突き刺したと書けばいいのか？

コルボムに呼び出されたとき、ウォルステッターは当初、自発的に辞表を提出するよう求められた。拒否したら解雇された。あっさりと。勤続年数、評判、友人関係などはまったく考慮されなかった。コルボムによる究極の復讐だった。ウォルステッターが空軍に反旗を翻してケネディとマクナマラを支援し、組織として無気力化したランドの真実をあえて公に語ったことがコルボムの逆鱗《げきりん》に触れたのだ。ウォルステッターにとってショックは大きく、彼が解雇についてダニエル・エルスバーグに語った際には本当に泣き崩れてしまったほどだ。まったく予期せぬ結末で、贅沢な生活スタイルはどうなるのか……。ウォルステッターはどうにかしてコルボムを説得し、転職先を見つける時間をもらえた。幸運にも、カリフォルニア大学ロサンゼルス校での教職を得て、次にそれよりも魅力的な仕事に就けた。シカゴ大学で終身在職ポストを射止めたのだ。

タクシーがシカゴ大学のキャンパスに着いた。中から出てきたウォルステッターは体を伸ばし、政治学の教室に向かった。自分の周りに優秀な学生を集め、大学の中庭でピージャケット、ブーツ、セーター姿の若者と談笑するのだった。ひょっとしたらコルボムに感謝すべきだったかもしれない。彼に追い込まれたからこそ守備範囲を広げ、ほかの進路を検討せざるを得なくなったのだから。コルボムは古臭いやり方で一肌脱いだのかもしれなかった。加えて因果応報でもあった。コルボム自身も後を追うようにクビになったのだ。ブロディーも去った。カリフォルニア大学ロサンゼルス校へ移り、フランス軍と同軍の核兵力への対応が不当であると主張した。ついに、ブロディーはフランスの〝愛玩犬〟に成り下がったのだ。いかにも因果応報だ。

その日の午後、大学の歓迎会で、ウォルステッターは新しい大学院生に紹介された。その中の一人に特に興味を引かれたのは、見覚えがあったからだ。青白い顔色、黒い髪、厚い唇――。

「君の名前はウォルフォウィッツと言ったっけ？」

「そうです。ポール・ウォルフォウィッツです」

「ひょっとして、数学者のジャック・ウォルフォウィッツと関係があるの？　ぼくはコロンビア大学で、彼とエイブラハム・ウォルドと一緒に勉強したことがあるんだ」

「そうです。実は私の父なんです」

ウォルステッターは満面に笑みを浮かべた。「そうか。君はシカゴが気に入ると思うよ」

ウォルフォウィッツ

一九六五年はアルバート・ウォルステッターにとって幸先の良い年だった。シカゴ大学に腰を落ち着けて、自分の信条を説くことに専念できたからだ。「信条を説く」能力があったからこそ、ランド時代のウォルステッターは影響力を振るえたのであり、同時に論争の的にもなったのだ。政治学の教授として、彼はまるでローマの政治家カトーのように動けた。軍備拡大の大義を訴える一方で、ソ連の脅威を無視してベトナム戦争に深入りする現政権を激しく批判したのだ。そうしながら、コンサルタントの副業でしっかり儲けてもいた。

何にもまして、シカゴ大学を通じてウォルステッターはより多くの門弟を輩出させることができた。おそらく門弟の中で最も大きな影響力を持つようになったのは若い数学者ポール・ウォルフォウィッッだ。彼の政治的キャリアは、ジョージ・H・W・ブッシュ大統領の息子であるジョージ・W・ブッシュ大統領の下で国防副長官を務めたときに頂点に達した。イラク戦争を指揮したのだ。

ニューヨーク・ブルックリンで生まれたウォルフォウィッツは、隣区マンハッタンのモーニングサイドハイツで育った。そこは、父が数理統計学を教えるコロンビア大学の近くだった。父と同じように、ウォルフォウィッツは若いころから数字と理論物理学で頭角を現した。コーネル大学で数学を専攻したものの、同期生ほど数学に対して熱心になれなかった。自由時間になると歴史書を読んだのだが、同期生の多くは引き続き数学の問題と格闘していた。ウォルフォウィッツは「純粋数学は、あまりに抽象的で現実の生活から切り離されていて、不毛だ」と悟った。「自分の数学の才能を生かして、がんの治療法発見に取り組めば、もっと満足できるだろう」と思い、生物物理化学の博士号取得のためマサチューセッツ工科大学（ＭＩＴ）を受験し、合格した。しかし、自分の将来のキャリアになお不安を感じたことから、生物物理化学の勉強は後回しにして、シカゴ大学で政治学の学位取得を目指すことにした。

ウォルフォウィッツは当初、賛否両論を呼ぶ哲学者レオ・ストラウスに引かれた。しかし、シカゴ大学でウォルステッターに出会うと、彼のことを良き指導者と思うようになった。[19] ウォルフォウィッツもウォルステッターもイスラエルの利益を強く代弁する世俗的なユダヤ人で、中東情勢に常に関心を持っていた。ウォルステッター流の数値至上主義は、ウォルフォウィッツの性格にぴったり合った。

それに加えて、二人の政策スタンスも共通していた。それは、旧オーストリア帝国外相のメッテルニヒやアメリカ国務長官のヘンリー・キッシンジャーが推し進めた「レアルポリティーク（現実政策）」であり、一歩間違えればとんでもない結果をもたらしかねない路線だった。

問題解決に際して事実を重視する手法、世界の救世主としてのアメリカへの信奉、人類生存のためにはイスラエル生存が欠かせないと見なすシオニズム――。これらはその後のウォルフォウィッツのキャリアを編み込んでいく過程で出てきた〝糸のかせ〟であり、すべては一つの基本的信念に帰結していた。民主主義は世界中のどこであっても元気に根を生やせる植物である、という信念だ。彼がこんな信念を持ったのも、ウォルステッターに後押しされたためだ。

暗黒のプリンス

シカゴで間もなく有名人になり（そして悪名をとどろかせる）政策通リチャード・パールのキャリアもウォルステッターは後押しした。パールは、やがて敵から「暗黒のプリンス」と呼ばれ、崇拝者から「ペンタゴンの頭脳」と呼ばれることになる男だ。

ウォルステッターの娘ジョーンと一緒にハリウッド高校へ通い、その後大学生になってもウォルステッターと親交を保っていた。一九六九年、プリンストン大学大学院で勉強していると、ウォルステッターから「実地調査を手伝ってくれないか」と頼まれた。具体的には、通称「スクープ」と呼ばれる上院議員ヘンリー・ジャクソンをはじめ、ワシントンの有力政治家にインタビューするのが仕事だった。実地調査の目的は、弾道弾迎撃ミサイルによる防衛システムをめぐる上院での議論をまとめ、報告書を作成することだった。ボーイングの本拠地であるワシントン州選出の民主党員であるジャクソンは「ボーイング出身の上院議員」と揶揄《やゆ》されていた。タカ派的で、防衛産業寄りの傾向が強かったためだ。ウォルステッター同様に、道義をわきまえた外交政策の信奉者でもあった。ルター派のキリスト教徒で、ノルウェーに祖先を持っているにもかかわらず、イスラエルの熱心な支援者だった。ソ連国内のユダヤ人の外国への移住を自由化するよう求め、移住自由化と核軍縮交渉を関連づける法案を作成したこともあった。

パールはこう回想している。

ウォルステッターは「もう一人にもこの仕事をお願いしているんだ。できれば二人の共同作業にしてほしいんだが」と言ったのです。「もう一人」とはポール・ウォルフォウィッツでした。そんなわけで、ポールと私はボランティアで数日間ワシントンへやって来て、政治家にインタビューしたのです。インタビューした政治家の一人がスクープ・ジャクソンでした。一目ぼれでしたね。スクープに最初に会ったときのことは決して忘れません。二人で上院にあるスクープのオフィスを訪ねて、床に腰を下ろし、弾道弾迎撃ミサイル防衛の図表を見せられたり、分析を聞かされたりして、彼の問題意識を理解したのです。

この運命的なインタビューが縁となり、パールはジャクソンの助手となり、最終的には一期目のロナルド・レーガン大統領の国際安全保障担当国防次官補のポストを得た。こうして、ワシントン官僚機構の出世階段に足をかけた。

ランドの新所長ハリー・ラウエン

一九六〇年代半ばから終りにかけて、ウォルステッターと彼の信奉者がベトナム戦争後の将来に備えて忙しくしている一方で、ランド研究所は社会研究の分野で新天地を切り開きつつあった。

一九六七年一月一日、ハリー・ラウエンがフランク・コルボムに代わってランド所長に就くと、非軍事関連プロジェクトの受注をめぐるタブーは完全に消え去った。ランド式のケースモデリング、定量分析、階層的指揮系統といった手法は、それまで空軍と国防総省向けに使われていたものの、ジョンソン政権の時代精神に合致するように完全に修正された。加えて、ランド式の手法を社会研究の分野へ広げる仕事を担う最適の人物がラウエンであるように見えた。所長就任前からラウエンは明確な問題意識を持っていた。ランド理事会を前にして「大統領行政府にいたとき、国防問題に匹敵するほどしっかりと国内問題を研究・分析する必要性を感じました。重要で興味深い国内問題は膨大にあります。教育、医療、犯罪、都市、貧困などです」と述べたのだ。これらの分野はどれも、ランドが得意とする徹底的・論理的・数値的な分析の対象になっていなかった。ラウエンの計画は単純だった。ランドをジョンソン政権の頭脳にすることだった。

ボストン生まれのエンジニアであるラウエンはランドのベテラン職員だ。一九五〇年、チャールズ・ヒッチの率いる経済学部でそのキャリアのスタートを切った。ラウエンが最初に手掛けた大仕事は、ウォルステッターの「基地研究」を手伝うことだった。それ以降もウォルステッターと緊密に協力しながら勤め続け、一九五三年になって上司のチャールズ・ヒッチに「経済学の博士号を取得したい」と告げた。「ヒッチに相談したら、『オックスフォードで勉強したらいい』と言われました。『どうすればいいのでしょう?』と聞いたら、『クイーンズカレッジの学長に手紙を書いてやるから』。これが入学審査だったのです」

ラウエンはイギリスのオックスフォードで二年間勉強した。ランドへ戻ると、再びウォルステッターとの共同で「戦略空軍基地の選択と利用」と題した文書「R266号」をまとめた。これは、元祖「基地研究」の続編だった。一九六〇年にジョン・ケネディが大統領に選ばれると、ラウエンは安全保障担当の国防次官補代理としてポール・ニッツェの下で働くことになった。一九六五年、ジョンソン大統領が「国防総省の予算編成方法を連邦政府全体で取り入れる」という指令を出した。すると、これを実行する旗振り役にラウエンが選ばれ、行政管理予算局の副局長に任命された。二年後、行政管理予算局の仕事を終え、ＭＩＴで教授職を得た。同時に、ランドから所長にならないかと打診された。

「ＭＩＴで政治学教授のポストを受諾していましたから、ロサンゼルスの自宅は処分済み、ボストンで新居を購入済みでした。そんなときにランドがやって来て、所長ポストを提示したわけです。私は『いいでしょう』と返事し、一度も住まないままボストンの新居を売り払い、ロサンゼルスで新居を購入する羽目になりました。ロサンゼルスの自宅は売却済みでしたからね。またワシントンの家も売る羽目に。結局、半年間で五軒の家を売買したのです。苦痛でした」

研究所内部に問題が山積していたにもかかわらず、就任後三カ月でラウエンは抜本的な組織改革を実施し、新分野への多様化を容易にする体制を築いた。回転式の名刺ホルダーが名刺でいっぱいになるほど広範なワシントン人脈を持っていたし、企業や政府のニーズを鋭く分析する能力も備えていた。「社会都市研究所」を新設する案がすぐにひらめいたのも自然な成り行きだった。

新研究所は最初の「プロジェクト・ランド」のクローンのようになるのだが、社会政策研究に特化している点が違った。新研究所はまた、ランドで蓄積した専門知識を生かしながら、国内問題に焦点を当てた。国内の社会不安の増大によってアメリカの国際競争力が低下していると信じられていた時代だったからだ。ランドの研究者を利用したり外部の専門家をスカウトしたりして、国内問題解決に取り組むことになった。

社会都市研究所

一九六五年にはロサンゼルスの黒人スラム街ワッツで暴動が発生し、その二年後にはニュージャージー州ニューアークとミシガン州デトロイトでも人種差別に起因した暴動が起きた。それまでアメリカが国内問題に無頓着であったことが徹底的にあぶり出された。警察の暴力、貧困、人種差別などが野放しになっていたと分かり、「ベトナムなど諸外国に民主主義の果実を持ち込む公平な国アメリカ」というイメージが傷ついた。どうやってアメリカは外交問題で優位に立てるのだろうか？　国内で人々が仕事、保護、正義を求めて暴動を起こしているというのに、「民主主義は共産主義よりも優れている」などと声高に宣言できるのだろうか？　ジョンソン政権はこのような問題を解決するために外部の助けを必要としていた。そしてラウエンは、ランドの合理的な分析手法、つまりシステム分析があれば、くい込めると確信していた。

初期のランドの精神だけでなく組織もまねるかのように、ランドは一九六七年五月、社会都市研究所に対する助言と支持を得るために会議を主催した。ジョン・ウィリアムズが一九四七年にニューヨークで主催した会議と同じように、である。

ラウエン主催の会議に出席したのは、アルバート・ウォルステッター、その後ノーベル経済学賞を受賞するケネス・アロー、元ランド研究所員で行政管理予算局副局長チャールズ・ズウィック、元国防長官特別補佐官アダム・ヤーモリンスキー、政治学者・歴史家リチャード・E・ニュースタットらだった。

会議の出席者はすぐに、「カネは出すのに口は出さない」空軍の支援を得ていたランドとは違い、社会都市研究所は後ろ盾を当てにできず、その前途は多難であると悟った。出席者の一人は次のように語った。「会議で大まかに意見が一致したのは、ランドはカネがうなっている『愚かな顧客』を持っていた点です。その顧客はランドの内情に干渉することに興味はなかったし、あるいは最初の数年間は質問に対してランドから回答を得ることにも興味はなかったのです。しかし、新しい社会都市研究所を取り巻く現在の環境はまったく違います」

会議に出た専門家の多くは、新研究所が一流の人材を集めることは可能であり、特に若い科学者の採用面では新研究所はランド自身の社会科学部よりも有利に立てる、と考えた。新研究所の経済基盤を安定化するには、少なくとも最初の五年間分の運営資金はランドが代わりに調達しておく必要性を指摘した。また、新研究所にはランドとは別の理事会を設けるほか、ランドとは違うビルに入居させながらも、ランドに物理的に近い場所に本部を構えるべきだとも提案した。新研究所はおよそ二十人の上級職員を抱え、年間予算は二百五十万ドル程度と推定された。

社会都市研究所は空軍の支援を欠くとはいえ、その誕生自体は絶妙のタイミングに見えた。多数の政府機関がランドのノウハウを利用して国家的な問題の解決策を見つけたがっていたのだ。アメリカの教育局長は、教育テレビの可能性や授業での技術利用についてランドに研究させたいと考えた。保健教育福祉省は、国の保健制度改革のことでラウエンが提案した研究を実行すべきか検討していた。また、運輸省は、交通流率を測定するセンサーの利用を研究する際にランドの協力を得ようとしていた。そのうえ、この年の三月には、ジョンソン大統領が二千万ドルの予算で「都市技術・研究局」を設置しようとして、社会研究プロジェクトへの資金配分を増額するよう議会に要請していた。そんななかで、ラウエンはワシントン政界に築いた広範な人脈を使い、ランドが政府の社会政策研究の中心になるように積極的なキャンペーンを繰り広げた。しかし、このキャンペーンがきっかけで、政権とさらなる太いパイプを持つライバルが現れ、優位に立つとは彼も予想していなかった。

ランドのライバル、ジョセフ・カリファノ

ジョセフ・カリファノは、もともとはマクナマラにスカウトされペンタゴンで働いていたが、ジョンソン大統領の国内問題担当特別補佐官に抜擢され、新設の住宅都市開発省（ＨＵＤ）を監視する役割を担っていた。この三十四歳のハーバード大学卒業生は、ニューヨーク・ブルックリンで生まれ育

ち、イタリア系とアイルランド系が混じる労働者階級の出身だ。職業専門家としての実績を誇りにしていたが、特に誇りに思っているのは政権に仕えて政治の世界に身をささげたことだ。ジョンソン大統領はカリファノをホワイトハウスへ呼び寄せると、次のように語ったという。「君はとても頭がいいと聞いている。ハーバードの同期生の中でも抜きん出ていると。でも、一つ言っておこう。大統領にとっては、君がハーバードで学んだことよりも、君が子供のころにブルックリンの街中で学んだことのほうがはるかに役に立つ」

カリファノはラウエンの社会都市研究所構想を知り、ジョンソン政権のＰＲ手段として使えるのではないかと考えた。しかしランドにやらせる考えもなかった。自分の実績として評価されたかったからだ。ラウエンが会議を主催するのを聞いて、すばやく行動しないとＨＵＤが採用する人材がいなくなるという不安にかられた。そこで六月に自ら会議を開き、「都市開発研究所」を設置する検討に入った。それから数カ月にわたって一連の会議を続け、都市開発研究所はランド式であるべきだと結論した。すなわち、「優秀な人材を何人かスカウトし、都市問題一般について深く、幅広く思考してもらう」というのだった。ただ、一つ大きな例外があった。表向きは独立しているものの、都市開発研究所は日々の研究活動、資金調達、組織運営についてはＨＵＤの指揮下に置かれる点だ。言い換えれば、ジョンソン大統領の「偉大なる社会」政策の付属機関になるわけだ。

「偉大なる社会」で同大統領が描いたビジョンは、「貧困と人種差別の根絶」によって国民全員が豊かになり、かつ自由になる社会だ。それは、高齢者・障害者向け医療保険「メディケア」と低所得者向け医療保険「メディケイド」の発足や、一九六四年の公民権法として結実するのだった。

一九六七年十二月、ジョンソン大統領の承認を得て、カリファノは「都市研究所（ＵＩ）」と呼ばれる非政府・非営利組織の設立を発表した。[20] 初代所長はランドの元研究者ウィリアム・ゴーラムになった。マクナマラ時代の国防次官補代理だ。

カリファノはこの新設の都市研究所を使い、ランドが社会政策の研究プロジェクトを受注するのを妨害しようとした。すべての連邦政府機関が研究予算の一部を都市研究所へ振り向けるように動いたのだ。彼はまた、研究所の実績を全国の政策担当者に宣伝するのに余念がなかった。アメリカ五十州の知事全員と大都市の市長全員に手紙を書いた。手紙の中では、ジョンソン大統領が新研究所を支援していることを強調したうえで、新研究所と研究委託関係を結ぶよう呼びかけていた。

共和党のケネディ、ジョン・リンゼイ

カリファノのやり方を腹立たしく思ったラウエンだが、民間企業や民間財団など政府以外の機関とのパイプを築き、研究資金を確保する以外に方法はなかった。とはいえ、ランドはアメリカ軍産複合体の頂点に立っていたのだから、民間セクターとのつながりをテコにするのはお手のものだった。理事のうち二人はスタンダード石油の副社長で、一九六八年にはスタンダード石油副社長のデビッド・A・シェーパードが理事長になるのだ。ポール・ニッツェは、アメリカの外交政策と中東での石油利権の関係を研究テーマに取り上げるべきだと提案した。しかし、それは実現しなかった。石油会社は研究結果を自社の利益のために独占的に利用したがっていたためだ。ランドの定款は、研究結果の独占利用権を受託先に与える研究プロジェクトを請け負うことを明示的に禁止していた。その代わりに、ランドは今回もまたフォード財団に頼り、社会研究資金の相当部分を同財団から得た。

おそらく最も重要だったのは、アメリカの政界で大きな影響力を持ち、ジョンソン政権に立ち向かえる大物とランドが〝政略結婚〟したことだろう。その大物とは、ニューヨーク市長のジョン・V・リンゼイだ。

写真写りの良い四十三歳のリンゼイは、よく「共和党のケネディ」と言われた。勲章を授与された海軍大尉で、エール大学卒の弁護士でもあった。古いニューイングランド地方に祖先を持ち、ニューヨークの「シルクストッキング（上流階級）」地区（共和党の牙城であるマンハッタン区パークアベニューとアッパーイーストサイド）を地盤にして七回下院議員に選出されている。一九六五年には改革の旗印を掲げてニューヨーク市長選に勝利した。

選挙スローガンは「彼は斬新、ほかは退屈」であり、これはジャーナリストのマーリー・ケンプトンから拝借したものだった。ジャーナリスト、リベラル派、マイノリティー（黒人など少数派）はリンゼイに投票し、心もささげた。結果として、アメリカの大都市リベラリズムが最後の絶頂を迎えることになるのだった。

リンゼイは、当時のニューヨーク州知事ネルソン・ロックフェラーと同じ党派に属していた。つまり、経済界の利益を代弁しながらも公民権運動も支持し、その過程で時に民主党員よりもリベラルになる共和党員ということだ。彼は、下院議員に最初に選出された後に次のように語っている。「個人の自由と安全を保障する進歩的な政策に賛成する共和党――。これを証明していきたい」

公約通りに下院議員リンゼイは行動した。一九六三年、司法長官ロバート・F・ケネディは、アメリカ政府に対する海外在住アメリカ人の批判を抑える狙いで、一九一八年の治安法の網を広げようとした。すると、リンゼイはケネディの試みを阻止するために戦ったのだ。市長選に勝つと、ニューヨーク市を支配していた労働組合と官僚組織の既得権益を打破すると宣言した。そんなわけで、ニューヨーク市交通局の労働組合が地下鉄ストライキをちらつかせても、「裏で取引するのは非民主的」と断じ、水面下での交渉を拒否した。それに対して組合側はうろたえることなく、一九六六年一月一日にリンゼイが市長に就任するや否や、ストライキに出た。その影響で市の交通は十三日間もマヒし、ついにリンゼイは折れて組合の要求を受け入れた。大統領就任後にウィーンを訪れ、フルシチョフと会談したときのケネディのように、リンゼイは政治的な弱腰を世間に印象づけて市長一期目を始める格好になった。弱腰の印象が災いして、市長在任中に何度も政治的な難局に直面することになるのだった。

市議会は民主党

リンゼイの弱点の一つは、民主党が支配する市と国に身を置きながら、共和党員であることにあった。ことにニューヨーク市の市議会と参事会は「タマニーホール」の影響力を意識しなければならなかった。タマニーホールは十九世紀後半からニューヨークの政治を牛耳ってきた民主党機関だ。国のレベルでは、ジョンソン大統領がリンゼイを好いておらず、住宅補助金の支給を延期したり遅らせたりして、リンゼイに肩透かしを食らわせようとした。しかもリンゼイは、人種的な対立と政治的な衝突で引き裂かれた市政を引き継いだのだ。

一九六八年の夏、デトロイト、ワシントン、フィラデルフィアが次々と暴動に見舞われるなかで、ニューヨークが平穏を保ったのは、リンゼイに負うところが大きかった。彼は護衛も付けずに、肩にジャケットを引っかけて、自分の足で黒人とヒスパニックのスラム街を訪問し、住民に向かって落ち着くように訴えたのだ。

リンゼイと彼を支援する理想主義者は、市の行政機構を効率化し、マクナマラがペンタゴンを改革したのと同じやり方でニューヨーク市を改革できると判断した。つまり、客観的・数値的な合理性に基づいて冷静に熟慮することで、政策から「政治」を締め出せると思ったのだ。彼らがランドとの提携を歓迎するのも当然の成り行きであった。ランドは合理性の旗手なのだ。

リンゼイを支える市の予算局長はフレデリック・オライリー・ヘイズで、かつてワシントンの行政管理予算局でハリー・ラウエンと一緒に働いたことがあった。そのため、ランドが連邦政府全体に普及させたプログラム予算やプログラム分析の手法を熟知していた。ヘイズは、都市問題を研究し解決策を提示する「ランド式企業」を設立する目的で、フォード財団に対し期間五年の助成金四百五十万ドルを求めた。フォード財団は断った。そのような企業の設立を許すと、市の参事会と市議会を通さないで政策立案する方法をリンゼイ政権に与えることになると判断したからだ。参事会と市議会は、民主党と労働組合に支配されていたとはいえ、選挙の洗礼を受けていたのだ。フォード財団にそっぽを向かれたリンゼイ政権はランド本体に頼った。一九六八年一月八日、リンゼイ市長とハリー・ラウエンは、市当局がランドと四つの研究委託契約を結んだことを明らかにした。市の消防、警察、保健・医療サービス、住宅開発の四分野について六カ月間かけて研究する内容になっていた。

ニューヨーク市・ランド研究所

理屈のうえでは、この提携は理想的な組み合わせだった。ランドにしてみれば、システム分析の手法を都市問題へ応用する実験台としてニューヨーク市を使える。一方、リンゼイ政権にしてみると、市の問題と解決策について超党派の立場から客観的に書かれた報告書を手に入れるとともに、妨害ばかりして不効率な民主党に対して政治的な点数を稼ぐことになる。一九六九年、この提携は正式なものに発展した。ランドとニューヨーク市が共同で、独立した非営利の研究組織「ニューヨーク市・ランド研究所（New York City-Rand Institute）」を設立したのだ。ランドが党派的な要素は最小限にすると保証したことで、今回はフォード財団も参画し、研究資金面で新研究所の有力な支援団体になった。一九七一年までに、新研究所の研究プロジェクトはランド全体の社会研究の半分近くを占めるようになった。

ニューヨーク市との提携は、軍事的な色彩を帯びたシンクタンクが、社会研究分野を新規開拓することにお墨付きを与えることになった。一九六八年末までに、経済機会均等局、運輸省、住宅都市開発省から研究プロジェクトを受託したほか、フォード財団などの財団ともそれぞれ助成金二百万ドル超の受託契約を結んだ。つまるところ、社会研究分野で最大の競争相手であるカリファノの都市研究所に勝ち、ニューヨーク市の研究プロジェクトの受注を独占するようになったのだ。しかし対価も安くはなかった。ニューヨーク市の将来をめぐる熾烈《しれつ》な「仁義なき戦い」のど真ん中に放り込まれたのだった。この戦いに比べれば、ペンタゴンの内輪もめは大学職員のお茶会にケーキかスコーンを出すかでもめる程度のものに見えた。

ニューヨーク市警の契約解除

ランド組から離脱する第一号はニューヨーク市警本部だった。「ニューヨーク市のファイネスト（警察官）」の実態を調査し、改善策を提案するプロジェクトをランドに発注し、ランドにとっては最大の百万ドル近い研究資金を払う契約を締結していた。しかし、締結後一年もたたないうちに契約を解除した。市警本部では、警察官の腐敗が蔓延《まんえん》し、非効率ぶりが際立っていた。数百人の警官が麻薬取引にかかわっていた一方で、マイノリティーに対する警察の権力乱用や暴力的な行為が日常茶飯事となっていた。[21]

そんな状況下で、市警本部内部で変化を求める声などほとんどなかった。いわんや改革をや、である。市警本部は、現場の警察官の間で嫌われているリベラル派市長の命令をできるだけ無視しようとした。ランドも警察の問題に無神経であると見なされた。たとえば、ランドの研究者は管区内の警察本署や分署に駐在させられるのを嫌がった。嫌がらずにそれを受け入れていれば、多くの警察官の信頼を勝ち得ていたはずなのに、である。

ランドによる研究は、市警本部の不信を助長することはあっても、和《やわ》らげることはなかった。新設のニューヨーク市・ランドは、一九五〇年代終わり以降に新規採用された二千人近い警察官のデータベースを作り、市警本部の職員採用、選別、訓練実態を詳細に調べようとした。このデータベースは犯罪歴、職歴、学歴、クレーム歴など重要な個人情報を多く含んでおり、警察官の犯罪歴を書き並べたリストのような代物だった。特定の警察官を免職に追い込みたければ、ここの情報をマスコミへリークすればよかった。

実際、そのような可能性はなきにしもあらずだった。ニューヨーク市・ランドはデータベースの情報を利用して、権力乱用を裏付ける警察の不正行為について表向きはマル秘の報告書をまとめた。そして、この報告書の内容は一九七〇年十一月、「ニューヨーク・タイムズ」の一面記事ですっぱ抜かれた。報告書は「警察は恒常的に残忍な行為に走り、世論を軽視している」と批判したうえで、犯罪行為や権力乱用と非難された事例のうち、当該警察官が戒告よりも厳しい処分を受けたのは全体の五％にすぎないと指摘した。市警本部の大規模な改革を促すために報告書が使われたことで、「ニューヨーク市・ランドは市長の遊び道具」との見方が警察内部で強まった。

住宅をめぐる騒動

住宅政策の研究でもニューヨーク市・ランドは同様に〝自爆〟し、中立的な研究グループとしての評判はズタズタになった。研究対象は家賃規制の改革だった。低所得の白人高齢者と低所得のマイノリティーの人口が増えている都市にとっては非常に切迫した問題であった。リンゼイ政権は家賃規制の改革で家主の保有不動産の価値を高め、市中心部にあるスラム街の問題を取り除きたかった。しかし、マイノリティーの指導者にしてみれば、明らかに良心的なこの家賃規制改革も、家賃の引き上げによって貧しい借家人を追い出すのを狙いにしており、人種的な少数派を苦しめる人種差別的な機関「ザ・マン（白人社会のこと）」にこびるための企てにすぎなかった。

一九六八年にはマンハッタンの対岸にある都市ジャージーシティー（ニュージャージー州）の全人口が入居できる十万戸近くが空き家のまま放置されていたにもかかわらず、である。家主がこれらの空き家を維持していくための経済的な理由がなくなっていたのだ。

ニューヨーク市・ランドは一連の報告書を作成し、一定の制限を設けながらも市場原理に基づいて家賃を決める提言を行った。

生活保護は受けていないが最低家賃を払えない世帯に対しては、家賃補助券を発行する。補助券は食料雑貨店向けの食品割引券のようなものだ。借家人は補助券を家賃の一部として代用し、不足分を穴埋めし、最低家賃を払えるようになる。家主は、家賃の一部として受け取った補助券を市へ持ち込み、換金してもらう。ただ、家主に補助券の換金が認められるのは、当該建物が市の各種規約に違反していない場合に限られる。

コミュニティー活動家は、一九六九年までに家賃規制改革に関する一連の報告書の存在をかぎつけた。市の住宅開発局はマル秘とされる報告書の存在をそれまで否定していたものの、結局、市当局は一九七〇年になって「まだ完成していない」と主張しつつも報告書の存在を認めた。十日もたたないうちに「ニューヨーク・タイムズ」がランドの提言をすべて掲載する形で一面で記事を掲載した。将

1968年、ハーレム地区視察中のニューヨーク市長、ジョン・リンゼイ(中央の長身の人物)。
ランドを積極的に活用し、いくつもの研究プロジェクトを立ち上げた。
ランドにとってニューヨーク市との提携は都市政策の分野に進出するうえで
最も野心的な動きではあったが、結果的に大失敗に終わった。

Photo : John Dominis/Time Life Pictures/Getty Images

来のニューヨーク市長であるエイブラハム・ビームをはじめ、批判勢力は再び勢いづいた。ニューヨーク市・ランドは独立した組織ではなく、市当局のお気に入りシンクタンクである、と非難した。

消防局では成功

ニューヨーク市・ランドの保健部は、鉛中毒、性病、看護師訓練などの分野でプロジェクトを引き受け、高い評価を得た。しかしながら、保健部には安定した指導力を発揮できる人物が不在で、提言の多くを実施に移すことができなかった。対照的に、ランドとニューヨーク市消防局の連携は大成功だった。その一因は、ランドの顧客となった市のさまざまな組織の中で、消防署は最も中央集権的で、序列的で、統制がとれていたことだ。組織内部の派閥争い、社会的価値観、個々人の倫理観といった厄介な問題を経ずに効率を追求できる環境、すなわちペンタゴンの環境と瓜二つだった。

消防局での成功はまた、調整がうまくいったのに加え、運が味方してくれたことにもよる。ランドは積極的に消防局の一員になろうと努力し、ランドの研究者を各消防署へ配置した。誤った火災警報への対応数を減らし、電話対応手続きを簡素化するなど、消防局が望み、その使命と関連する成果を引き出そうとした。さらに消防局は、ランドが「スリッパリー・ウオーター（滑る水）」を用意してくれたことに深く感謝したのだった。

ニューヨーク市・ランドの消防局担当責任者エドワード・ブラムは、化学メーカーのユニオン・カーバイドのコンサルタントを務めたことがある化学エンジニアだった。彼は、ユニオン・カーバイド製ポリマーを添加剤として水に加えると、ホース内を流れる水の勢いが劇的に上昇することを知っていた。一九六八年、消防局を説得してこの添加剤を試させると、目覚ましい成果を上げた。ホース内の摩擦を減らしたことで、水圧を引き上げずに水の放出量を八〇％も増大させたのである。スリッパリー・ウオーターは消防局の定番となり、全国のほかの消防機関も一斉に追随した。

このようなさまざまな研究プロジェクトは、どんなにニューヨーク市にとって有益であったとしても、ニューヨーク市・ランドというシンクタンクを生きながらえさせるには力不足だった。リンゼイ政権が数々の政治的危機を切り抜ける手助けにもならなかった。一九七三年、ジョン・リンゼイは共和党から民主党へ鞍替《くらが》えし、大統領選に立候補したが失敗した。地元選挙区では幻滅した有権者からの支持を失っていたうえ、一九六五年市長選時の対立候補と同じように「退屈」になっていたリンゼイは、市長三期目を目指すことを断念した。かつて楽観的に「ファンシティー（楽しい都市）」と名付けた都市に別れを告げたのである。

市の会計監査官を務めていたエイブラハム・ビームは一九七〇年、リンゼイ政権による外部コンサルタントへの七百五十万ドルの支払いを批判し、ランドへの発注分二百万ドルを承認するのを拒否した。リンゼイに代わって市長になった今、「市がコンサルタントを必要とする場合は、ニューヨーク市立大学の専門家を使うべき」との市議会の提言を受け入れ、ランドへの新規研究委託を停止した。ニューヨーク市・ランドが市当局と結んだ最後の契約が期限切れになると、この研究所は解散し、残った人材はランドのサンタモニカ本部へ移った。何年も後になり、ニューヨーク市はランドに再び門戸を開くものの、委託した業務の内容は比較教育の分野に限られた。

ニューヨーク市・ランドを通じてランドが学んだ教訓は、特定の党に肩入れしている印象を抱かれないようにすることだった。一九七〇年代以降、ランドは意識的に民主、共和両党から研究を受託し、その研究内容ではいずれにもくみしないよう心がけた。ラウエンの指導下で、環境政策、通信、放送、教育など一連の研究プログラムを開始し、それは今日も続いている。注目すべきなのは、ニューヨーク市・ランドの設立をきっかけにして、ランドは軍と民間の両セクターから同じ程度の研究資金を獲得するようになったことだ。このような体制はランドに安定をもたらした。特に、「希望の星」と見なされた一人の研究者が立ち上がったことをきっかけに、ランドがその歴史上最も偉大で、かつ最も危険な論争に巻き込まれたときには、有効に働いた。

論争のタネはペンタゴンペーパー（ベトナム戦争に関する国防総省機密文書）だった。

第15章　国家機密漏洩

一九六九年十月一日の夕方のことだった。

ダニエル・エルスバーグは、バインダーでとじた書類を擦り切れたブリーフケースへ詰め込み、そわそわした様子でサンタモニカのランド本部の廊下に出た。書類にはすべて「トップシークレット（国家機密扱い）」と押印されている。ペンタゴンの依頼で、一九四五年にまでさかのぼってベトナム戦争を調査し、四十七巻に及ぶ文書としてまとめたものだ。エルスバーグがブリーフケースに入れた書類はその一部だ。全巻そろった形ではこの世に二部しか存在していない。一部はエルスバーグの手元に、もう一部は国防長官メルビン・レアードのオフィスに保管されている。文書はアメリカによる東南アジアへの軍事介入の歴史を調べたものだ。しかしエルスバーグにとっては違うものを意味した。数十年に及ぶ殺戮《さつりく》の歴史を詳述したものなのだ。彼は、悲惨な物語の全貌を世の中に向かって公表する決意だった。たとえ売国奴として有罪判決を受け、残りの人生を監獄で暮らすことになってもいいと思っていた。

一九六七年以降、エルスバーグは「ベトナム政策は失敗であり、どんなに良くても血なまぐさい膠《こう》着状態《ちゃく》に陥るだけ」と指摘し、政府の内部からベトナム戦争をやめさせようと試みた。だれも彼の言うことに耳を傾けなかった。国防長官のマクナマラ、大統領のジョンソン、国務長官のヘンリー・キッシンジャーはもちろん、ランドの上司も例外ではなかった。アメリカの指導者にしてみれば、政策変更は撤退であり、撤退は恥であり、恥よりも死のほうがマシだった。

ニクソン大統領がベトナム戦争の幕を閉じると誓い、北ベトナムとの和平交渉に入っても、エルスバーグは考えを変えなかった。極秘の電報を見て事実を知ったからである。表向きの言動とは裏腹にニクソンはひそかに戦争を続け、むしろ拡大するつもりでいた。場合によってはハノイに核爆弾を落とす可能性もあったのだ。このような狂気をくい止める唯一の方法は、アメリカ国民に対して全貌を明かすことだ。そうすれば全国民が嫌悪感を抱いて、戦争犯罪に手を染めてきた指導者に対して反旗をひるがえす――こんな展開になるとエルスバーグは確信していた。

皮肉にも、エルスバーグがこんな行動に出られたのは、唯一の民間人として東南アジアの歴史研究プロジェクトにかかわっていたからだ。一九六七年、ランドの新所長ハリー・ラウエンはマクナマラに対し、ベトナム戦争から得られる教訓とアメリカが東南アジアへの介入に乗り出した経緯について研究するのはどうかと提案してみた。するとマクナマラは熱心に賛同してくれた。ラウエンは秘蔵っ子であるエルスバーグを責任者に任命した。そしてエルスバーグは今、親友と呼ぶ上司ラウエンに背を向けようとしている。この行為によってラウエンは失職し、最悪の場合は連邦政府職員にして要注意人物のレッテルを貼られるかもしれないのに……。

その日の夜、エルスバーグはトニー・ルッソーと会う約束をしていた。ルッソーはランドの同僚研究者で、「ベトコンの士気と動機の研究」プロジェクトへ参加したことで東南アジアの和平に疑問を持つようになった男だ。ルッソーのガールフレンド、リンダ・シネイは、業務用にゼロックス製コピー機を購入している広告代理店を経営していた。エルスバーグとルッソーはそのコピー機を使ってベトナム戦争の機密文書をコピーし、議会とマスコミへ流そうとたくらんでいた。しかし、ランド本部から機密文書を持ち出すのは簡単ではないかもしれなかった。

ランドの警備には、エルスバーグが数年間勤務したペンタゴンよりも厳しいものがある。ペンタゴン時代、エルスバーグは国家機密扱いの電報を抱えていても、警備員から横目でちらりと見られることもなく、国防総省、国務省、ホワイトハウスの間を行き来したものだ。しかしランドでは、すべての秘密文書は使用中でない限り金庫に保管しなければならない。エルスバーグはランドの本部ビルを出るときにボディーチェックされたことはそれまでに一度もなかったものの、今夜もボディーチェックされないという保証はどこにもなかった。

緊張で胸をドキドキさせながら、エルスバーグはロビーにつながる一対の防護ドアを開けた。二人の警備員が机の後ろに座っている。壁には第二次世界大戦中のポスターがかかっており、「この中で見たり、この中で話したりしたことは、この中にとどまるべき」と書いてある。別のポスターは不幸な被疑者が警備員に質問されている絵を示し、「新しい友人に会いたいか？　面白い所を訪ねたいか？　もしそうなら金庫の鍵は開けたままにしておけ」という説明書きを加えてある。

エルスバーグはガラス製の防護ドアの所で一瞬ためらったものの、ありったけの勇気を奮い立たせて突き進んだ。警備員の一人が顔を上げ、彼のことをざっと見渡すと、にっこりと笑った。

「お休み、ダン（エルスバーグの愛称）」と警備員は言った。

エルスバーグは手を振り、うなずき、二十世紀半ばのモダニズム式建築のビルを出た。サボテンで縁取られた歩道を歩き、駐車場へ向かった。通りの向かいにあるサンタモニカ警察署の上にはヘッセンブルーの空が現れている。緊張がとれて元気を取り戻したエルスバーグは、愛車アルファロメオに乗り込み、ウエストハリウッド市にあるトニー・ルッソーのアパートを目指してアクセルを踏んだ。制限スピードを超えないように注意しながら。

リンダ・シネイの広告代理店は、メルローズ大通りとクレセントハイツ大通りが交差する一角にあり、同性愛者と芸術家の間で人気がある地域として知られている。シネイの案内で、エルスバーグとルッソーの二人は鉄柵付き階段を上り、花屋の上にある彼女の事務所の前に着いた。シネイが鍵を差し込んで警報装置を切ると、ドアが開き、そこには当時としては大型で高速のゼロックス製コピー機があった。しかしエルスバーグは、手元にある機密文書をコピーするためには徹夜の作業になると悟った。「モラトリアム」と呼ばれる全国的な反ベトナム戦争大集会は十月十五日に予定されており、彼はこの大集会に間に合うように機密文書を公開したかった。向こう数日以内にコンラッド・ケレンら数人のランド研究者と連名で「ニューヨーク・タイムズ」へ寄稿し、アメリカ軍がベトナムから年内に撤退するよう要求するつもりでもあった。その前に機密文書を公開できれば、手紙の重みも増すと考えた。

ランドから盗んだ機密文書はバインダーでとじられた巨大なもので、エルスバーグはそれをコピーするのにてこずった。バインダーを開いてガラス面に押し付けて二ページごとにコピーしようとしても、中心部分が薄れたりゆがんだりして読みにくくなる。そこでバインダーから書類を取り外してコピーし始めた。ガラス面の下でローラーが書類の長さ分だけ動き、緑色の光を放った。エルスバーグは最初のコピーを終えると、それを照合のためにトニーとリンダに手渡し、再びコピー機に戻った。

そのとき、ドアを鋭くノックする音で作業が中断した。制服を着た警官二人が外の階段の上まで来ていた。そのうちの一人がガラス製のドア越しにエルスバーグに向かい、ドアを開けるように身振りで指示している。あまりにもすばやく捜し出されたことにエルスバーグは「どうしたことだ！」と心の中で叫ばずにはいられなかった。「こいつらはとんでもない！　いったいどうやってかぎつけたんだ？」

エルスバーグはとっさにコピー機のふたを閉め、それまでコピーしていた書類を隠した。自分の子供たちはこれからどうなるだろうと不安にかられながら、ドアへ向かった。途中、「トップシークレット」と押印された書類の束を紙切れで覆った。

「何か問題でも？」とエルスバーグは口火を切った。

「事務所の警報装置が切れているよ」と警官の一人が答えた。

エルスバーグはできるだけ平静を装い、事務所の中でコピーの照合作業に当たっていたルッソーとガールフレンドのほうを振り向いた。

「リンダ、君に会いたいという人たちが来ているよ」

警官二人が事務所の中へ足を踏み入れた。

「やあ、リンダ。またやったね？」と警官の一人が言った。

「あらまあ、ごめんなさい」と彼女は返事しながら、警官のほうへ向かった。「あの鍵にはいつも悩まされているんですよ」。その間に、ルッソーは周辺の書類を隠した。

「いいんですよ」と警官は言った。「講習でも受けたほうがいいんじゃない」

「ええ、絶対にそうします！」とリンダは約束した。

二人の警官はさよならを言って事務所から出て行った。水を打ったような静けさの中で、エルスバーグは少しの間ルッソーとリンダを見つめた。そして彼らは仕事を再開した。

第16章　医療費自己負担を根拠づける

それはランド研究所にとって強烈な打撃だった。ダニエル・エルスバーグはハリー・ラウエンとアルバート・ウォルステッターのお気に入りだ。そんな男が国家機密情報を「ニューヨーク・タイムズ」へ流したのである。聖パウロが結局はユダヤ教のパリサイ人と運命を共にし、聖ペテロをローマ人へ引き渡すと決断するのと同じぐらい信じられないことだった。

ダンだ！

しかしなかには、このニュースを聞いても驚かない人もいた。一九七一年六月十三日にペンタゴンペーパー（ベトナム戦争に関する国防総省機密文書）の漏洩事件を知ったとき、アルバートとロバータのウォルステッター夫妻は、娘とソ連研究家のネーサン・ライティーズと一緒にオックスフォードで昼食中だった。沈黙が訪れ、そして全員が顔を見合わせながら「ダン（ダニエル）！」と同時に叫んだ。彼らは「秘密情報を公にするという強い欲求を持つ唯一のランダイトはエルスバーグ」と感じていた。ライティーズは「結局、彼は四十歳になるというのに、まだ本も書いていない」と言った。ライティーズの考えでは、エルスバーグは生の情報を「ニューヨーク・タイムズ」へ流すのではなく、持てる力のすべてを本の執筆に注ぎ、ベトナムについての彼自身の議論を総括すべきだったのだ。

エルスバーグがペンタゴンペーパーをコピーし、最終的に公にするまでに三年かかった。その間、ベトナム戦争は「悪い戦争」から「残忍な戦争」へ一層悪化した。任期をあと数カ月残す段階になって、ジョンソン大統領は北ベトナムとの和平交渉をパリで開始し、北爆を停止した。しかし、後任のニクソン大統領が北ベトナムとの交渉を続け、「ベトナム化」計画によってアメリカ軍の派兵規模縮小に乗り出したにもかかわらず、ベトナム戦争でのアメリカ兵の死者数はさらに一万五千人も上乗せされたのである。しかも、紛争は拡大していた。

一九七〇年、アメリカの爆撃機は隣国カンボジアを空爆した。同国ではアメリカが支援した軍事クーデターで国家元首のノロドム・シアヌーク殿下が追放されていた。翌年には、南ベトナム軍が北ベトナム軍を追ってラオスへ侵入。民間人の死傷者数は前代未聞の水準に達し、戦争が縮小していく兆しはまったく見られなかった。

アメリカでは、反戦感情が広がり、国が二分していた。ニクソンは、「ベトナム戦争を終焉させる計画がある」と宣言して一九六八年に大統領に選ばれたのに、ジョンソンと同じぐらい国民の間で不人気になっていた。ニクソンへの支持率は五〇％へ、ベトナム戦争への支持率は三四％へ下がった。国民の半数以上が「ベトナム戦争は道徳的に間違っている」と感じていた。ベトナム戦争の退役軍人は、自分たちが目の当たりにし、作り出した破壊に悩まされ、今や反戦運動の最前線に立っていた。

一九七一年四月、ワシントンで二十万人がデモ行進に参加し、都市機能を実質的に二日間麻痺《まひ》させた。混乱したニクソンは表に出て、群衆の一部に向かって語りかけなければならなくなった。

反戦を声高に訴えた人物の一人が、ゆくゆくはマサチューセッツ州選出の上院議員になり、二〇〇四年の大統領選で民主党大統領候補になる元海軍士官のジョン・ケリーだ。仲間の退役軍人を代表して、ケリーは雄弁に「一緒に立ち上がり、この野蛮な戦争の最後の痕跡を消し去ろう」と訴えた。そんな状況下でアメリカ国民は、「ベトナム戦争の泥沼化への警告を政府は故意に無視し、国民を欺いている」という真実を暴いたエルスバーグの行動を歓迎したのである。

犯罪か、正義か

エルスバーグが本当に犯人であると判明すると、ハリー・ラウエンは警備上の不手際があった責任を取ってランド所長を辞任した。エルスバーグの直属の上司だった経済学部長チャールズ・ウルフ・ジュニアは、事件から三十年以上経過してもなお、当時についてインタビューで聞かれると、毒舌を吐くのだった。

彼は、エルスバークの行動は合理的でないと結論づけ、軽蔑を隠さない。その根拠は、すでにニクソン大統領がベトナムからアメリカ軍を撤退させると公約していたことである。ウルフの見解では、エルスバーグがその行動で達成したことは、彼を育てて才能を開花させた組織の評判を汚したことだけだった。ラウエンに代わってランド所長に就いたドナルド・ライスは、エルスバーグが罪を犯したと今も信じている。「道義的な罪は絶対にある。職業人としての義務違反も絶対にある。法的に犯罪なのかどうかは分からない。それは弁護士と裁判所が決めることだ」

とはいえ、エルスバーグはペンタゴンペーパーの存在を暴こうと考えた唯一のランド研究者ではなかった。ペンタゴンペーパーにかかわったランド研究者のうち少なくとも二人は、ランドの元職員に対して、「自らペンタゴンペーパーをマスコミへ流すことまではしないにしても、エルスバーグがそのように行動してくれてうれしい」といった内容のことを語っている。コンラッド・ケレンは「すべては狂っており、何かしないではいられない気持ちだった」と表現している。

緑豊かなサンフランシスコのベイエリアにある広々とした自宅でインタビューに応じたエルスバーグは、ペンタゴンペーパーの公開に先立ち何年にもわたって悩み続けていたと打ち明けた。つまり、一方に友人と家族に対する義務があり、もう一方に良心の呵責があり、これら二つの相反する要求に挟まれて、引き裂かれる思いだったという。

すでに一九六九年、「ニューヨーク・タイムズ」に掲載されたベトナム戦争に反対する連名の手紙に名をつらねたことで、アルバート・ウォルステッターとの関係を修復不能なほど悪くしていた。ランドの陰の実力者ウォルステッターはベトナム戦争に反対だったかもしれない。しかし、常軌を逸したやり方は彼にとって禁じ手だった。

「ランドで一番の親友はアルバート・ウォルステッターとハリー・ラウエンでした。アルバートは父のようであり、ハリーは兄のようでした。アルバートは、(「ニューヨーク・タイムズ」へ投稿したことで）私がハリーを裏切ったと感じていました。ハリーが新聞への投稿を承認していたとは知らなかったのです。私がそのことを説明すると、アルバートは『もしハリーが真っ昼間に路上でペニスを出すよう命じたら、君は従うか？』と聞いてきたのです。それに対して私は『あなたにとってはそれがすべてなんですね、アルバート？　つまり、単純に見せ物のようなものとしてこの問題を見ているわけですね？』と言い返しました」

エルスバーグはその後、ウォルステッターと二度と話をすることはなかった。その二年後にはペンタゴンペーパーが世に出てラウエンとの縁も切れた。

ニクソンのあせりがウォーターゲート事件を引き起こす

ペンタゴンペーパーで世間に訴えるという決心は、エルスバーグにとってはランドでのキャリアの終わりを意味し、つらいものがあった。彼は、残されたキャリア人生もランドにささげる計画でいたからだ。「ペンタゴンペーパーの一件が起きるまで、学界へ戻るつもりはまったくありませんでした。ランドの職場環境は知的な仕事をする人にとっては理想的で、授業を受け持つ必要もなかったのです。牧歌的な場所でしたね」

ペンタゴンペーパーを漏洩した張本人だと判明した瞬間に、エルスバーグは知的活動の拠点を実質的に失った。ニクソン政権が司法省に対して国家機密漏洩の罪でエルスバーグを起訴するよう命じるや否や、彼はランドをクビにされた。ペンタゴンペーパーを掲載した新聞社に対しては一連の記事差し止め命令が出たが、エルスバーグと彼の仲間はほかの報道機関にも機密文書を流すことで対応した。ついには連邦最高裁が司法省の訴えを退け、ペンタゴンペーパーの公開は認められた。

名誉挽回を目指して、ニクソンは「プラマー（配管工）」として知られる秘密の特殊工作部隊に対して「漏れ口をふさげ」と命じた。この工作部隊は、ニクソンの特別法律顧問チャック・コルソン、元中央情報局（CIA）諜報員E・ハワード・ハント、それに元FBI捜査官G・ゴードン・リディーが組織化したもので、あらゆる種類の非合法活動に従事した。たとえば、著名ジャーナリストや俳優を対象とした「敵リスト」を作成したほか、エルスバーグの精神科医の事務所に侵入して彼の人脈情報を盗み出そうとした。最後は、ワシントンのウォーターゲート・ビルに入居している民主党全国委員会の事務所へ不法侵入し、「ウォーターゲート事件」として知られる憲政上の危機を引き起こすのだった。

結局、エルスバーグに対する政府の訴えは却下された。きっかけはウォーターゲート事件だった。同事件の裁判で、担当検事のアール・シルバートが「ニクソン政権はエルスバーグの精神科医の事務所への不法侵入を許可していた」と明かしたため、政府側に不正行為があったことが判明したのだ。ペンタゴンペーパーの公開はベトナム戦争を直接的に終わらせることはできず、この意味ではエルスバーグの望みはかなわなかった。しかし、最終的にリチャード・ニクソンに対する弾劾手続きへつながる土台を提供したのだ。ニクソンの首席補佐官ボブ・ハルデマンは「そもそもベトナム戦争がなければウォーターゲート事件はなかった。しかし、ダニエル・エルスバーグの存在がなかったらウォーターゲート事件はなかった」と記している。ウォーターゲート事件後、民主党が支配する議会はベトナム戦争拡大への歳出をストップした。それから二年足らずでサイゴンは陥落し、北ベトナムのホー・チ・ミンは勝利した。

三代目所長ドナルド・ライス

その後数十年の間、エルスバーグは著名な講師、著述家、知識人として活躍した。最近応じたインタビューの中で、今でも時々ランドで働いている夢を見ると打ち明けた。普通の夢もあれば、うなされるような悪夢もあるという。しかし今日まで、ランドのサンタモニカ本部では彼はなお「好ましからざる人物」である。一度、旧友と会うために本部ビルへ足を踏み入れたことがあった。しかし、経営幹部に「ただちに敷地内から出るように」と言われ、それ以来ランドを二度と訪れたことはない。

ハリー・ラウエンの後任所長になったドナルド・B・ライスは、就任時は三十代前半で「良家のお坊ちゃん」風のゴルファーだった。ランドでアナリストとして働いた後、ワシントンの行政管理予算局の副局長になっていた。一九七二年、ランド理事会の代表者からランドの所長ポストを打診された際には大変に驚かされた。ライスは今もって、なぜランド理事会が自分を所長に選んだのか分からないでいる。

ライスにとって所長就任後の最初の仕事は、エルスバーグの行動によって大混乱した組織を元の状態へ戻すことだった。「全国的に影響力のある重要な組織（ランドのこと）の崩壊を防ぐことが使命だと思いました。心配事がたくさんあり、対処しなければならない懸案事項もやはりたくさんありました」とライスは振り返っている。ホワイトハウスがランドの廃止に踏み切るのではという不安も時にあったという。「（大統領首席補佐官の）ボブ・ハルデマンは、チャンスがあれば（ランド廃止という）政治的な報復に出たことでしょう。そこで（行政管理予算局長で将来の国務長官）ジョージ・シュルツが私のためにニクソン大統領と面会する機会を設けてくれたのです。そうすれば、大統領は『ランドを運営するのは政権内部で上級ポストを経験したことがある人物』ということを知って安心すると思ったからです」

ペンタゴンペーパーの公開に伴う余波の一つは、ランドでのセキュリティー対策の強化だった。当分の間、サンタモニカの本部ビルを出る者は全員がボディーチェックを受けなければならなくなった。また、職員は自分で書類をコピーすることを禁じられた。ランダイトはもう一度、内部規定を教え込まれた。あるランダイトの表現を借りれば、「ランドで見て、聞いて、書くものはすべて、永遠にランドに属する」という規定だ。

ペンタゴンペーパー事件の波紋に加え、アメリカによるベトナムへの軍事介入の終焉の影響も受け、一時期、ランドは一九六〇年代のような輝きをいくらか失った。ランドは間もなくシンクタンクとして進化（人によっては「退化」と言うかもしれない）するという憶測もあった。つまり、政府の政策決定に影響を及ぼすシンクタンクから、民間セクターで重宝されるシンクタンクへの転換であり、ブーズ・アレン・ハミルトンのような民間コンサルティング会社になることを意味した。ドナルド・ライスは、ランドの力の源泉である基礎研究の充実よりも、助成金の確保という財政事情に関心が高く、

「研究現場に無関心な管理者」と批判された。

ランド同窓生に頼る

一九七〇年代から一九八〇年代にかけてのライス所長時代、ランドは新規分野を積極的に開拓していった。いずれも、二十世紀終わりから二十一世紀初頭にかけてランドがシンクタンクとして発展するうえで、決定的に重要な分野だ。住宅補助、教育改革、テロ、発展途上国の家庭生活、刑事裁判制度改革、麻薬・覚醒剤防止、移民問題――。ランドは政界とのパイプを作り、先端的な研究を支援し、さらに人材を育てた。こうすることによって、ワシントンの権力機構の最上層部に再びくい込み、だれかが使ったうまい表現を借りれば組織として「白銀《プラチナ》時代（黄金時代に次ぐ時代のこと）」を築こうとしたのだ。

ライスには分かっていた。ワシントンでは友人の存在が物を言うということをである。ライスは数年間、ランドの評判を立て直す過程でワシントンのある親友に大いに助けられたのだった。その親友は元ランド研究者のジェームズ・シュレシンジャーで、一九七三年にニクソン政権の国防長官に就任した男だった。パイプを吹かす田舎紳士風の経済学者で、七人の子持ちのシュレシンジャーは、一九六一年にランドに入所していた。ランドでは新参者ではあったが、ただちにランド流のカウンターフォース（対兵力攻撃）の信奉者になり、一九六七年には「軍縮の目標の一つは、戦争の規模を小さくし、攻撃目標を都市ではなく軍事関連に限定すること」と書いた。

一九六九年までにランドの「戦略研究プログラム」の責任者になり、将来のノーベル経済学賞受賞者トーマス・シェリングに触発されて、核軍縮について本にできるほど分厚い報告書を書いた。

ラウエンとライス同様に、シュレシンジャーは政府の要職を歴任する前に行政管理予算局に勤務したことがある。ペンタゴン入りする直前は四カ月間だったがＣＩＡ長官も務め、国防長官に任命されたときは四十三歳の若さだった。国防長官時代には、政権内のさまざまなポストにランドの元同僚を多数登用した。シュレシンジャーが採用した元同僚を「ランド同窓生」と呼ぶ人もいた。「ランド同窓生」が象徴する幅広い人脈を使ってドナルド・ライスは、国家安全保障以外の分野でランドが最も大きな成功を収めることになるプロジェクトを立ち上げた。「医療保険実験」と呼ばれる多項目・複数年プロジェクトだ。

実験のために保険会社をつくる

一九七〇年代の初め、ジョンソン大統領の「偉大なる社会」計画の実施がリチャード・ニクソンによってようやく完了するころのことだ。医療保険の費用対効果について大議論が巻き起こった。一九六五年の高齢者・障害者向け医療保険「メディケア」の発足に伴い大量に誕生した被保険者への対応で政府が大わらわになったことが背景にある。医療費の自己負担額と保険の年間免責額など、「コストシェアリング（患者自身も医療費を負担すること）」の効果をめぐる根本的な疑問が出て、学術誌、新聞、議会などの場で取り上げられた。患者はどれだけ負担すべきか？　医療費が一定額を超えなければ保険の適用にならない免責額があると分かっているとき、患者はどれだけ多くの医療サービスを利用するか？　利用したサービスと払うべき自己負担額に相関関係はあるのか？　相関関係があるとしたら、患者の健康と国民全体の健康との関係は何か？

医療分野でのコストシェアリングの効果について、当時は科学的なデータがほとんどなかった。患者に治療費を払わせることについて「安物買いの銭失い」と指摘する向きもあった。なぜなら、重病になって入院しない限りは、患者は費用を気にして病気を治療しようと思わないからだ。十分に医療保険をかけている人は、保険適用になるからという理由でより多くの医療サービスを受けるのだろうか？　それとも、そもそも彼らは一般人よりも重い病気にかかっているから高価な医療保険に加入したのだろうか？　このような疑問に答えることも難しかった。

そんな状況下で、ニクソン政権はランドと契約して実験を行うことにした。コストシェアリングの効果とともに、個々人の健康管理と医療サービスの利用を目的に考案された会員制健康維持機関（HMO）の効果についても実地調査し、さまざまな疑問に最終的に答えようと考えたのである。

ランドは保健部を通じて、全国六地点で五千人以上の被験者を選び、彼らを被保険者にする保険会社になった。十三種類の医療保険プランを用意した。すべてのプランには中所得者と高所得者世帯向けに千ドルという自己負担額の上限を設けた。三つのプランには免責額を設けない代わりに、医療サービスによっては治療費の二五％、五〇％、九五％といった自己負担率を割り当てた。被験者が外来診療よりも無料の入院を選ぶかどうかを実験するために、一つのプランは外来診療の場合に百五十ドルの免責条項を設け、一方で入院費用を無料化した。この社会実験は、現在価値に換算して二億五千万ドル近くを投じたプロジェクトになり、一九八二年に実地調査を終えた。医療保険の実験でこれほど大規模のものは、後にも先にもこれが唯一である。

実験結果は予想通りのものもあったが、直観に反するものも少なからずあった。たとえば成人の場合、無料診療が健康増進につながったのは一定のグループに限られた。視力が悪い人たちと、高血圧で低所得の人たちだ。また、コストシェアリングによって医療費全体の抑制が実現するなかで、医療費の低下と同程度に医療サービスの利用度も低下した。つまり、コストシェアリングは医療サービスの利用量を減らすのであって、安価な医療サービスを求める患者の数を減らすのではなかったのである。高所得者層と低所得者層はコストシェアリング導入後にそろって医療サービスの利用を減らした。

しかし、低所得者層がその年に診察を受ける確率は高所得者層よりも低く、入院する確率は高所得者層よりも高かった。歯科とそれ以外の医療を比べると、実験結果は類似していた。ただ、低所得者層は当初、中所得者層と高所得者層よりも歯科保険をより積極的に使った。おそらく実験前に十分な歯科治療を受けるおカネがなかったからだろう。また、精神科は保険によって大きな影響を受けることが判明した。保険未加入組による精神科や心理療法の利用は、保険加入組の四分の一にとどまった。

実験結果として最も驚きだったのは、コストシェアリングを導入しても、加入する医療保険プランの種類にかかわりなく被保険者の健康に何の違いも出てこなかったことだ。ランドは「無料診療を受けられる人たちは、そうでない人たちと比べると、きちんと定期的な健康診断（子宮、乳房、直腸などの検査）を受けていた。しかし、デンタルフロスの利用を除くと、運動や食事、喫煙といった健康上の生活習慣面では劣っていた」と指摘した。

ランドによる社会実験が発したメッセージは保険業界と連邦政府を動かした。患者の自己負担制度を導入しても医療サービスの質が低下しなかったため、無料の医療サービスと決別する理由づけになった。暫定的な実験結果が発表された一九八二年当時、医療費が一定額に達するまで患者の自己負担が発生する免責条項を付けている医療保険プランは、全体の三〇％にすぎなかった。

一九八四年までにその割合は六三％へ上昇し、一九八七年には九〇％以上に達した。現在、免責額を設けていない保険プランは実質的に皆無である。その後何年にもわたってランドは健康と医療サービスについてさまざまな研究プロジェクトを手掛けた。その過程で「全国的な医療保険制度によって生活の質は高まるものの、必ずしも寿命は伸びない」「自己負担率の高い患者の間で外来診療の需要は減るが、入院は自己負担率に関係なく一定」といった研究成果を得た。

有数の存在になるのだった。

ランドの保健部は最終的に、保健・医療政策研究の分野で見るとアメリカで民間最大手、世界でも有数の存在になるのだった。

ランドの全盛期

ライス所長時代、ランドは海外でも新規プロジェクトの受注活動を展開し、とりわけオランダで大きな成功を収めた。一九七〇年代、オランダ政府は水害から入り江を守る方法を探るためランドに調査を依頼した。調査終了までにオランダ政府はランドの提言を受け入れ、世界最大の人工ダムの建設に乗り出した。これは、四百年に一度の高潮に備えて造られるもので、土木工学上の驚異といえる事業だった。この事業の当然の結果として、オランダでは治水についての総合的な政策分析が発展し、水不足、塩分、水質、洪水などに関連した問題に生かされた。オランダで先駆的な実績を残せたのは、ランドの競争相手となるようなシンクタンクがヨーロッパには存在しなかったためだ。

「世界中どこを見渡しても、アメリカ以外ではランド的組織が根づいていません」とドナルド・ライスは最近のインタビューの中で語った。「だからこそ我々は広範なシステム分析を提供できたのです。これをもとにしてオランダ政府は国民に対し、なぜ透水性バリアーが必要なのか説明できたのです」

オランダでの成功をきっかけに、ランドはほかのヨーロッパ諸国でも研究プロジェクトを受注しやすくなった。現在、イギリス当局に対しインターネット上の映像配信規制について助言し、ヨーロッパ生殖医療学会（ESHRE）向けに出生率の研究を手掛け、欧州委員会の依頼でカリフォルニア工科大学（カルテック）やマサチューセッツ工科大学（MIT）に匹敵する「ヨーロッパ工科大学」の創設計画を指南している。

いまも健康的な体形を維持するドナルド・ライスは、現在はサンタモニカに本拠を置き、がん治療薬の研究を手掛けるバイオ企業アジェンシスの会長だ。ランドの理事であるほか、シェブロン、アムジェン、ウェルズ・ファーゴといった有力民間企業の社外取締役も務めている。また、ランド所長の任期を終えた後に、湾岸戦争の時期を含めアメリカ空軍長官を務めたこともある。彼の事務所の壁には、湾岸戦争時にバグダッドへ最初に投下された「スマート爆弾」の引き綱を額に入れ、飾っている。

一九八九年まで続いたライス所長時代に、ランドは非軍事分野を大幅に広げたとはいえ、国家安全保障分野から足を洗ったわけではない。実のところ、空軍と和解するばかりか、陸軍とのパイプも築き、絶頂を迎えるのだった。陸軍関係の研究を取り扱う研究組織「アロヨ・センター」を設置し、伝統的にライバル関係にある陸軍と空軍の橋渡し役を務めた。当初、陸軍はアロヨ・センターをパサデナ市にあるカリフォルニア工科大学（カルテック）の敷地内に置いた。同大学がジェット推進研究所（JPL）と結んでいる提携関係を利用するためだった。しかし一九八二年、この計画は頓挫した。カルテックの教授陣が「事前に内容をチェックできない限り、政策提言書の中にカルテックの名前を出したくない」と言い、陸軍との協力に反対したことが原因だ。

「（カルテックの言い分は）受け入れ難かった。だから陸軍は進退極まってしまった」とライスは回想している。「私は陸軍副参謀総長のフランク・ストーマンと個人的なパイプを築いていました。そこで、陸軍を説得して、ランドへ来てもらうことにしたのです。空軍は空軍で（アロヨ・センターをランドに置くことについて）楽観的でした。ランドは過去に国防長官府相手に仕事をやり、成功していますす。つまり、空軍の仕事をこなしながら、ほかの政府機関の仕事を引き受けても、利益相反を起こさずにうまくやれることを実証したわけで、そのことは空軍も見て分かっていたのです」

言い換えると、「神童《ウイズキッド》」が起こしたマクナマラ革命が制度化されたわけだ。陸海空の三軍はついに争いをやめ、お互いに協力し合うすべを学んだのだ。

強大なランド人脈

ライスのもう一つの大きな功績は、やがては私立としてアメリカ最大の公共政策大学院となる「フレデリック・S・パーディー・ランド研究所大学院」を設置したことだ。カーネギー財団によれば、ランド大学院は、ハーバード大学、カリフォルニア大学バークレー校、カーネギーメロン大学の公共政策大学院と同等のものである。その中でもランド大学院が特にユニークなのは、ランドの現役研究者と一緒に現実の問題を分析する機会を学生に与えている点だ。当初、ランド大学院はわずか四つの必修科目を軸にしてカリキュラムを組んだ。一つ目は統計やデータ分析など定量分析、二つ目はミクロ経済学とマクロ経済学、三つ目は社会科学、四つ目は技術だった。間もなくもう一段階細分化した分野が有力になった。ソ連研究だ。

ネーサン・ライティーズをはじめランドのクレムリノロジスト（ロシアの政治・政策研究家）が築いた初期の研究実績を土台にして（しかしソ連に対する時代遅れの終末論的な見方は抜きにして）、ランドは民間のソ連研究センターとして世界最大級の存在へ変貌したのだ。

ランドが輩出した最も有名なクレムリノロジストはたぶん後の国務長官コンドリーザ・ライスだろう。彼女は夏季研修生としてサンタモニカ本部でひと夏過ごしたことがあった。多くの大学院生と同様に研修後に研究者としてランドに職を得たかったのかもしれない。しかし、あるランド現役職員は「彼女は一介の職員で満足するような人間ではなかった」と指摘した。つまり、上昇志向が強過ぎて、顔の見えない研究者にはなれなかったというのだ。どうやら、後の国防副長官ポール・ウォルフォウィッツも同じらしかった。ランドの夏季研修生でありながら、その後正規職員として採用されなかったのだ。だが、ライスがワシントンの政策決定機構の上層部への階段を上り始めると、彼女はランド理事会に加わるよう要請され、一九九一年から一九九七年まで理事を務めている。

ダニエル・エルスバーグの見方によると、ランドの影響力はランド作成の政策報告書というよりもランド出身の人間から出てくるのである。これは非常に的を射た見方だ。一九七〇年代以降、将来の外交政策決定者の多くが、まるで大学院終了後の必須科目を履修するかのごとくランドのサンタモニカ本部へやって来たからだ。ランドで研究に従事し、職を得た人たちの中には、『歴史の終わり』の著者で影響力のある歴史家フランシス・フクヤマ、著名なテロ研究専門家で将来のランド副所長ブルース・ホフマン、ウォルステッターの秘蔵っ子ザルメイ・ハリルザドらがいた。ハリルザドはランド大学院学長、駐アフガニスタン大使、駐イラク大使、駐国連大使を歴任するのだった。

そして忘れてはならないのが、ライス所長時代にランドと正式なつながりを持っていたロナルド・ラムズフェルドだ。おそらく最も物議をかもした国防長官であるラムズフェルドは、ニクソン政権で経済機会均等局長になったときから、実質的にランドのアナリストたちと関係を持ち続けてきた。一九七七年から二〇〇一年までランドの理事を務め、その間二度にわたって理事長を引き受けている。ランドの理事を辞めたのは、ジョージ・W・ブッシュ大統領の政権入りするためだった。

ドナルド・ライスは一九八九年、ランド所長の任期を終え、アメリカ空軍長官に任命された。そのとき、ランドの組織再編を手際よく実行した自分の時代を振り返ることもできただろう。ランドは、エルスバーグによるペンタゴンペーパー事件を切り抜けたばかりか、外交政策や軍事研究の分野で大きな軌跡を残せた――。ランドの外交・軍事分野での貢献によって、レーガン政権の誕生とソ連の崩壊も可能になるのだった。

第17章　デタントを攻撃

アルバート・ウォルステッターは壇上から下りるつもりはなかった。ロサンゼルスにあるビバリーウィルシャーホテルの大会場の演台に立ち、デタント（緊張緩和）を公然と非難した。用意した図表を見せ、怒りをあらわにしながら。世界は危機にさらされており、アメリカには最大の危機が迫っている――。ウォルステッターには一戦も交えずに降参する気持ちはさらさらなかった。

ワインを片手に軍拡説法

一九七四年の夏。ウィルシャー街道沿いに位置するスペイン風バロック様式のホテルの外に出ると、うららかなビバリーヒルズの市内は朝の陽光がいっぱいに広がっていた。始業時刻を迎えたロデオドライブは騒々しくなってきた。ハリウッドのスターたちがリムジンやメルセデスに乗って「ル・ドーム」や「ラ・スカラ」といった高級レストランへ向かい、ブランチを取りながらの打ち合わせに入ろうとしている。タレント事務所のウィリアム・モリスは、ハリウッドの若い人気者を映画スタジオへ売り込む計画を練っている。初の黒人新市長は、ロサンゼルスを真の国際級都市にすると公約した。

東海岸のエスタブリッシュメントを当時揺さぶっていた「ウォーターゲート事件」は、西海岸カリフォルニアの政界では脳裏に引っかかっている程度だった。劇的な物語に慣れてしまったカリフォルニアは、ニクソン政権のスローモーションのような崩壊には目もくれなかった。

しかし、あえてここ「アメリカの田園的理想郷」の片隅で、ウォルステッターは自分の主義主張をはっきりとさせたのである。その朝、友人のポール・ニッツェがソ連との第二次戦略兵器制限条約（SALT-II）交渉のアメリカ側代表団を辞任したと知った。ニッツェは「ウォーターゲート事件で雰囲気が毒されてしまった」と非難した。ヘンリー・キッシンジャー国務長官とニクソン大統領は、ソ連とSALT-IIで何らかの合意に達しさえすれば、ほかはどうでもいいと考えていた。狙いは、大問題になりつつあったウォーターゲート事件から国民の目をそらすことだったからだ。ベテラン外交政策通のニッツェは「このような雰囲気の中では、国家安全保障の向上につながる内容での合意は望めない」と主張し、辞任したのだった。

ウォルステッターはその日、以前に警鐘を鳴らしたときと同じように、外交政策の権威を自任するよりすぐりの知識人を前にプレゼンテーションしていた。前夜すでに、ランド研究所の元同僚ジェームズ・ディグビー宅でのディナーパーティーに顔を出し、感触を探っていた。料理はホウレンソウのパイ、サケのポシェ、鶏肉のバスク風ライス添え、ザバイヨーネ、ワインは一九七一年産のシュタインベルガー・シュペートレーゼ、素晴らしい一九六四年産クロ・ド・ヴージョだった。おいしい料理とワインと議論が大好きな連中を相手に、ウォルステッターは軍拡が必要であるといつものように説いたのである。話し相手の中には、シンジケートコラムニストのジョセフ・クラフトのほか、「ウォールストリート・ジャーナル」の論説主幹ロバート・バートリー、「タイム」誌の編集主任ジェイソン・マクマナスがいた。

「アメリカはソ連を過小評価している」

ディナーパーティーとその翌朝のスピーチは、ウォルステッターが向こう六年間にわたって公開討論会などで精力的に繰り広げる全国キャンペーンの前哨戦にすぎなかった。核ミサイル戦力でソ連はアメリカを凌駕《りょうが》しているという「ミサイル格差」論がかつて幅を利かせていた。ウォルステッターによれば、その〝遺産〟として、政策知識人の多くがなお「アメリカはソ連の軍事力を常に過大評価している」と信じているのが現実だった。

その朝、ホテルの大会場で行ったスピーチで、ウォルステッターは「それは根拠がない作り話」と切り捨てた。実際はソ連が保有する兵器の規模、コスト、殺傷力についてアメリカは恒常的に過小評価してきた、と警告した。機密扱いの指定を解除された数字を引用したり、図表を駆使して要点を解説したりしながら、休みなく話し続けた。目配せや中断などそれとなく話をやめさせようとする合図があったにもかかわらず、断じて座らなかったし、壇上から下りなかった。それは、聴衆を目覚めさせ、行動へ向かわせる（少なくとももっと考えさせる）ためのパフォーマンスだった。聴衆は学者や官僚ら四十数人。「カリフォルニア軍縮セミナー」が事前に選んだテーマには「狂気（MADness）[22]に代わるもの」「軍縮環境下でのアメリカの戦略的国防方針」「最悪の事態に際しても回避すべき事項の再考——確証破壊攻撃」などがあった。聴衆の多くは、これらのテーマのどれかについて、ウォルステッターが穏やかなスピーチをするものと思って出席したのに……。

問題提起

ウォルステッターはもはやランドに在籍しておらず、政府に勤務しているわけでもなかった。しかし、彼の言葉は聴衆にとって大きな重みがあった。「フェイルセーフ（多重安全装置）」の父、「基地研究」の筆者、アメリカで最も著名な核戦略アナリスト――。そのことをだれもが認識していたからだ。一介の大学教授でしかないのに、ウォルステッターが電話をすれば、ペンタゴンで働く元教え子たちはもちろんのこと、国防長官、国務長官、国家安全保障担当大統領補佐官も彼に折り返し電話をした。時には大統領自身も、である。陰で糸を引く黒幕的な存在であり、そのことを聴衆も分かっていた。だから、彼の言葉は重要であり、きちんと耳を傾けなければならなかった。

ウォルステッターは一九六九年、増大するソ連の軍事的脅威を見る際にバラ色の眼鏡をかけてはいけないと注意を喚起していた。同年、米ソ間の弾道弾迎撃ミサイル（ABM）制限条約について議会証言し、反対したのだが、ABM制限条約は一九七二年に議会で承認されてしまった。彼は一九六九年当時、「ソ連は第一次戦略兵器制限条約（SALT-I）に従ってより多くのミサイル、弾頭、爆撃機を配備しつつ、アメリカをだますだろう」と警告していた。今はアメリカ側の脆弱性《ぜいじゃく》に集中し「アメリカがその脆弱性問題を克服しなければ、核による大虐殺が避けられないだろう」と予言しているのだった。

数時間後、ウォルステッターはようやく演台を離れて、大きな拍手の中で着席した。彼の数字を聴衆全員が信じているわけではなかった。というのも、ミサイル戦力の推定値は二年前のデータに基づいており、この年に稼働予定の多数の弾頭（聴衆の多くが知っている事実）を無視していたからだ。しかし、それはさほど重要な点ではなかった。ウォルステッターはその朝のスピーチによって現状に満足し切っている人たちを目覚めさせたかったのであり、その点では成功したようだ。数週間後、雑誌「フォーリン・ポリシー」へ寄稿し同様の問題提起を行い、世の中を変えるために戦っていく意思を明確にした。これは、世の中へ与えた影響の点では一九五九年に有力誌「フォーリン・アフェアーズ」へ寄稿した論文「きわどい恐怖の均衡《デリケート・バランス・オブ・テラー》」に匹敵した。この論文を起点にして、ウォルステッターは長くて険しい啓蒙運動を始めるのだった。非常に危険な政府の政策ミスを正すため、政府の指導部が入れ替わるまで運動を続けるつもりでいた。

事実はどうでもよい

ＣＩＡ長官のウィリアム・コルビーはウォルステッターの挑戦に最初に反応した一人だった。「フォーリン・ポリシー」の記事のコピーを部下に渡し、コメントを求めた。後年、彼は「ウォルステッターの見解は非常に説得力があると思いました。でも、それに対するＣＩＡのアナリストの反応は受け身であり、がっかりしました」と振り返っている。

とはいっても、非営利の有力シンクタンク、シカゴ外交評議会（ＣＣＦＲ）へ宛てた一九七四年七月二十五日付の手紙の中では、ウォルステッターが事実を単純化しすぎているとも主張した。

もっと広い文脈で見ると、兵器の技術動向の予測も必要になる。たとえば、兵器の質はもちろんミサイル発射台の配備数も予測しなければならない。また、弾道弾迎撃ミサイルといった防御兵器のほか攻撃兵器も予測しなければならない。諜報活動に基づく予測は、ウォルステッター教授の寄稿記事が示唆するよりも、ずっと多岐にわたっている。（ソ連の軍事力を）過小評価しているケースは過大評価しているケースと同じぐらい多い。

とはいえウォルステッターにとって事実関係はそれほど重要ではなかった。コルビーはそのことに気づかなかった。ウォルステッターはデタントをめぐる思想上の違いを明確にし、国の方向性を決める議論を戦わせようと宣言したのである。

ランドや政府の内部にいるか外部にいるかにかかわらず、多くの専門家は長年にわたって「CIAとCIA編『国家情報見積もり（NIE）』はソ連に寛容すぎる」と水面下で不平を言い続けてきた。ウォルステッターは彼らの言い分を公の席で示したのだ。ニクソン政権は国内の政治目的のためにソ連にすり寄り、ソ連との友好路線が国家安全保障あるいは国民の士気に及ぼす影響を無視している――ウォルステッターはこのように主張し、同政権のやり方全体に不信を示したといえる。

大統領第一期目の任期が終わる一九七二年ごろには、ニクソンはソ連との蜜月時代に入っていた。モスクワへ出向き、ソ連のレオニード・ブレジネフ第一書記との間でSALT1とABM制限条約の調印にこぎ着けた。このようなニクソンの動きは国内の政治要因で促されたとはいえ、アメリカで変わりつつある現実も反映していた。ベトナム戦争の大失敗をきっかけに、アメリカ人は冷戦であろうがなかろうがあらゆる種類の戦争にうんざりし、代わりに平和運動に共鳴するようになったのだ。

一九七四年には、アメリカ国民の大多数が「アメリカは保有核兵器の数を減らすためにもっと努力すべき」と信じ、半数近くが「アメリカは国防にカネをかけすぎる」と思っていた。それに加えて、多数の人がソ連に好意的な見方をしており、核兵器の脅威がなお残っていると思う人はほとんどいなかった。

キッシンジャー国務長官とブレジネフ第一書記の両者が会談した際の記録を見ると、和気あいあいで、まるで兄弟のような関係が米ソ超大国の代表者の間にあることが分かる。ブレジネフは若手外交官の髪の毛をくしゃくしゃにし、偉そうに悪ふざけしている。このような信頼と仲間意識は、ニクソン政権の「国家安全保障上の危機を招かずに国防費を削減できる」という仮説に反映されている。

それでも、熱心にかつ声高に「ソ連にとってデタントとは名ばかりで、先進国以外の地域でソ連は引き続き拡張路線を走る」と主張する少数派がいた。このグループには、元カリフォルニア州知事ロナルド・レーガン、「スクープ」ことヘンリー・ジャクソン上院議員、国務長官ジェームズ・シュレシンジャー、それに当然ながらウォルステッター自身が含まれていた。アンゴラやナミビア、ニカラグアなどの第三世界諸国では、ソ連はキューバの軍隊を使って共産主義政権（あるいは共産主義に傾斜している政権）にテコ入れしていた。代表例はアンゴラで、そこでは五万人のキューバ兵が社会主義のアンゴラ解放人民戦線（MPLA）の大統領候補アゴスティーニョ・ネトを支援した。結局、ソ連の間接的支援を得たネトは、南アフリカが支援するアンゴラ全面独立民族同盟（UNITA）の指導者ジョナス・サビンビとの間で繰り広げた内戦に勝利した。[23]

道義的に誤っているのだ

政権を批判するデタント反対派によると、ケネディとジョンソンの両大統領時代にアメリカは軍拡競争で先を走っていたにもかかわらず、一九七〇年代に入ってソ連が追い上げて軍事力でアメリカを上回ろうとしていた。デタント反対派のポール・ニッツェらは、「ウォーターゲート事件に絡む大統領弾劾の動きから国民の関心をそらしたいがためにニクソンはデタントを優先し、戦略軍事面でアメリカの劣勢を恒久化しようとしている」と恐れをこめて言うのであった。

彼らにとってこれは危険極まりない状況だった。なにしろ、アメリカと対峙する唯一の超大国がアメリカの破壊を宣言していたのだから。

政権内外のデタント賛成派が「ソ連の核戦力は数で勝っていても、質で勝るアメリカの核戦力ほどの破壊力はない」と主張したのに対し、デタント反対派は「ソ連が保有するミサイルなど核兵器の数と物理的な規模こそがソ連の優位性を示す端的な証拠」と譲らなかった。複数目標弾頭（MIRV）

の性能をめぐって激しい非難の応酬となったが、それは「針の頭の上で何人の天使が踊れるか」という中世の神学論争と同じぐらい無意味なものだった。MIRVとは、一つのミサイルの先端部分に複数の核弾頭を装備し、それぞれの核弾頭が個別の目標を攻撃するようにプログラムされている兵器のことだ。アメリカがMIRVを開発したのは、一九六〇年代にソ連がモスクワ周辺に配備した弾道弾迎撃ミサイル（ABM）の防衛網を突破するうえでMIRVが欠かせなかったからだ。アメリカとソ連がSALT-Iを調印したのも、ABMとMIRVの果てしない競争を回避するためだった。

　それでもデタント反対派は「ソ連も独自にMIRVを配備し、アメリカを出し抜いている。アメリカによる報復を不可能にするほどの先制攻撃能力を手に入れるのが狙い」と指摘した。デタント反対派が警戒したのは、ソ連製ミサイルの途方もない「投射重量」、つまりアメリカ国内の攻撃目標に向かって大量の核弾頭を〝投げ付ける〟ソ連製ミサイルの物量と破壊力だ。

　もちろんニクソン政権内のデタント賛成派はこのような警戒論を否定した。アメリカ製ミサイルはより効率的で、より小型化しており、ソ連製ミサイルと同等の物量を必要としないと主張した。

　ウォルステッターやニッツェのようなデタント反対派にしてみると、デタントを容認する議論は道義的に間違っていた。自国民の抑圧というソ連の行為に対して報いるべきではないのだった。デタントを進めるからには、ソ連はその代償として国内での政治的自由を拡大すべきだということだ。「スクープ」ことジャクソン上院議員はデタントとユダヤ人問題を結び付けようとした。デタントに伴ってソ連は関税率の引き下げや貿易の拡大、最恵国待遇といった経済上の利益を得るのだから、ユダヤ人に対する差別をやめなければならないというのだった。

　反体制活動家のナタン・シャランスキーやノーベル文学賞受賞者のアレクサンドル・ソルジェニーツィンに刺激されて、デタント反対派はソ連の約束をいっさい信じてはいけないという原則に従った。

ちなみにソルジェニーツィンは、デタントとユダヤ人問題を結び付ける戦略はソ連共産党の基盤を弱め、効果的だと主張した。デタント反対派の中でも特に強硬だったのが国防長官のジェームズ・シュレシンジャーで、当時引用された有名なコメントに「シュペングラーは楽観主義者だった」がある。[24] 彼が国防長官に任命されたのは、ジャクソン上院議員が強力に支持してくれたからだ。友人のウォルステッター同様に、シュレシンジャーはソ連の強大化を危惧していた。一九七三年に国防長官に任命されてから数週間後、次のように語っている。「ソ連は拳に鎧《よろい》を着けている。(中略)今その拳はビロードの手袋の中にある。(中略)デタントとはビロードの手袋のことだ」

極右主義者の妄想があったとしても、SALT-I調印後にSALTの限界に向けてソ連が戦略核兵器の軍備増強に突っ走ったのは明白な事実である。このことについてシュレシンジャーはいち早く警告し、SALT-II交渉でアメリカ側は強硬姿勢に出るべきだと主張した(最終的には、SALT-II批准に反対する声があまりに大きくなり、アメリカの上院はSALT-II合意の批准を否決した)。

ラムズフェルドを国防長官にすえる

一九七四年八月、ニクソンが辞任して副大統領ジェラルド・フォードが大統領になると、この新最高司令官と国防長官シュレシンジャーとの折り合いが悪くなった。大統領にしてみるとシュレシンジャーはタカ派的でありすぎた。一九七五年、フォードはシュレシンジャーを解任し、外交政策チームを総入れ替えした。国民からの支持率低下に見舞われ、有権者の間で指導力に欠けると見なされるなかで、タカ派のシュレシンジャーとデタント推進派のキッシンジャーの意見調整もできなかったためだ。その過程で、多くの人材を新たに取り込んだ。これらの人材は、向こう三十年間にわたって民主、共和両党の政権下で幹部になり、活躍するのだった。

フォードはシュレシンジャーの後任として、政治的センスのあるドナルド・ラムズフェルドを選んだ。イリノイ州選出の元下院議員のラムズフェルドは当時四十三歳で、アメリカ史上最年少の国防長官になった。フォードはキッシンジャーを引き続き国務長官として登用したものの、ブレント・スコウクロフト将軍を国家安全保障担当大統領補佐官に、ラムズフェルドの盟友ディック・チェイニーを大統領首席補佐官に任命した。また、のちに「自分の政治キャリアの中で最も臆病な行為」にも出た。副大統領のネルソン・ロックフェラーに対し、一九七六年の再選を断念するよう圧力をかけ、代わりに、カンザス州選出の上院議員ロバート（ボブ）・ドールを選んだのだ。

一方で、中国から特命全権公使ジョージ・H・W・ブッシュ（ジョージ・W・ブッシュの父）を呼び戻し（当時アメリカは中国と大使を相互に派遣する関係になかった）、CIA長官に指名した。コネチカット州生まれのブッシュはエール大学卒の元共和党下院議員で、テキサスの石油王だ。リンドン・ジョンソンだったら、「フォードは新鮮な肉（新しい人材）が必要なんだよ」と言ったことだろう。[25]

カリフォルニア州知事のロナルド・レーガンは、フォードに対抗して一九七六年の大統領選に出馬し、共和党大統領候補の指名獲得を目指すと表明していた。そんな経緯もあり、レーガンは、シュレシンジャー解任問題をうまく利用してフォード政権を批判した。レーガンの見方では、シュレシンジャーがフォード政権から追い出されたのは、「敵が強大化している間にアメリカは弱体化している」と勇気を出して指摘したから、となった。レーガンの言葉を借りれば、「フォードは国民に対してアメリカの軍事力の現状について怖くて真実を語れなかった」のである。

「チームB」

共和党内のデタント反対派からの政治攻撃が激しくなったのを受け、フォードは現代アメリカ政治史の中で異例の行動に出た。部外者で構成されるグループに政府の機密情報を分析させ、ＣＩＡの公式見解に代わる独自の見解を出させるというのだ。「チームＢ」と呼ばれるこのグループは、その起源をさかのぼると数杯のブラディマリーにたどり着くのを誇りにしていた。

数杯のブラディマリーとは、失業中の公務員ユージーン・Ｖ・ロストウが一九七五年の感謝祭にがぶ飲みしたものだ。

ロストウはポール・ニッツェと同じくアルバート・ウォルステッターの友人だった。しかし、ウォルステッターとは違い、官僚であることに大満足していた。ジョンソン政権の政治担当国務次官としてベトナム戦争を熱心に支持し、「共産主義者が南ベトナムを乗っ取るのを防ぐ道義的な義務が、アメリカにはある」と主張した。ジョンソン大統領の国家安全保障担当補佐官を務めた弟のウォルト・ロストウと同じ意見を持っていたのだ。

道義の問題はユージーン・ロストウにとっては常に大きな関心事だった。たとえばエール大学ロースクールの学長として、彼は第二次世界大戦中の日系アメリカ人の強制収容を非難する論文を何本か書いた。その中で「たとえ犬を盗んでも有罪判決を受けないようなまじめな人たちが強制収容所へ送られた」と嘆いた。

ロストウは民主党保守派スクープ・ジャクソンの崇拝者だった。ジャクソンが一九七二年に党公認の大統領候補指名を目指して出馬した際にも彼を支えた。ウォルステッターが一九七四年にビバリーヒルズで重要なスピーチをする数ヵ月前、ロストウは次のように記している。「我々は二つの無慈悲な事実に直面している。一つはソ連の軍拡が不吉なほど速いペースで進んでいること。もう一つはソ連の政治姿勢が軍事的な帝国主義路線をますます強めていること」

その二年後には、ジャクソン派で構成する「民主的多数派のための連合（CDM）」の外交政策作業部会の部会長を務めた。ニクソン政権を非難するのにCDMが使った「作り話のデタント」というフレーズは、保守派による攻撃を支える強力な武器になるのだった。

一九七五年の感謝祭の日のことだ。ブラディマリーと怒りに刺激されて、ロストウはポール・ニッツェに手紙を書き、古いロビイスト団体「現在の危機に関する委員会（CPD）」をよみがえらせ、増大するソ連の脅威についてアメリカ国民に警告しようと提案した。[26] CPDの初会合はワシントン中心部の「メトロポリタンクラブ」での昼食会だった。発足直後からCPDのメンバーは、民主党であろうが共和党であろうが、デタント反対派とは党派を越えて手を組んだ。主な顔ぶれを挙げると、アメリカ労働総同盟・産業別会議（AFL・CIO）指導者レーン・カークランド、元国防長官シュレシンジャー、元国防副長官でコンピューター会社ヒューレット・パッカードの共同創業者デビッド・パッカード、元海軍作戦部長エルモ・ズムウォルト提督、それにマックス・ケンペルマンがいた。ケンペルマンは、一九六八年に民主党大統領候補に指名されたミネソタ州選出上院議員で、「困難に屈しない人」の異名を持つヒューバート・H・ハンフリーの側近だ。CPDの理念に共鳴していたのは、ロナルド・レーガン、元国務長官ディーン・ラスク、将来の国務長官ジョージ・シュルツ、ハーバード大学教授でソ連研究家リチャード・パイプス、経済学者ハーバート・スタイン、といった人たちだ。彼らは全員、その後のアメリカの外交政策をその基盤から様変わりさせるキャンペーンへの全面協力を誓っていた。

すぐに行動しなければならないという意識に取りつかれて、CPDはデタントに対して容赦ないプロパガンダ攻撃を開始した。ロストウとニッツェは論文を書き、ウォルステッターは専門誌「フォーリン・ポリシー」や「ストラテジック・レビュー」への寄稿で支援した。

CPDは、ワシントン政界の事情通やお偉方からも決め手となる支持を得た。一般に「ネオコン（新保守主義）」と呼ばれるグループからの支持だ。当初、イスラエルの将来に強い関心を持つユダヤ人知識階級に率いられたネオコンは、もっぱら元社会主義者や元リベラルで構成されていた。アーヴィング・クリストルによる印象的な表現を借りれば、「現実に襲われた（リベラル派の政策の現実を見て幻滅し、保守主義者へ転向したという意味）」元社会主義者や元リベラルを中心にしていた。ジーン・カークパトリック、ノーマン・ポドレッツ、アービング・クリストルといったネオコン論者は、デタントの「非道義性」に落胆させられた。そして、対ソ連を中心とした外交政策では自由貿易と同等に人権に配慮すべきだ、と宣言した。彼らの目標は、ワシントンとモスクワ間の仲間意識を打ち砕き、東側陣営と西側陣営の間で結ばれたさまざまな条約を無効にすることだった。その目標を達成するうえで彼らはまずCIAを攻撃した。攻撃に対して最も弱いのがCIAとにらんだからだ。

CIAのやることは疑わしい

一九七〇年代、一連の秘密工作に絡んで衝撃的な事実が公になり、CIAは揺れに揺れていた。「ピッグス湾事件」でCIA主導のキューバ侵攻作戦が失敗し、CIAの危機が始まった。その後、ウォーターゲート事件にCIA工作員が関与していたほか、反ベトナム戦争団体を対象にCIAがスパイ活動もしていたことが発覚し、だめ押しでCIAの信用は失墜した。CIA長官のウィリアム・コルビーの言葉を借りれば、CIAは「はぐれ象」になった。

危機が頂点に達したのは一九七五年二月二十八日だ。この日、CIA内部で「家宝（秘密にしておくべき非合法活動）」と言われていた事実について、有力テレビ局のCBSニュースが暴いたのだ。それは、外国の要人を暗殺するさまざまな秘密計画のことだった。

その後、フランク・チャーチ上院議員主導の委員会や「アメリカでのCIA活動に関する大統領委員会」の場で調査が行われ、CIAが本当に非合法活動など定款違反行為に手を染めていたことが確認された。定款違反には国内でのスパイ活動や郵便物の盗み見などの違法行為が含まれた。言うまでもないが、ちょっとした過ちもあった。キューバのフィデル・カストロ暗殺、グアテマラとイランの政府転覆、チリやエルサルバドルなど第三世界諸国の軍事クーデター、などの計画に関与したのだ。

CIAの行うことは事実上すべてが疑わしいと思われたことから、CIAはデタント反対派の主たる標的になった。論文でウォルステッターはCIAを非難しないばかりかCIAへの言及も控えるほど用心深かったが、彼があげつらった数字はCIAの「国家情報見積もり（NIE）」の数字であることは国家安全保障関係者のだれもが知る事実だった。確かにNIEは単なる推測である。今後十二カ月の間に世の中がこうなるだろうと推測する一種の賭けのようなものだ。これはウォルステッター自身も認めるところだ。しかも、ウォルステッターによれば、「推測は本質的に不確実なものであり、推測時点から実際の展開時点までの間に、敵の行動次第で逆の結果が出ることもある」という。それでもなお、NIEの数字は間違っており、変えなければならなかった。

数字を変えるための手立てとなったのが、一九五六年に設置され、忘れられた存在だった政府委員会「大統領外交政策諮問委員会」だ。アイゼンハワー大統領が対外諜報活動を監視するために設置し、ケネディ大統領が名称を「大統領対外情報活動諮問委員会（PFIAB）」へ変更したものだ。

その後、ニクソン大統領はPFIABに対し、NIEの分析を補強する役割も与えた。フォード政権下のPFIABはランドに関係する保守主義グループの人で占められるようになり、名前のリストには著名なランド出身者がずらりと並んだ。元行政管理予算局長で将来の国務長官ジョージ・シュルツ、元ランドのエンジニアで元リバモア研究所所長ジョン・フォスター、ランドと長い付き合いの「水爆の父」エドワード・テラーらがいた。委員長は海軍出身のジョージ・W・アンダーソン・ジュニア提督、副委員長はアメリカの保守系人権団体フリーダムハウスの会長レオ・チャーンだった。彼らは全員、「チームB」の知的執筆陣だ。

ウォルステッターによる最初のデタント批判論文が出た後、PFIAB委員長のアンダーソンはフォード大統領に手紙を書き、一九七四年版のNIEは「重大な誤解を招きかねない内容になっている」と指摘した。続いてジョン・フォスターを呼び出し、PFIABメンバーのエドワード・テラーとモトローラ会長ロバート・ガルビンの二人に会う許可を与えた。NIEの中身を独自に評価する小委員会を設置するためだ。小委員会には、ランドを離れてローレンス・リバモア研究所の理論部長になったリチャード・ラターが加わった。ラターは「第二CIA」の設立を提案したが、守備範囲の広げすぎを懸念したテラーは、外部の専門家で構成するグループにNIEの公式数字をチェックしてもらう代案を示した。このグループは「チームB」と呼ばれ、CIAなど政府諜報機関と同じ情報アクセス権を得て独自の評価をする役目を負った。

三つの作業部会

一九七五年にPFIABがチームBの設置を正式に提案すると、CIA長官ウィリアム・コルビーはただちに拒否した。自分たちのイデオロギーを政策に反映させたい外部の専門家が、客観的な分析を手掛けていると装って、政府の外交政策決定権を奪取しようとしている、と見なしたからだ。彼は次のように記している。

ソ連の戦略的能力について我々が毎年行っている推定は（中略）アメリカ政府が集めたすべての情報とアメリカ政府が用意できる最高の分析チームを活用し、作られたものである。（中略）それなのに政府内外のアナリストで構成される臨時の「独立」グループが設けられるという。このグループが我々以上に徹底的・総合的にソ連の戦略能力を評価できるというのか。そのようなことがどのようにしてできるのか、私にはほとんど想像できない。（下線はコルビーの原文のまま）

コルビーがチームＢの必要性を憤慨しながら否定しても空しいだけだった。一つにはコルビーはいまやレームダックの状態だったのだ。反論をまとめる一カ月前に、彼はフォード大統領の要請に応じて辞表を提出していた。チームＢに対する反論は、間もなく職場を去る長官から出ていたのだ。というわけで、ジョン・フォスターとエドワード・テラーはまるでＣＩＡから反応がなかったかのように振る舞い、ＣＩＡ幹部に対して情報の再評価を行うよう圧力をかけた。ソ連製大陸間弾道ミサイル（ＩＣＢＭ）の精度、ソ連の防空システム、アメリカの潜水艦へのソ連の対抗力についての情報の見直しを要請したのだ。

ジョージ・Ｈ・Ｗ・ブッシュ（父）が新ＣＩＡ長官に就任すると、フォスターとテラーは改めて情報の見直しを要請した。ブッシュはためらった。ＣＩＡを疑う必要性を感じなかったためだ。しかし、フォスターとテラーの提案に賛成の部下もいた。ウォルステッターによる批判を受け、過去十年間にさかのぼってＮＩＥの推測を再検証する計画をコルビーが承認していたことが背景にあった。

ブッシュは最終的に二つのチームの設置を認めた。チームＡは通常のＮＩＥを担当し、チームＢは同じ情報を使いながらも独自の結論づけを目指す。国家安全保障担当の大統領補佐官がこの〝実験〟の結果を精査し、評価することになった。

二つのチームは当初「国防三本柱」に対応した三つの作業グループに分かれた。第一グループはミサイル、第二グループは爆撃機、第三グループは潜水艦だ。しかし、海軍情報局（ＯＮＩ）局長のボビー・インマン提督が二チームによる調査の存在を察知すると、激しく抗議した。潜水艦の脆弱性を適切に評価するためには海軍艦隊の正確な規模と位置の開示が必要となるが、原子力潜水艦についての軍事作戦上の情報はワシントン内では最高の国家機密だ。それを理由に海軍はＣＩＡも含め外部との情報共有を拒否した。インマンは情報提供阻止に成功し、代わりに第三グループは「ソ連の戦略目標」を担当することになった。

「ソ連の防空能力」担当の第一グループと「ソ連製ミサイルの精度」担当の第二グループでは、チームＡ側とチームＢ側はお互いに表向きは友好的だった。しかし、ソ連の戦力を示す数字の重要性をめぐり思想的な食い違いが表面化したため、最終的に妥協点を見いだせなかった。

とはいえ、第一と第二の両グループは主に技術的な細部を分析する役目を担っており、事実の解釈で食い違いがあったとしても、事実自体を書き直すわけではなかった。そのため、チームＡとチームＢの間にある意見の不一致についてはほとんど論争が起きなかった。騒動が起きたのは「ソ連の戦略目標」担当の第三グループだ。

三グループの中で最も有名になった第三グループでは、敵の意図を解読する作業も含まれていたことから、いろいろな主観が入り込み調査結果もゆがめられた。結局のところ、春のにわか雨も人の受け止め方次第で草花への恵みにもなるし、うっとうしい雷雨にもなるのだ。

ソ連の世界征服を信じるチームＢ

チームB側で第三グループの責任者になったのはリチャード・パイプス。一九七〇年代に復活したCPD、つまり「現在の危機に関する委員会」の初代メンバーだ。

彼はポーランド生まれのソ連研究家であり、ハーバード大学で教えていた。ランドのネーサン・ライティーズ同様に、ソ連は世界征服の意図を持っていると信じていた。パイプスは将来の「暗黒のプリンス」リチャード・パールの秘蔵っ子であり、パールはパールでウォルステッターを師と仰いでいた。従って、ウォルステッター自身が第三グループに加わらないかと誘われたのも驚きではなかった。パールはポール・ウォルフォウィッツの登用も提案した。ウォルフォウィッツは当時、SALT-II交渉でアメリカ側代表団の特別補佐官を務めていた。パールはまた、ポール・ニッツェのほか、空軍の退役軍人トーマス・ウルフ大佐ら多数のランド関係者を呼び入れた。つまるところ、第三グループはなれ合い所帯であり、非常に排他的なグループとなった。メンバーの多くがランドに在籍したか、ランドの人間との共同作業にかかわったか、あるいはアルバート・ウォルステッターと一緒に働いたか、いずれかの経験を持っていた。ウォルステッターは結局誘いを断ったものの、第三グループでは彼の論文は資料として使われ、影響力は大きかった。ペンタゴン相対評価局へ配属されたばかりだったアンドリュー・マーシャルがコンサルタントとして雇われてからはなおさらだった。マーシャルはウォルステッターの親友でランドの元同僚だったのだ。

チームAとチームBの第一回合同会合が開かれると、主にCIA中堅アナリストで構成されるチームAのメンバーは「秘密情報について意見交換するために集まるのだろう」などと能天気に考えていた。チームA側の参加者の一人によると、「全然試合になんかならなかった。ニッツェのような人間が我々を負かすのは朝飯前だった」という。会合中、次のような場面もあった。ニッツェから鋭い質問をぶつけられると、チームA側の責任者は口を開けたまま言葉を失い、返事することすらできなかったというのだ。別の参加者はアメリカンフットボールにたとえながら「ワシントンのウォルト・ホイットマン高校のチームをプロのワシントン・レッドスキンズと対戦させるようなものだ」と表現した。会合が始まると、チームAを率いるCIA側はすぐに事態をのみ込んだ。チームBはチームAが掲げる仮説の有効性そのものを否定し、データについての考え方の枠組みを根本的に変えようとしているという事態を、である。「敵対的な会合になると知っていたら、違う銃を取り出して戦っただろう。そもそも勝ち負けが出てくる会合としては想定されていなかったと思う」

その時点から、チームAとチームBの協力という可能性は実際問題として消えた。第一回会合から三日後、民主党のジミー・カーターが一九七六年の大統領選でジェラルド・フォードを退けて地滑り的な勝利を収め、第三十九代アメリカ大統領に選ばれた。

最終的な勝利

両チームがまとめた報告書は十二月上旬にPFIABとCIA長官のブッシュに提出された。パイプスは「PFIABのメンバーはチームBの分析があまりに正確であったためひどく驚いた」と語り、うぬぼれていた。

まるで大学の討論会のように、両チームは十二月二十一日にCIA本部の大講堂に集まり、第二回合同会合を開いた。両チームの分析結果は予想通りだった。

チームAは核戦力の増強にソ連が突き進んでいることは認めたものの、ソ連が軍事力でいつアメリカに追い付き、追い越すかについてはあいまいにした。

一方、チームBはソ連が軍事力強化に向けて飽くなき欲求を持っていることを強調し、ソ連製ミサイルの精度が高いことを指摘した。ソ連製ミサイルの精度についてのチームBの見解は、空軍の情報責任者によってすぐに否定された。

その後、ワシントンのベルトウェー（ワシントンの中央政界のこと）ではよくあることだが、昼食会が開催された。ブッシュはわざわざチームAのメンバーと一緒に座った。この侮辱をめぐり、それから二十年先になってもパイプスはなお根に持っていた。ブッシュと同席していたある人物によると、ブッシュは昼食会の最中に「これからどうなるのです?」と聞かれ、「何も起きない。部下（CIA職員のこと）と一緒にやっていくだけだよ」と語ったという。

たとえブッシュがチームBの提言をNIEへ反映させてソ連の脅威を強調したかったとしても、意味がなかっただろう。前任のコルビー同様にブッシュはCIAから間もなく去る運命にあったからだ。カーター大統領はブッシュがCIA長官ポストにとどまることを拒否し、スタンフィールド・ターナー提督を同ポストに据えた。新政権はチームBの提言を無視した。ただし一つだけ例外があった。チームBの「ソ連の防空ミサイル網は難攻不落である」という意見を利用し、予定されていた爆撃機の発注をキャンセルしたのだ。難攻不落ならば爆撃機も無用、と判断したのだ。

チームBのメンバーは完全敗北したわけではない。「NIEの論調を変えさせ、ソ連体制が本質的に極悪な性質を帯びていることを際立たせた」という点で成功し、部分的な勝利を収めたと主張できるからだった。チームBの報告書の影響が全体としてどの程度のものであったかについてはなお議論が分かれているが、NIEが従来よりも不吉な内容を示すようになったのは確かだ。「ニューヨーク・タイムズ」は一九七六年版のNIEについて「過去十年間でこれほど憂鬱にさせる内容のNIEは初めてである。（中略）ソ連は軍事力でアメリカを凌駕しようとしていると事もなげに述べている」と報じている。

最終的にチームBとロビイスト団体CPDは、アルバート・ウォルステッターと彼を信奉するランダイトから常に助言を受けながら、勝利することになる。

一九八〇年にロナルド・レーガンが大統領に選ばれると、政権内の五十一人はCPDのメンバーから選ばれたのだ。目ぼしいところでは、レーガン自身、CIA長官ウィリアム・ケーシー、国家安全保障担当大統領補佐官リチャード・アレン、駐国連大使ジーン・カークパトリック、海軍長官ジョン・リーマン、国防次官補リチャード・パールだ。

政権発足から何週間かたつと、レーガン政権は対ソ連強硬路線を明らかにした。チームBとそのランド組メンバーが要求したように、国防予算を数倍に増額するというのだった。ライティーズの世界観が再び勝利したわけだ。ある関係者は「アメリカの外交政策にこれほどの短期間でこれだけの影響を及ぼした民間組織はほかに存在しないだろう」と指摘した。同様の手法はジョージ・H・W・ブッシュ（父）とジョージ・W・ブッシュ（息子）の両大統領時代にも繰り返される。一部の顔ぶれはまったく同じであり、しかも一段と重大な結果をもたらすことになるのだった。

第五部

アメリカ帝国

レーガン政権はランド出身者を重用。
対ソ強硬路線、市場原理主義がとられる。
ソ連の崩壊は彼らに大いなる自信を与えたが——。

1980-

扉写真

航空機が突入し爆発炎上する世界貿易センタービル。2001年。

Photo:Reuters/Kyodo

アメリカ大統領

ロナルド・レーガン（1981～89）
ジョージ・H・W・ブッシュ（父　1989～93）
ビル・クリントン（1993～2001）
ジョージ・W・ブッシュ（子　2001～2009）

主な出来事

1983	3月	レーガン、戦略防衛構想（SDI）発表
	10月	アメリカ、グレナダ侵攻
1985	3月	ソ連、ゴルバチョフ書記長就任
1989	11月	ベルリンの壁撤去、翌年10月ドイツ再統一
1991	1月	湾岸戦争
	12月	ソ連消滅、独立国家共同体（CIS）発足
1992	4月	ボスニア紛争勃発
1993	11月	マーストリヒト（欧州連合）条約発効
1995	1月	WTO発足
1997	7月	タイを発端にアジア、ロシア通貨危機
2001	9月	アメリカ中枢同時多発テロ事件
2003	3月	アメリカ主導の連合軍、イラク攻撃開始

第18章　ソ連の退場

一九八五年の十一月七日、アルバート・ウォルステッターは大統領府ホワイトハウスのイーストルーム内にいた。ロナルド・レーガン大統領から「自由勲章」を授与されるのを待っていたのだ。ウォルステッターにとってレーガンは「知的小人」であるが「道義的巨人」だ。同じ授与式でポール・ニッツェは先に勲章を受け取り、マイクを握ってあいさつしていた。

ニッツェが大統領の外交政策をたたえているなかで、ウォルステッターは自信たっぷりに部屋の中を見回し、そして妻ロバータのほうを向いた。コロンビア大学ロースクールでの運命的な出会い以来、ロバータに全幅の信頼を置いてきた。あの日、ロースクールで彼女の隣に座ると「名字の頭文字が同じだから仲良くしよう」と話しかけた。「W」が彼自身の名字の頭文字、「M」がロバータの名字モルガンの頭文字。「M」を逆さにすれば同じになる、と言ったのだ。イーストルームではロバータは夫にほほ笑み返し、手を握った。明るい光の中で、いつものように夫よりもしっかりしていた。

ニッツェがようやく演台から下りた。彼はマイクを手にすると離せなくなるのだ。次はレーガンの番だ。なぜウォルステッター夫妻が大統領から民間人へ贈られる最高の勲章を授与されるのか、レーガンは説明した。大統領の言葉を聞きながら、ウォルステッターは心地良い気持ちに浸った。いや違う。大きな満足感を覚えたのだ。

「ロバータとアルバートのウォルステッター夫妻には表彰状は一つですが、メダルは二つです」と大統領は切り出した。

二人は核時代の最も重大な出来事にかかわり、政治家の思想と行動に大きな影響を与え、より安全な世界の確立に貢献してくれました。四十年間にわたって論理、科学、歴史をめぐる議論を整理し、我々の民主主義がきちんと学習し、行動するようにしてくれたのです。二人の功績があるからこそ、罪のない人々を脅すことによって人類の安全を守る必要もないし、核兵器を容赦なく拡散させる必要もないのです。二人は、思考する能力とそれを説明する能力で傑出しています。このような能力自体が自由主義世界を守る最高の防壁になっています。

レーガンはロバータにマイクを渡した。彼女は手短に「びっくりしていて、非常に名誉に思っています。誠にありがとうございます」と言うだけだった。

さて、次はウォルステッターが頭を下げ、七宝焼きの重いメダルを受け取る番だ。マイクの前に立ち、その場にいるみんなに聞こえるようにマイクを自分へ引き寄せた。娘のジョーン、リチャード・パール、ポール・ウォルフォウィッツ、ハリー・ラウエン――。ウォルステッターの指導の下でそれまでのキャリアを歩んできた大勢の人たち。ウォルステッターは一瞬ためらい、続いて一気に話した。

大統領、この栄誉は私だけのものではありません。過去三十五年間、才能にあふれ、献身的な

1985年、ホワイトハウス内でレーガン大統領から「自由勲章」

を授与されるアルバート・ウォルステッター(左端)、
ロバータ・ウォルステッター(左から2番目)、ポール・ニッツェ(左から3番目)。

この勲章は、大統領から民間人へ贈られるアメリカで最高の栄誉。

ロバータは感激のあまり、あいさつで「ありがとうございます」としか言えなかった。

Photo : Diana Walker/Time Life Pictures/Getty Images

研究者や学生と一緒に働く機会に恵まれました。彼らのものでもあるのです。我々が守っているのは自由であり、大殺戮を引き起こさずにその自由を守らなければならない、と大統領は強調しています。大殺戮が起きれば自由な社会も自由でない社会も終わりだからです。そのように考える大統領からこの自由のメダルを贈られることに、特別な思いがあります。身に余る光栄です。誠にありがとうございます。

これだけだった。聴衆はもっと話が続くかもしれないと思い、少し待った。続いて大きな拍手がわき起こった。ウォルステッター夫妻はほかに何も話す必要はなかった。もし二人がいなかったら、そして二人が仲良くしていた友人たちもいなかったら、何ごとも起きなかったはずなのだ。ジミー・カーターは再選され、大統領を続けていることだろう。そして、アメリカは希望を失ったままで喪に服していることだろう。そうはならずにアメリカはレーガン風の朝を迎え、暖かい陽光の中で日なたぼっこをしているのだ。経済は上向き、ソ連帝国は退却し、国民は最高の政府を手に入れた……。

「歴史の灰の山へマルクス・レーニン主義を葬り去る」

一九八五年、未来はウォルステッターとほかのランダイトの手中にあった。彼らはケネディとジョンソン両大統領時代に世界を作り変え、フォードとカーター両大統領時代に行く手を阻まれた。しかし、レーガン時代を迎え、ソ連をぎゃふんと言わせる夢を実現しつつあった。

昔、彼らがロサンゼルスのハリウッドヒルズにあるウォルステッター家に定期的に集まり、語り合っていた夢を、である。その過程で、彼らは普通のアメリカ人の生活を変えていった。税金を納め、子供を学校へ通わせ、有料道路で旅行し、電話を使い、テレビを見て、老後には企業年金が待っている——こんな日常を変えていったのだ。

何十年も前から、ランド研究所のアナリストとソビエトロジスト（ソ連研究家）は「ソ連は経済的な疲弊と民族上の紛争によっていずれ崩壊する」と予測していた。ランドの経済学部長チャールズ・ウルフ・ジュニアは徹底的な軍拡競争を提唱した。アメリカが国防費を大幅に積み増せば、ソ連も対抗しなければならないが、ソ連経済は弱く、国防費負担に耐え切れずに崩壊する、と考えたからだ。しかしながら、アメリカがそのように行動するためには、ロナルド・レーガンのビジョンと粘り強さが必要だった。

地滑り的勝利で大統領に就任すると、七十一歳の元カリフォルニア州知事は、向こう二十五年間にわたってアメリカ社会を変貌させる行動計画を実行に移した。この計画には二つの柱があった。一つは税制改革と規制緩和、もう一つは徹底した反共主義。反共主義は国防費の増額と外交上の強硬路線を正当化するものだった。二つの柱はいずれも、ランドによる分析結果に合致するし、ランドが温めてきた「合理的選択理論」にも合致するものだった。

これまでのホワイトハウスの主たちと違い、ロナルド・レーガンは「ソ連を封じ込めることができるのみならず、打ち負かすことができる」と確信していた。「共産主義は内部の矛盾が表面化することでおのずと崩壊する」と考え、「自分が大統領に選ばれたのはソ連の崩壊プロセスを加速させるため」と思っていた。

大統領就任演説の中で、第一次世界大戦で戦死した兵士の言葉を引用しながら、次のように語った。「アメリカはこの戦争に勝たなければなりません。だからこそ私は働き、節約し、犠牲をいとわず、我慢し、明るく戦い、全力を尽くします。あたかも戦いのすべてが私一人の双肩にかかっているかのように」。資本主義についてのマルクスの有名なフレーズを言い換えて、レーガンは「歴史の灰の山へマルクス・レーニン主義を葬り去る」と約束した。

真っ向からソ連の挑戦にこたえる「レーガン・ドクトリン」の最初の試練はアフガニスタンで起きた。一九七九年にソ連が同国を侵攻したのだ。アルバート・ウォルステッターはすでにカーター政権に対し、ソ連の占領軍と戦う地元のイスラム教徒ゲリラに最新の武器を提供し、支援するよう提案していた。レーガン政権が誕生すると、アメリカによる軍事支援強化を求めるロビー活動を展開し、成功した。これによってソ連はアフガニスタンで身動きできなくなるはずだった。ソ連がアフガニスタンで敗北すれば、「ソ連版ベトナム戦争」を意味し、ソ連は資金、兵士、武器を大量に失って大混乱に陥る、とウォルステッターは考えた。ソ連が最終的にアフガニスタンから撤退すると、戦略家としてのウォルステッターの評判ばかりか、その延長線上で戦略シンクタンクとしてのランドの評判も揺るぎないものになった。

　レーガン政権はニカラグアとエルサルバドルでもソ連の影響力排除に動くものの、アフガニスタンの場合のように明らかな成功を収めることはなかった。とはいえ、ランダイトはニカラグアとエルサルバドルに深くかかわっておらず、従って政府関係者の間で彼らの信用が失墜することもなかった。

国防強化

　ランド組の多くがレーガン政権内で重要ポストを得たことはプラスに働いた。ウォルステッターの初期の門弟リチャード・パールは国防次官補として採用され、ソ連担当になった。ランドの社会科学部を率いた経験を持つタカ派政策通フレッド・イクレは、レーガンの政権移行チームに入ったのがきっかけで、政策担当国防次官に任命された。一方、ポール・ウォルフォウィッツは国務省の政策企画室長ポストを与えられた。ポール・ニッツェも例外ではなく、レーガンの軍縮交渉担当者になった。ちなみに、ニッツェが第二次戦略兵器制限条約（ＳＡＬＴ-Ⅱ）に猛烈に反対したことから、上院はＳＡＬＴ-Ⅱの批准を拒否した経緯もある。

　ランドが「ウォールストリート・ジャーナル」の編集者の中に有力な支援者を見いだしたことも大きなポイントである。アメリカで最も権威のある経済媒体である同紙では一九七二年、ロバート・Ｌ・バートリーが論説主幹になった。ほぼ同じころ、ロナルド・レーガンは新しい保守主義路線を明確にし始めた。レーガンが大統領に就任すると、バートリーは「ウォールストリート・ジャーナル」の論説面をウォルステッターら知識人に開放し、「小さな政府」と「大きな国防費」で特徴づけられるレーガン革命の信条を世に広めた。彼はまた、アーサー・ラッファーやジュード・ワニスキーをはじめ、レーガン政権内のいわゆる「サプライサイド」経済学者の論文を多数掲載した。これらの経済学者は「減税によって国家財政が黒字化する」と固く信じていた。

　ランド流のカウンターフォース（対兵力攻撃）構想は、当初からレーガン政権の公式ドクトリンに取り込まれていた。

　一九八二年、国防長官キャスパー・ワインバーガーは「国防ガイダンス」と題した文書を出した。その文書には「アメリカの公式戦略は核による報復能力を向上させることだ。そうすれば、アメリカはソ連の先制攻撃に打ち勝ち、アメリカに有利な条件での早期停戦をソ連に強要できる」と記してあった。すなわち、攻撃後もアメリカが予備戦力を保有することで、ソ連側に「再び攻撃されたら困るから停戦以外に選択肢はない」と思わせ、結果としてアメリカが限定核戦争に勝つというのだ。これは、一九六一年にランドのウィリアム・カウフマンがロバート・マクナマラに対して示した「核戦争に勝つ方法」そのものだった。

　レーガン政権では国防体制強化が何よりも先行した。政権発足後初の国防予算はカーター時代よりも一三％、金額にして四百四十億ドル近くも増えた。増額分は核兵器、航空機、水上艦、潜水艦、巡航ミサイルなどに回った。政権発足後二年目の国防予算は一年目よりさらに増えた。三年目以降も同様に増え続けた。結局、ウォルステッターの古い夢「弾道弾迎撃ミサイルによる防衛システム」は、レーガン政権下で「戦略防衛構想（ＳＤＩ）」と呼ばれる軍事計画の形になってよみがえったのだ。ソ連が大陸間弾道ミサイル（ＩＣＢＭ）をアメリカへ向けて発射すると、アメリカの自動追尾ミサイルが宇宙空間でソ連のＩＣＢＭを迎撃する――これがＳＤＩの狙いだった。一般大衆はＳＤＩを「スターウォーズ計画」と名付けた。

アメリカは先制攻撃を計画している

ソ連に対する姿勢の変化は行動だけでなく言葉にも表れた。国務長官アレクサンダー・ヘイグ、副大統領ジョージ・ブッシュ、それにレーガン自身も「限定核戦争という形でソ連と戦い、勝つ」と公の場でにおわせた。レーガンが余談として語ったことも、彼の軽率な反共主義を世間に知らしめるうえで役立った。たとえば、レーガンはマイクが切れていると思い、次のような冗談を言ったことがある。「アメリカの同志のみなさん、いい知らせが一つあります。今日、ロシアを永久追放する法律に署名しました。五分以内に爆撃を開始します」

ソ連にしてみれば、レーガンの言葉は笑い事では済まなかった。レーガン政権は核戦争に対して積極的な態度を示しているうえ、ヨーロッパへ中距離ミサイルを新たに配備すると譲らないことから、ソ連は危機意識を持つようになった。機密指定解除となった中央情報局（ＣＩＡ）文書によると、一九八一年には、ソ連の国家保安委員会（ＫＧＢ）は「アメリカは先制核攻撃を仕掛けるつもりでいる」と確信していた。

翌年にレオニード・ブレジネフが死ぬと、ＫＧＢ議長のユーリー・アンドロポフがソ連共産党書記長に就任し、アメリカの戦争準備を監視する諜報活動を開始した。一九八三年の秋までには、ソ連は「アメリカは先制攻撃を仕掛ける準備の最終段階に入った」と信じた。仮にソ連がアメリカの先制攻撃に備えて戦闘準備を完了し、一方でソ連が戦闘準備を完了した本当の理由を知らないままアメリカがソ連の戦闘モード入りを察知したら？　その場合、世界はただちに核戦争による大量破壊の瀬戸際まで追い込まれたかもしれない。

幸いにも、ソ連が戦争の可能性を憂慮していることについてソ連の諜報員がアメリカとイギリスに伝えた。それを受けてアメリカとイギリスは対策を講じ、先制核攻撃計画がないことを示してソ連を安心させようとした。それでも緊迫した状況は続き、フランスのフランソワ・ミッテラン大統領は当時の状況を一九六二年のキューバ危機と重ね合わせた。数年後、ソ連の新指導者ミハイル・ゴルバチョフは「一九八〇年代前半は一触即発であり、非常に難しく好ましくない状況だった。おそらく、戦後数十年の間で見ても、国際政治情勢が最も緊迫化した時期だった」とコメントしている。

レーガンは核戦争に勝つために強硬路線を突っ走り、ソ連の怒りを買った。同様に彼の言葉はアメリカ国内でも怒りを買い、何年もの間忘れ去られていたものを呼び戻した。平和運動だ。レーガンが大幅な軍拡に走り、核戦争の可能性を公に語ることに危機を覚え、アメリカとヨーロッパの活動家は核凍結を要求して大規模なデモ行進に出た。弾道ミサイル「パーシング」のヨーロッパへの配備に対する抗議運動は広範囲に及び、効果的だった。西ヨーロッパでの当時の安全保障状況について、ランドのアナリストは「市民がパーシングの配備を喜んで受け入れるような国は一つもなかった」と記している。そのうえ、科学者が「核の冬」について論文を発表し始めた。核戦争が起きた場合、それがどんなに小規模なものであっても、不測の事態を引き起こすと警告した。全面核戦争ではなく限定核戦争であっても、汚染と放射能によって地球は文字通り冷え込み、結果として暗闇に覆われながら地球上の生物は死んでいくというのだ。

これに対してウォルステッターは論文を書いて反論し、「未検証の数字を使い、非科学的な憶測にふけっている」として平和活動家を非難した。

ウォルステッターの反撃はしかし今回はうまくいかなかった。核競争が一段とエスカレートすることに対して世論の反発があまりに大きくなり、レーガン政権は本格的に軍縮交渉に乗り出した。その結果、保守派からは「レーガンはもはや保守陣営に属していない」との声が出た。全国保守政治行動委員会（NCPAC）委員長のテリー・ドーランは「政権が『平和』活動家を仲間と認めたのではない。『平和』活動家が政権を仲間と認めたのである」と不平を言うようになった。

ソ連崩壊

皮肉にも、最終的にランドの戦略家の努力に報いて、ソ連の崩壊を実現させたのはソ連の一人の指導者だった。三人のソ連の指導者がたて続けに死去したことに伴い、ミハイル・ゴルバチョフは一九八五年に共産党書記長に就任した。指導者としてゴルバチョフが受け継いだ当時のソ連では、経済は停滞し、政治は分裂していた。また、スターリン流の圧制が通用するほど国民の教育水準は低くなかった。書記長就任直後から、ゴルバチョフは政府機構の柔軟化や経済発展の促進など国内体制の抜本改革を目指した。

新たに機密指定が解除された文書によると、一九八五年までにゴルバチョフの側近中の側近であるアレクサンドル・ヤコブレフとエドアルド・シェワルナゼの二人はソ連共産党の「民主化」を提案していた。つまり、複数候補者による選挙を認めるばかりか、共産党の二分割によって政治的な競争を促す可能性も視野に入れていた。

ゴルバチョフが書記長に就任したその日に、レーガンは国内の政治的な圧力に押されて新書記長宛に手紙を書いた。その中で「米ソ両国が軍縮交渉を進めることで、核兵器の廃絶という共通の最終目標を達成できることを願う」と表明した。ゴルバチョフはすぐに返事し、賛同した。このやり取りを受けて、二人は一九八五年末にスイスのジュネーブで一度目の首脳会談に、翌年にはアイスランドのレイキャビクで二度目の首脳会談に臨んだ。二度にわたる会談で核兵器の全廃とＳＤＩの停止を目指したものの、合意には至らなかった。それでも、レーガンがゴルバチョフを信頼したことで一定の成果が出た。中距離核戦力（INF）全廃条約で米ソは合意し、同条約に基づいてヨーロッパから中距離核ミサイルを廃棄した。また、第一次戦略兵器削減条約（START-I）でも合意し、両国の戦略核兵器の規模を削減した。

重要なのは、ゴルバチョフが「『グラスノスチ（情報公開）』と『ペレストロイカ（改革）』を進めている限り、アメリカはソ連を攻撃しない」と信じたことだった。このような市場主導の「合理的」改革がもたらす変化についてゴルバチョフはもちろん、レーガンもほとんど予知できなかった。「合理的」改革が強化しようとしていたシステムそのものが終末を迎えるのだから。一九八九年に「ベルリンの壁」が崩壊し、一九九一年には自らコントロールできない力によってソ連が解体され、消え去ったのだ。

「貪欲はいいことなのです」

ソ連消滅というレーガンの夢がかなったのは偶然だったものの、レーガンが実施した経済改革はすぐに予想通りの結果を生み出した。

一九三三年に民主党の新経済政策によって誕生した「ニューディール」型福祉国家を恒久的に変えてしまったのだ。レーガンは「政府は国民の問題を解決してくれない。政府こそが問題なのだ」と指摘し、これは名言として人々の記憶に残った。イギリスの首相マーガレット・サッチャーは、レーガンと同様に国内で福祉国家体制の改革に乗り出し、レーガンと価値観を共有した。「この世に社会というものは存在しない。存在するのは男と女という個人であり、そして家族である」とは、彼女の言葉だ。

ランダイトの後押しもあり、一九七〇年代から一九八〇年代にかけてレーガン流の民営化の動きはアメリカとヨーロッパで広がり、大きな変革をもたらした。ランダイトが手掛けた研究の成果は、アメリカで「レーガノミクス」と呼ばれる一連の経済改革の土台を築いたのである。レーガノミクスは「減税、規制緩和、小さな政府こそ国民の利益につながる」という考えを基本にしている。世界を「小さな政府」へ向かわせる種は、ケネス・アローがランドに籍を置いていた一九五一年にまかれたといえる。その年、彼は『社会的選択と個人的評価』を出版し、人間は合理的であると断じ、合理性とは個人の物質的な利益追求だと定義した。

利己主義的な「合理的行為者」が熟慮のうえで選択した結果でなければ、どんな決定も正当なものとして認めることはできない――これがアローの哲学だ。アローの世界では社会的責任は存在せず、個人の選択だけが存在する。集団的な義務という概念は、せいぜいかなわぬ夢にすぎず、最悪の場合、一党独裁を強要する政府が国民に課す制約である。合理的選択理論が解決策として何を示唆しているかというと、より小さな政府とより少ない規制であり、その延長線上で減税が浮上する。そこからもう一歩前へ進むと、映画『ウォール街』に出てくる有名なせりふ「貪欲はいいことなのです」へ到着するのだった。

アロー以外のランダイトは、合理的選択あるいは社会的選択の概念をさらに発展させ、人間行動で利己主義が果たす有意義な役割に注目した過去の理論家と結び付けた。このような理論家の多くは、社会全体の利益向上に貢献したと見なされ、ノーベル賞を受賞している。その一人が一九五〇年代にランドで働き、一九八三年にノーベル経済学賞を受賞したジェラール・ドブリューだ。彼の著作『価値の理論――経済均衡の公理的分析』は、アダム・スミスの「見えざる手」理論に数学的な根拠を与えた。「見えざる手」に従えば、利己的な個人がそれぞれ自分自身の利益を追い求めれば、社会全体の利益にもつながる。

　その後、合理的選択理論はいろいろな面でアメリカの生活に入り込んでいった。ランド所属の経済学者ゲーリー・スタンリー・ベッカーは、経済学とは無関係と考えられていた新分野へ合理的選択理論を応用した。主な新分野は社会学、犯罪学、人類学、人口学などだ。彼の中核的な前提は、アローの前提と完全に一致していた。つまり、合理的な利己主義が事実上人間行動のすべての側面を決めているというものだ。業績が認められ、彼は一九九二年にノーベル経済学賞を受賞した。

　ランドのコンサルタントで、一九七五年にノーベル経済学賞を受賞したチャリング・チャールズ・クープマンスは、一九四八年に一度ランドに籍を置き、一九五二年から一九六六年まで再びランドで働いている。最適な資源配分を通じて最低コストで経済的な目標達成を可能にする「アクティビティ（活動）分析」を開発したことで有名だ。

　二〇〇六年にノーベル経済学賞を受賞したエドマンド・S・フェルプスは、ランドで研究者としてのスタートを切った。最大の実績は、「自然失業率」と称される理論を生み出し、自然失業率に政府がどのように対応すべきか（あるいは対応すべきでないか）を示したことだ。

　一九四八年から一九九〇年までランドのコンサルタントを務め、非常に大きな影響力を持ったポール・サミュエルソンは、一九四七年出版の『経済分析の基礎』の中で「すべての経済理論のカギを握るのは消費者行動の合理的な性質」と結論した。彼の研究は経済システムや国際貿易、福祉経済、政府支出などの動学的・静学的理論へ発展し、一九七〇年のノーベル経済学賞受賞へつながった。

　ノーベル賞受賞者のうちで最も著名なランド関係者は、ウォルステッターを師と仰ぐ初期の核戦略家の一人、トーマス・シェリングだろう。五十年近くランドとかかわり続けたシェリングは、紛争と協調に関する理論を整理し、独創的な著作『紛争の戦略』としてまとめた。これによって、抽象論理やゼロサムゲームといった領域を対象にしていたゲーム理論を現実世界の実例へ応用できるようにしたのである。彼が編み出した「フォーカルポイント」という概念は特に有名である。

これは対立する二者がお互いに妥協し、それぞれの期待値を一致させる境界線を指す。「ゲーム理論によって紛争と協調の理解を高めた」のを評価され、彼は二〇〇五年にノーベル経済学賞を受賞した。同僚であるバーノン・L・スミスは一九五九年にランドのコンサルタントを務め、アメリカ、オーストラリア、ニュージーランドでエネルギー市場の規制緩和を進める理論上の枠組みを築いた。そして二〇〇二年のノーベル経済学賞の共同受賞者となった。最後にもう一人、一九六七年から一九六八年までランドのコンサルタントを務めたウィリアム・スペンサー・ビックリーがいる。一九九六年にイギリス人経済学者ジェームズ・A・マーリーズと共にノーベル経済学賞を受賞したビックリーは、需要のピーク時に電力、電話、航空会社が高い料金を課す合理性を説明した。実のところ、アメリカの生活全体がランドの合理的選択理論の洗礼を受けるなかで、おそらく唯一の例外がスポーツだった（ただ、フリーエージェント制の利用拡大は合理的選択によるものだ）。[27]

一九八〇年の大統領選で教育省とエネルギー省を廃止すると公約した通り、レーガンは規制緩和路線を突き進んだ。ランド流に従って、自由な市場機能を拡大するための改革を実行したのである。大統領に就任した一九八一年に最初に実行した改革策が、ニクソン、フォード、カーター政権時代に認められていた石油価格規制の撤廃だ。それから間もなくして、金融、貿易、運輸分野で次々と規制緩和が行われた。

しかしながら、レーガンによる自由市場振興で最も重要だった対策は一九八一年八月に実施されたものだ。このとき、抜かずの宝刀だった「ストライキに出た連邦政府職員は失職する」という法律を発動し、ストライキ中の航空管制職員を解雇したのだ。これが成功したことをきっかけにして、民間企業の経営者の間でも「自由に採用し、自由に解雇する」という権利が認識されるようになった。中央銀行の連邦準備制度理事会（ＦＲＢ）議長のアラン・グリーンスパンの言葉を借りれば、「このような権利はそれまであまり行使されることはなかった」。結果として、国中で解雇の嵐が吹き荒れ、一九八二年までに失業率は一〇％に達した。最終的にレーガンの反労働組合主義はレーガン政権時代に低失業率と低インフレを実現したかもしれない。だが、大恐慌以来ともいえる雇用不安をもたらし、終身雇用を過去の遺物としたのも事実である。

レーガンは経済学者アーサー・ラッファーが提唱し、論争の的になった「ラッファー曲線」を信奉していた。この曲線は「所得減税を実施すれば、連邦税収が増える」という概念を示しており、直観とは相いれない内容だった（「ラッファー曲線」の理論は、ランドの理事で将来の国防長官ドナルド・ラムズフェルドと将来の副大統領ディック・チェイニーによって連邦政府に紹介された。ラッファー自身が一九七四年、ラムズフェルドとチェイニーに会い、カクテル用のナプキンに「ラッファー曲線」を描いて見せたことがきっかけだった）。

レーガンは個人所得税率を七〇％から二八％へ、法人所得税率を四〇％から三一％へ一気に引き下げた。最大の減税効果を受けたのは高所得者層だった。レーガンが価格規制の緩和か撤廃を行った分野は、ケーブルテレビ、長距離電話、州際銀行サービス、海上輸送にも及んだ。銀行はもっと幅広い種類の資産分野への投資を認められた一方で、独占禁止法の適用基準は大幅に緩められた。その後、予想もしなかった反動が起きた。数千社に及ぶ貯蓄貸付組合（Ｓ＆Ｌ）がずさんな経営に陥り、連邦政府から千二百五十億ドルにも上る支援を受けて破綻処理される羽目になったのだ。

自由市場の成長と合理的選択の普及を促すレーガンの改革路線は、ランドの改革路線でもあり、それは現在も続いている。レーガン後の唯一の民主党大統領、ビル・クリントンも同様の政策を多く取り入れ、一九九四年に「『大きな政府』の時代は終わった」と宣言している。我々は現在、レーガン流の信条とランド流の知性が合体して生まれた世界に住んでいる。その世界はソ連の存在を消し去り、アメリカのみならず西側世界全体の性格を根本的に変えてしまった。同様に我々は、ランドが引き起こした別の事態の結果として不測の事態に脅かされながら生きている。アフガニスタンでのソ連の敗北にはランドも関与している。結果として破滅的な状況が生まれ、二〇〇一年の「9・11」同時多発テロの戦慄に直結するのである。

第19章　独自のテロ研究と９・１１

新世紀が始まって九カ月たつと
空から偉大なテロ王がやってくる（中略）
気温は七度なのに空は燃えるだろう
火の手が偉大な新都市に迫ってくる（中略）
ヨーク市には凄まじい崩壊が訪れ
双子の兄弟はカオスによって四分五裂
要塞が落ちる間に偉大な指導者は屈服する
巨大都市の炎上中に第三の大戦争が始まる

――ノストラダムス
（デビッド・ウォルスクからマイケル・リッチへの二〇〇一年九月十四日付の電子メール）

二〇〇一年九月十一日の朝のことだ。ランド研究所の執行副所長マイケル・リッチは、空軍副参謀総長のジョン・W・ハンディ将軍に会うためにペンタゴンへ向かっていた。長時間の散歩が大好きで、筋骨たくましく小麦色の肌をしたリッチは、長い散歩の後で時間に追われていた。その日は朝食を抜いて、ランドのワシントン事務所で急いであいさつを済ませると、向かいにある堂々とした連邦ビルへ向かった。そこはペンタゴンだ。

ランドのサンタモニカ本部に所属するリッチは、国防総省の中枢スタッフと進行中のプロジェクトについて意見交換するため、前日にワシントンへやって来ていた。国防総省への訪問は、これまでにも何度もあった。彼の父ベン・リッチは航空機製造会社ロッキード・エアクラフトの先端開発プロジェクトで働くエンジニアだった。このプロジェクトを手掛ける秘密部隊は「スカンク・ワークス」として知られ、空軍との契約に基づいてアメリカ初のジェット戦闘機を開発し、世界で最も成功した偵察機U2を世に送り出した。世間からの注目度で群を抜いていたのは、レーダーに捕らえにくいF117Aステルス戦闘機の開発だった。もともとは弁護士を目指して資格も取得していたのに、マイケル・リッチはキャリアの大半をランドで過ごした。振り出しはアナリストで、昇進を重ねて最後はナンバーツーの執行副所長に昇り詰めた。

その日、リッチはイギリスの有力シンクタンクである国際戦略研究所（IISS）の会議に出席するため、ジュネーブに飛び立つ予定だった。ランドの所長ジェームズ・トンプソンとともに、ランドの海外事務所の運営責任者を務めていたからだ。それまで数十年に及ぶヨーロッパと中東への進出を陣頭指揮し、ペルシャ湾にある独立国カタールにも事務所を新設する計画を温めていた。しかし、ペンタゴンへ向かう途中、不気味なニュースを耳にした。

「CNNドットコムよりニュース速報。世界貿易センターが損傷を受けました。未確認情報によると、航空機が激突したようです。詳細は追ってお知らせします」

リッチはハンディ将軍と午前九時四十五分に会う約束をしていた。彼よりも先に同将軍と会う予定になっていたランド幹部もいた。副所長のナタリー・クロフォードだ。陽気な女性で、一九六四年にランドのエンジニアリング科学・宇宙航行学部で職を得たクロフォードは、ランドの二〇〇二年度研究計画の打ち合わせをするためにハンディ将軍とのアポイントメントを入れていた。ハンディ将軍は、クロフォードと二人きりで話をしてから、リッチに議論に加わってもらうつもりだった。午前九時半、クロフォードがハンディ将軍の部屋に入ると、テレビの周りに同将軍のスタッフが集まっていた。朝のトーク番組は差し替えられ、ニューヨークの大惨事が生中継されていた。クロフォードはハンディ将軍が不在だということを知らされた。ニューヨークでの航空機墜落がテロ攻撃であるとの見方が広がるなかで、空軍幹部たちは対応策を協議していたのだ。

すぐに全員がテレビにクギ付けとなった。世界貿易センターの北棟全体に炎が広がっていた。上階の火と煙は特に激しく、部屋の中には恐怖のあまり思わず息をのむ人もいた。というのも、航空機の激突地点に近い北棟東側上階から、火と煙に追われて人々が飛び降り、その様子を複数のテレビ局が放映していたからだ。テレビのニュースキャスターが「世界貿易センターの南棟は安全だと当局は説明しています。南棟で働く人たちは外に避難する必要はありません」と伝えたちょうどそのとき、ハイジャックされた二機目の旅客機、すなわちボストン発ユナイテッド航空175便が南棟へ突っ込んだ。数十億人もの人々が、おもちゃのようなボーイング747が南棟の東側に切り込みを入れるのを目撃した。それは、一九七〇年代の映画が使った粗末な特殊視覚効果のように信じがたい光景だった。

数分後、ハンディ将軍が部屋に戻ってきた。全国民の痛みを背負っているかのような厳しい表情を見せながら、ランドの職員に向かってうなずいた。そして自分の部屋の中に閉じこもり、独りになった。すでにそのころにはリッチも九時四十五分のアポイントメントを目指し、ペンタゴンの本部ビル内の廊下を歩いていた。その間も新しいニュースが次々と飛び込んできた。連邦航空局はニューヨーク市周辺の空港を全面閉鎖し、ニューヨーク・ニュージャージー港湾公社はニューヨーク市内外をつなぐ橋とトンネルをやはり全面閉鎖した。ホワイトハウスでは、戦闘機による空中警戒態勢「戦闘空中哨戒（CAP）」を発令しようとスタッフが必死に動き回り、一方で大統領夫人のローラ・ブッシュや副大統領のチェイニーら政権上層部は安全な場所へ逃《のが》れた。アメリカの最高司令部は、アメリカの国内外で攻撃が続くと想定して準備に入った。

九時半になってようやくブッシュ大統領が姿を現した。フロリダ州サラソタで、大統領専用機「エアフォースワン」に乗り込む直前に記者の質問に答え、「明らかにテロ攻撃を受けた」と確認した。連邦航空局は史上初めてアメリカ全土で空の交通を全面停止し、飛行中の全航空機にただちに着陸するよう命じた。ホワイトハウスでは、テロ対策チームが「航空機がワシントンへ接近中」というレーダー情報を得た。

九時四十三分、ハンディ将軍の部屋にいた全員が床へ強くたたきつけられた。ハイジャックされた三機目が国防総省ビルに激突したのだ。クロフォードがのちに振り返ったところでは、「まるでどこからか巨人が現れてペンタゴンのビルを拾い上げ、そしてガチャンと乱暴にたたきつけたような感じだった」という。全員が窓へ駆けつけた。外では人々が駐車場に集まり、ビルの別の個所を指さしているのが見えた。空軍士官の一人は廊下を横切って別の窓から外を見回した。すると、ビルの上から黒い雲のような煙が渦巻いているのを確認できた。

警報が鳴り、スプリンクラーが作動した。テレビが「ペンタゴンが攻撃された」と報じるなかで、緊張した警備員は全員をビル内から退避させた。リッチはハンディ将軍の部屋へ通じる廊下に足を踏み入れようとしていたが、引き返した。そして、中央のホールを経由して地下鉄連絡口からビルの外へ出ることにした。エスカレーターで地上に出ると、航空機燃料の焦げるにおいに包まれた。頭上では、黒い煙が雲のように渦巻いていた。一方、クロフォードは将軍のスタッフと一緒にラムズフェルド国防長官の執務室前の階段を下りて、ポトマック川側の出口から押し合いながら表に出た。避難は整然としていてすばやかった。みんなが避難し終わり外に出ると、アメリカの軍事力を象徴するビルの一角に割れ目があり、そこから煙が立ち上っているのが見えた。そこにボーイング757が突っ込んだのだ。

ランドのワシントン事務所では、アナリストのブルース・ホフマンがニューヨークの惨状を見て、にわかに信じられなかった。同事務所は、ペンタゴンの本部ビルの向かいにあるガラスと鋼鉄製のオフィスタワー「ペンタゴンモール」に入居していた。ニューヨーク育ちで浅黒く、細身のホフマンは、目前で展開する悲劇に衝撃を受けていた。このような悲劇は、彼が何度も予言していたことでもあったが。

ホフマンは「政治的暴力」の研究実績が認められ、世界有数のテロ研究専門家になっていた。二年前には、自著『テロリズム――正義という名の邪悪な殺戮』の中で、宗教上の狂信的な動きが広がり、しかも大量破壊兵器の入手が容易になったことを根拠に、血なまぐさい時代の幕開けを予言していた。議会でも何度も証言し、「過去数年で見れば、テロ攻撃の件数は減っていても、テロ攻撃の残忍性は逆に非常に高まっている」と警鐘を鳴らしていた。また、日本赤軍、イタリアの「赤い旅団」、バスク地方の「祖国バスクと自由（ＥＴＡ）」、アイルランド共和軍（ＩＲＡ）といった従来のテロ集団とは違う、新しいテロ集団の存在に注目していた。つまり、アルカイダのように、政治的なイデオロギーというよりも宗教的な信条を動機にするテロ集団が台頭し、生死をかけて西欧的な価値観と戦っているというのだ。彼らは自分たちの大義を世に伝えるため、象徴的な目標を選んで爆弾を仕掛けるのを特徴にしていた。

ホフマンは今まで「この手の新しいテロが国家安全保障を脅かすとは思えない」と語っていた。しかし、その日に目の当たりにした光景によって自分の考えを修正せざるを得なくなった。今回の攻撃はウサマ・ビンラディンのテロ集団の特徴をすべて備えていた。もしこれが本当にアルカイダの仕業ならば、攻撃は始まったばかりであり、次はどこが標的になるのだろうか……。

その答えをホフマンは朝九時四十三分に得た。大地が動き、ドーンという大きな音がすると、通りの向かいにある建物のガラス窓は粉々に砕けた。また、彼の机に置いてあるガラス製の人形はガタガタと揺れ、壁に掛けてあるオックスフォード大学の額入り卒業証書は落ちた。彼は窓へ駆けつけ、数ブロック先にあるペンタゴンの巨大な構造物を見た。

ペンタゴンの本部ビルの裏側からは、巨大な火の柱を伴って大量の煙がむくむくと立ち上っていた。救急車が激しくサイレンを鳴らし、F16戦闘機がワシントン中心部の上空を低空飛行していた。ホフマンは墜落した航空機、アメリカン航空77便の後部をどうにか判別できた。そして「テロリストはペンタゴンのポトマック川側出口を狙おうとしたが、外したようだ」と推論した。ポトマック川側出口には国防長官ロナルド・ラムズフェルドの執務室があったのだ。

ペンタゴンの本部ビルが攻撃されたことは過去に一度もなかった。実のところ、アメリカの首都ワシントンが最後に敵に攻撃されたのは「一八一二年戦争」、つまり海を越えてやってきたイギリス軍とアメリカが戦った米英戦争時のことだ。今回は日本軍の真珠湾攻撃のような戦術的奇襲攻撃でもなかった。ホフマンの見るところ、もっと高次元の軍事指令であり、アメリカに猛烈な一撃を食らわす明確な意図を持った攻撃だった。アメリカに対する宣戦布告であり、今回の敵はアメリカとアメリカ的価値観を粉砕するまで決して休まず、カリフによる世界支配を成し遂げてアラブ帝国の黄金時代を再構築しようとしているのだった。スパイ、ミサイル、脅威が支配した米ソ冷戦時代とは異なり、今後は現実に戦闘が行われ、弾丸が飛び交い、血が流される武力戦となる。ただ、戦争とはいってもこれからは征服すべき明確な敵も領土も存在しない。敵は全世界にいるからにほかならない。従って、戦いは永遠に続くかもしれないのだった。

ホフマンにとって、これは第三次世界大戦の始まりを意味した。

第三次世界大戦

テロを世界規模での戦争と位置づける考え方は新しい概念ではなかった。国際大物テロリスト「カルロス・ザ・ジャッカル」も同じようなことを語っていた。一九七五年にウィーンで石油輸出国機構（ＯＰＥＣ）の石油相を誘拐し、身代金を要求した際に、「第三次世界大戦が始まった」と言ったのだ。しかし、二〇〇一年の戦争には違いが一つあった。テロとの世界的規模での戦争はアメリカの国家目標となり、アメリカ政府が自ら本腰を入れて推し進める政策となった点だ。アメリカ国防副長官のポール・ウォルフォウィッツは「このような人々（テロ集団）との戦いは、おそらく冷戦よりも長期化するだろう。だから、第二次大戦以上に我々の決意がどれほどのものか試されるかもしれない」との見方を示した。文明の衝突、テロとのグローバル戦争、イスラム教の聖戦――すべては二〇〇一年九月十一日を根源としてわき出てくるものだ。

ランドのアナリストは以前から「戦争という名の暗雲が漂い始めた」と警告していた。しかし、政権が交代しても「アメリカは国際テロの影響を受けない」という考えは変わらなかった。テロのネットワークは本質的に外国のものであり、アメリカとは相いれない異質なものと見なされていた。国内産のテロが起きて警鐘を鳴らす事件はたまにしか起きなかった。そのうちの一つは一九九五年に起きた。オクラホマシティにあるアルフレッド・Ｐ・ミュラー連邦政府ビルがティモシー・マクベイによって爆破された事件だ。この事件は組織的なテロ行為であると見なされなかったし、テロの脅威がアメリカに迫っている前兆とも見なされなかった。そんなことから、テロ研究へ回された連邦政府の資金もわずかだった。おそらく、独りよがりの官僚主義を打ち破り、テロ研究を進めるためにはカリスマ性を持ったスポークスマンが必要だったのだろう。アルバート・ウォルステッターのような。殺戮が不可避となった今、アメリカはようやく「永続戦争を予言するカサンドラ（ギリシャ伝説の女性予言者）」、つまりランドの意見に耳を傾ける気持ちになった。

事実、九月二十六日にホフマンは下院情報委員会に出席し、「十年前にもこの委員会に出席し、今回のような惨事を防ぐためにすべての対テロ活動を動員するよう提案しています」と言った。今回は彼の発言に耳を傾けるようクギを刺したわけだ。また、冷戦時の敵はとっくの昔に崩壊しているというのに、いまだに冷戦を前提に組織を運営している政府諜報機関を批判した。

たとえば諜報活動の六〇％は今も、国民国家の常備軍に焦点を当てています。（中略）これでは現実とバランスが取れておらず、適切とはいえません。最大の脅威となっている敵は手ごわく、無国籍で、非国家組織であり、大殺戮をもたらすほどの破壊力を身に付けています。

ホフマンはアメリカの諜報活動予算の見直しも提案した。予算規模は三百億ドルを超えているものの、外国のテロ集団について正式な総合評価を行ったのは湾岸戦争時の一九九一年だったからだ。人員や資金面で対テロ活動を見直すほか、麻薬取締局（ＤＥＡ）に相当する連邦機関を設置し、諜報活動全体を監督するよう求めた。ブッシュ大統領は数週間後に国土安全保障省（ＤＨＳ）の設置を決めたが、まさにＤＨＳに相当するものが必要であるとホフマンは訴えていたのである。

ホフマンによれば、アルカイダとの戦いは数十年に及ぶテロ活動の自然な帰結だった。起点は一九七二年のミュンヘン五輪だった。五輪期間中に、パレスチナ解放機構（ＰＬＯ）の過激派組織「黒い九月」によってイスラエル選手が殺害されたのだ。この事件が契機となって西側世界はようやく「テロは一時的な現象ではない」という可能性を考えるようになり、ランドのアナリストは本格的なテロ研究分野を立ち上げて「インテリジェンス」の分野で新境地を開いたのだった。

ランドでのホフマンの同僚、ブライアン・ジェンキンズは、テロに特化した研究プログラムをアメリカで始めた最初のアナリストだった。元グリーンベレー部隊員で、ランドのコンサルタントを務めることもあるジェンキンズは一九七二年、ランドの新所長になったばかりのドナルド・ライスに紹介された。そしてテロ研究プログラム構想を売り込んだのだった。その年、ジェンキンズは「国際テロ年表」を作成した。これは今では「テロのデータバンク」として知られており、あらゆる国際テロ活動を体系的に集約したものとしては第一号だった。彼を筆頭にランドのアナリストは「アメリカがテロとの戦争で何ができて、何をすべきなのか」について何十点に及ぶ論文を発表した。外国のテロ集団がアメリカ人の日常生活を脅かす時代が到来するよりもはるか前に、である。

当初、ランドは自己資金でテロ研究プログラムを支えた。体系的なテロ研究に資金を出すよう政府機関を説得できなかったためだ。つまるところ、一九六八年から一九七四年までの期間で、ランドが確認できた国際テロ事件はたったの五百七件であり、しかもそのほとんどが軽度のものだったのだ。連邦政府がテロ研究の有効性を認めるまであと数年かかった。

もちろんテロは目新しい現象ではない。歴史家によれば、テロ活動はローマ時代までさかのぼることができ、「テロ」という言葉が最初に記録として歴史に登場したのは、一七九三年から一七九四年にかけてのフランス革命の恐怖政治時代だという。しかし、それから数世紀たっても、テロを正確に定義するのは難しい。なぜなら、ポルノと同じように、見る人の視点次第で良くも悪くもなるからだ。政治的な動機に基づいた暴力は、その動機に賛同しない人にしてみればテロとなる。陳腐な表現だが、ある人にとってはテロリストでも、別の人にとっては自由の戦士なのだ。ランドのコンラッド・ケレンは次のように記している。「アメリカ初期の革命家は、現代の基準ではテロリストと見なされたことだろう。（第三代大統領の）トーマス・ジェファーソンは『自由の木を育てるためには時々、暴君の血という肥料をやらなければならない』と言った。彼の言葉が『初期の革命家＝テロリスト』という図式を裏付けているのではないか」

「テロは演劇」

最初のうち、ジェンキンズはテロの存在論的な意味合いに深入りしたくなかった。そこで、次のようにテロを定義した。「テロとは、犯罪的暴力を使うことによって、政府に政策変更を強要する行為だ。（中略）強制力を使って政府に何かをやめさせたり、思いとどまらせたりすることを目的にしている。（中略）テロは政治的な犯罪である」

ジェンキンズの定義は、「人間にかかわる事柄はすべて政治的」という古いことわざに従った場合に限って有効だった。[28]

しかし二十世紀終わりの「千年王国信奉集団」まで内包できなかった。たとえば日本のオウム真理教はジェンキンズの定義には含まれていなかった。この教団は、世界とまではいかないまでも、一国全体を破壊して新しい社会を築こうと思っていた。イスラム教における聖戦もジェンキンズの定義から外れる。

聖戦を担う戦士は、自爆攻撃や選別的殺戮によって宗教上の変容を遂げようとしている。一九七〇年代に旅客機をハイジャックしてキューバへ飛ぶように要求した犯人や、カリフォルニア郊外の銀行を舞台にして警察と撃ち合った過激派のシンビオニーズ解放軍（ＳＬＡ）は、オウム真理教やイスラム聖戦など宗教上の救済を目的にするテロとは似ても似つかなかった。

それでもやはり、無政府主義者による政治的暴力の波が時々訪れるのを除けば、西側諸国ではおよそ百年の間テロはまれだった。[29] 一九六〇年代後半にようやくテロが前面に出てきたのだ。ベトナム戦争の泥沼化と若者の抗議運動によって社会が分断され、それが反植民地主義と急進的革命運動と結び付いたのがきっかけだった。中心勢力は、毛沢東やフィデル・カストロ、チェ・ゲバラに刺激された社会主義者や左翼グループだった。しかし、バスクのＥＴＡやアイルランドのＩＲＡなど民族主義的な性格を持つグループにとってもテロは有力な武器になっていった。

一九九〇年代以前のテロ行為は、政治的な動機を持ったグループがもっぱら主導していた。それだけに、「テロは本質的に政治的な行動である」というジェンキンズの定義は実用的なものだった。この定義に従うことで、ランドはテロ集団を無力化し、最終的には抹殺する視点からその体制、指導者、起源などを分析できた。ランドは何年もかけてテロの定義を一段と洗練させ、最終的に「テロとはその行動の性質であって、テロ集団の政治目標や正体は重要ではない」と結論した。最も単純化した図式にすると、「テロとは、計算し尽くされた暴力行為、あるいは暴力を振るうと脅す行為であり、敵に恐怖心や警戒心を植えつけるのを目的とする」となる。

「テロのデータバンク」の誕生後、ランドのアナリストは「アメリカはテロに対応する準備ができていない」と警告した。一九八二年、ジェンキンズはランド主催のテロ会議向けに論文を書き、「テロに対する準備は不十分だ。アメリカ大使館は破壊され、アメリカ市民は誘拐され、アメリカのジェット戦闘機は地上で爆発しているというのに」と指摘した。しかし当時は、イスラエルを除けば、テロ行為の未然防止を目的に厳重な治安対策を導入する準備ができている国はほとんどなかった。

　ランドは、「テロは弱者の武器」という認識を持っていたから、テロ研究の発展に根本的に貢献できた。ランドの考えによると、「テロ行為は演劇である。何のために演技しているかといえば、それを見ている観衆のためだ。テロ行為の犠牲者はどうでもいいし、テロ行為によって直接影響を受ける人たちもどうでもいい」という。フランツ・ファノンのような思想家は一九五〇年代、弱者に対する不正行為を正すために、強固な権力機構に対して暴力的な反乱を起こすよう訴えた。「テロは弱者の武器」という事実をすでに認識していたのだ。

　ジェンキンズやホフマンらは、「テロが民衆の支持を得るためには劇場性が欠かせない」という考え方を、中国共産党指導者の毛沢東が採用した軍事戦略と結び付けた。毛沢東は、蔣介石が率いる中国国民党の軍に対して長期のゲリラ戦を繰り広げ、「成功のカギを握るのは民衆の支持」と確信した。なぜなら、革命軍に民衆の支持があれば、通常の軍事紛争では傍観者にすぎない民衆の中からも、新兵を次々と補充できるからだった。毛沢東は「銃口から権力が生まれる」と書いた。その銃口から弾丸が発射され、それがニュースとして全世界に広がる時代には、とても的を射た言い回しだ。テロは、ダニエル・エルスバーグの造語「柔道政治」の完璧な実例でもある。柔道政治は、今ではアナリストの間で「非対称」戦略の変形と呼ばれている。つまり、ローテクの武器を使い、世の中に対して最大の宣伝効果を発揮できるタイミングを選び、攻撃を仕掛けることだ。こうすることによってハイテクの武器を保有し、兵力でも勝る敵に打ち勝つのである。

　ジェンキンズによると、テロリストの攻撃手法もまた限られている。彼らの攻撃レパートリーには主に六つの基本戦術がある。爆破、暗殺、武力攻撃、誘拐、バリケード・人質、ハイジャックだ。攻撃手法に関してテロリストは、自ら革新するよりも物まねすることが多い。従って、政府が追い付いて保安対策を講ずるまでは同じ手法を使い続けるものだ。そんなわけで、旅客機ハイジャックと人質行為は一九七〇年代まで頻発した。状況が変わったのは、人質救出部隊が新設され、ハイジャック防止の国際条約に基づく取り締まりが徹底されてからのことだ。

自爆テロの模範となった日本人

一九八〇年代半ばまでに、ランドのアナリストは非常に危険な兆候を察知した。テロ行為がますます残忍性を高めているということだった。一九六八年、クロアチアの分離主義者が仕掛けた爆弾は、だれも傷つけることがないまま撤去された。ところが、一九八三年にはヒズボラ（イスラム教シーア派の過激派組織）系のテロリストが、レバノンの首都ベイルートで爆発物満載のトラックをアメリカ海兵隊の兵舎へ突っ込ませ、数十人のアメリカ兵の命を奪っている。ベイルートの兵舎爆破事件は非常に厄介な流れを作り出すことになった。中東の内外で過激派が自爆テロに走るという流れだ。

ランドの分析では、近代になって最初の自爆テロは一九七二年五月に発生した。このとき、パレスチナの大義のために日本人テロリスト三人がイスラエルのロッド空港に入り込み、キリスト教巡礼者の一団をめがけて手投げ弾を投げ付けた。この攻撃で二十六人が死亡したが、テロリストも現場でただちに〝天罰〟を受けた。三人のうち二人は、警備隊の反撃によって死亡した。第二次世界大戦中の神風特攻隊よろしく「決死の作戦」となったのである。

ランドのアナリストの考えでは、この事件がきっかけでパレスチナ人が同様の自爆テロに走るようになった。もし日本人が自分たちではなく他人の大義のために喜んで死ねるのならば、パレスチナ人は自分たちの大義のために犠牲になる覚悟を示さなければならないのだった。続く展開は必然的だった。大義のために自らの命を捨て去るのは、天国の血塗られた門につながるような称賛に値する行為である——自爆テロの動機づけだ。

このような戦術面での変化はテロ集団に予想外の成果をもたらした。一九八三年のベイルート兵舎爆破事件後、レーガン政権は「アメリカ人の命に見合うほどレバノンは重要ではない」と判断し、レバノンから海兵隊を引き揚げさせた、との見方が大勢である。レバノンからのアメリカ軍の撤退とアフガニスタンでのソ連の敗北は、サウジアラビアの資金援助を受けたイスラム原理主義の台頭と結び付いた。これを背景にして、テロ集団の間で一つの確信が生まれた。つまり、西側世界の大国の政策を変更させる方法をついに見つけたという確信が生まれたのである。西側世界とイスラエルを通常戦争で負かすことができないのならば、必然的な戦術としてテロが出てくるのだった。それは、その後何年にもわたって数百件もの自爆テロが発生し、結果としてイスラエルが軍事国家へ変貌したことで裏付けられている。

新概念「ネット戦争」

ランドの分析によると、一九九〇年代までに登場したテロリストは革命家、不満を持つ個人、人種的少数派、経済的困窮グループ、無政府主義者という五つのカテゴリーに分けられた。これから最も警戒しなければならないのは宗教的な過激派集団になる、とランドのアナリストは警告していた。標的になるのは世界銀行のような西側の金融機関、欧米の大企業、それにほかの宗教やその指導者だ。たとえばメフメト・アリ・アジャはヨハネ・パウロ二世を銃撃し、命を狙った。何よりもテロリストが注目したのは標的の象徴的な価値である。

彼らの狙いは、恐怖によって敵を心理的に打ち負かすことであって、軍事的に勝利することではないのだ。テロリストはゆくゆく核兵器、生物兵器あるいは化学兵器など大量破壊兵器の使用に走るかもしれない――ランドはこのように警告した。ランドによれば、テロリストの中でも特に警戒すべきは、国の支援を受けたヒズボラ（イランが支援）やハマス（シリアが支援）などである。

このような変化に対応し、ランドは一九九〇年代、テロ活動を分析する新手法を開発した。ジョン・アーキラとデビッド・ロンフェルトの二人が考案した新概念「ネット戦争」に基づくものだ。彼らの定義によると、ネット戦争では中央司令塔が存在せず、あたかもインターネットの世界のように、複数の小グループがお互いに連絡し合い、調整し合いながら軍事作戦を遂行するという。このようなネット型攻撃の登場によって、国際テロ活動との戦いが腹立たしくなるほどに困難になった。というのも、伝統的な権力機構が欠けていることから、まるでコンピューターネットワーク内のウイルスのように、テロリストの小グループが次々と自己複製して世界を〝感染〟させるからだ。アーキラとロンフェルトの二人は「技術に精通したテロ集団はインターネットを使ってネット戦争を展開し、西側世界の銀行、電力、国防産業の電子部門を破壊する」と想定した。アルカイダと多くの派生集団のネット戦争は少し違った。ランドのブルース・ホフマンが指摘したように、アルカイダは世界中にアルカイダの支部を広げるためにネット戦争の概念を活用しつつ、爆破、誘拐、暗殺など伝統的な攻撃手法を使い続けたのだ。

このような状況下でランドのアナリストは「テロを生み出したそもそもの条件を変えなければ、最終的にテロ問題を解決できない」と確信した。つまり、テロリストが育つ土壌を改善する必要があり、特に中東地域の人々に対しては、目標を達成するうえで殺人や暴力以外にもっと有益で効果的な方法があることを示さなければならない、と考えたのだ。

アルカイダの粉砕とテロ支援国家の転覆を目指して、アメリカ主導の軍がアフガニスタンとイラクを侵攻したのを受け、二〇〇六年にランドのブライアン・ジェンキンズは「テロ行為へのアメリカの軍事対応は逆効果になるかもしれない」と忠告した。アメリカがテロ集団を完全に抹殺しようとし、テロ集団を支援するすべての国家を攻撃すると、アフガニスタン侵攻後にイスラム原理主義者が姿を変えて世界中に散らばったように、紛争がテロの種を世界中にまくことになりかねない、という。要は、テロを打ち負かすには戦術と武器の組み合わせが欠かせず、何よりも思想が決め手になるのだ。

ジェンキンズはまた、テロの根絶を優先するあまりアメリカの価値観をないがしろにしてはならない、と警告した。つまり、アメリカが拷問、偏見、傲慢さなどを永久に放棄して伝統的価値観を守り続ければ、テロとの戦いに勝利するというのだ。アメリカの民主主義とアメリカの憲法がテロの犠牲になれば、アメリカ人は恐怖におののきながら生きていくことになり、結局はテロリストが勝利するだろう。

第20章　ネオコンによる帝国の建国

二〇〇三年にアメリカ主導の多国籍軍がバグダッドを攻撃した際のイメージは忘れられないものだ。数百キロも遠方に位置する水上艦から発射されるミサイルが、不気味な精度を保ちながら夜空を駆けめぐり、信じられないほど簡単に攻撃目標を破壊していった。バグダッドを爆弾で覆い尽くした一九九一年の「砂漠の嵐」作戦とは違って、「イラクの自由」作戦は軍事上の外科手術であり、SF映画から飛び出してきたような光景を映し出していた。

もしイラク侵攻がSF映画の『スター・ウォーズ』であり、アメリカ軍がジェダイ騎士団であるならば、「イラクの自由」作戦のヨーダはランドの元アナリスト、アンドリュー・マーシャルだ。しわくちゃ顔になった八十代のマーシャルは、柔らかな語り口と神秘的な助言を持ち味にしており、「小柄な賢人」というニックネームをもらっている。彼の影響力は絶大だ。著作物は数少ないとはいえ、その中で「軍事革命（Revolution in Military Affairs）」のガイドラインを示した。「自由のイラク」作戦と、その前の「砂漠の嵐」作戦はまさにこのガイドラインに従って行われたのである。事実、イラクでの戦争計画はランドで生まれ、サダム・フセインがアメリカ製ミサイルによるバグダッド攻撃という現実に直面するよりも二十年も前に練られていたともいえるのだ。計画はあきれるほど広範囲に及んだ。つまり、アメリカ陸軍を近代化させることで、世界地図を塗り替えるような政変を世界のあちこちで引き起こし、アメリカが二度と軍事的な脅威に直面することがないようにする――こんな内容だった。このように間違った夢を追い求めた結果として、全世界は痛々しい現実に苦しんでいるのだ。

最初の数カ月間は、マーシャルの理論はすべて正しいということが証明された。まるでジョージ・ルーカスの映画のように戦争を遂行できた。ほとんどアメリカ人の命を犠牲にすることがなかったのだ。人間がネバダ州空軍基地の操縦席に気軽に腰掛け、そこから八千キロも離れた戦地で無人飛行機を操り、頑強な敵に向かってミサイルを発射できた。マーシャルが提唱したRMA、つまり軍事革命は紛れもない成功だった。イラク占領後は、自爆攻撃に走るイラク人反乱分子と聖戦士が増え、ベトナムのアメリカ、アフガニスタンのソ連、アルジェリアのフランスを再現するかのようにイラクの多国籍軍は行き詰まった。しかし、対ゲリラ作戦で失敗し、流血の事態を招いたイラク統治政策はマーシャルの領域ではなかった（事実、ランドは「過信は禁物である」と警告する論文を多数発表し、十分な兵力を配備しなければイラクの統治政策は失敗すると予測していた。これは、アメリカの駐イラク大使ポール・ブレーマーが認めたことでもあった）。

生き字引

一九七三年以来、マーシャルは相対評価局（ONA）局長を務めていた。相対評価局は、ランド出身の国防長官ジェームズ・シュレシンジャーが国防総省内に設置した秘密組織めいた部局だ。一九五〇年にランドの経済学部に加わったマーシャルは、アルバートとロバータ・ウォルステッター夫妻と極めて親しかった。ロバータは日本軍による真珠湾攻撃をテーマにして画期的な研究を行ったが、彼女に真珠湾攻撃の研究を勧めたのはマーシャルだ。マーシャルはまた、一九五〇年代終わりにアイゼンハワー政権のもとで、国防問題を論じた「ゲイサー委員会」のアドバイザーを務めたほか、民間防衛でハーマン・カーンと、ゲーム理論でトーマス・シェリングと一緒に作業したことがある。一九六〇年代にはランドからペンタゴンへ人材が大量に流出し、一九七〇年代には「ペンタゴンペーパー事件」でランドは大混乱に陥った。その間もマーシャルはランドに籍を置き続けた。

マーシャルがペンタゴンの相対評価局を率いている間、大統領は七人交代した。どの大統領も、相対評価局の機能や人員をほとんど変えないまま、マーシャルを再任した。そんなわけで、引退する気持ちのないマーシャルは、ランドの黄金時代を経験した著名核戦略家の中では連邦政府でなお現役で働く唯一の存在となった。

マーシャルの門弟の一人である元海軍長官ジェームズ・ホーナーは、二〇〇三年の式典でマーシャルのことを次のように面白おかしく紹介した。

アンディ（マーシャルの愛称）は、（南北戦争時の）ファラガット提督が健在だったころに相対評価局局長でした。同ポストにアンディを任命したのは、（アメリカ独立戦争時の）ジョージ・ワシントン将軍で、同将軍は大陸軍最高司令官を辞任する直前でした。アンディは昨夜、五十回目の結婚記念日を祝いました。そして今日は八十二回目の誕生日を祝っています。今も現役であり、我々が所属するペンタゴンでフルに働いています。（空軍の）ジョン・ジャンパー将軍と私は困難な状況に直面すると、いつもアンディの言うことに耳を傾けます。アンディはかつて私に「愚行を回避しようとすればできないことはない。でも限界があり、どうやっても愚行が起きてしまう」と言いました。ジャンパー将軍と私はその言葉を何度も何度も唱えています。

相対評価局での最初の二年間で、マーシャルはアメリカ軍とソ連軍の相対的な戦力について一連の研究を手掛けた。一九八〇年代の初めには、アルバート・ウォルステッターの影響を受け、アメリカの軍事力に対する基本認識の見直しに取りかかった。戦争に勝つには核兵器での優位性だけで十分という通説に疑問を感じたからだ。皮肉にも、マーシャルが疑問を持ったきっかけは、アメリカのイデオロギー上の敵であるソ連のニコライ・V・オガルコフ元帥が書いた著作物を目にしたことだった。

「軍事革命（RMA）」

一九七〇年代の終わり、オガルコフは「核兵器は時代遅れになった」という驚くべき結論に至った。「祖国防衛に常時備えよ」と題した小論文の中で、「今やどの国も核兵器の使用をためらうようになった。そのような状況下では、技術革新に伴って起きている大変化がカギを握る。つまり、技術革新を生かす方法を知る国が戦場で圧倒的な優位性を確保するだろう」との見方を示した。

マーシャル自身もどこで自分の考えが変わったのか認識していた。「当時、RMAの基本原理をめぐって知性を働かせ、軍事上の技術革新の長期的影響を考察していたのは、アメリカではなくソ連の軍事戦略家だった」とは彼の言葉だ。

ペンタゴンに対してRMAガイドラインを報告書の形で正式に提案したのは、「長期統合戦略委員会（CILTS）」だった。同委員会は、レーガン政権の政策担当国防次官で元ランド職員のフレッド・イクレの助力を得て、マーシャルとウォルステッターが一九八〇年代初めに設置したものだ。国益に最もかなう政策提言を行う目的を持って、二十年後の未来世界における戦争の形態を予測し、報告書にまとめた（同委員会の予測の中には、サウジアラビア、イラク、アルゼンチンなど世界四十カ国前後が二〇〇〇年までに核兵器の製造能力を身に付けるというものがあった）。

マーシャルの門下生アンドリュー・クレピネビッチは、ＲＭＡを「戦闘方法の不連続性」と定義し、時代とともに戦闘方法が何度も変革する点に注目している。クレピネビッチらＲＭＡ理論家によれば、それまで軍事力で二流に甘んじていた国に未知の優位性を与えるような技術革新が起きると、連続性が途切れ、断絶が発生する。古くは、紀元前十八世紀に二輪戦車「チャリオット」が広範に使われるようになって戦場の様子が一変したし、古代ギリシャは重装歩兵の密集隊形「ファランクス」の導入によって旧来の敵ペルシャを打ち負かし、既知の世界の半分を征服した。近世ではナポレオン時代に社会・政治体制が進化したことに伴って、戦術や後方支援の面で大変化が起きた。クレピネビッチらの調べによれば、世界史上少なくとも十二回のＲＭＡ、つまり軍事革命が確認でき、そのうち六回は過去二百年間で、三回は一九三九年以降に起きたものだという。

ＲＭＡ理論家の見方では、一九四〇年に対イギリス、フランス、ベルギー、オランダ戦でドイツが勝利したのはＲＭＡの成果であり、陸上戦で新時代の到来を告げるものだった。ドイツの勝利をきっかけに、戦場に最大数の兵士を配備したからといって自動的に最強の戦力を手にしたとはいえなくなった。代わりに勝利のカギを握るようになったのは、新技術を使いこなす能力だった。すなわち、最新式戦車や無線を戦場に投入しつつ、組織や作戦面の新ノウハウを活用する能力である。[30] 第二次大戦中、陸上戦と並行して海上戦でも同様のＲＭＡが起きた。大型空母が登場したことで、大型戦艦が至近距離で砲撃し合うという昔ながらの海戦が姿を消した。代わりに、大型空母が基地として機能し、そこから爆撃機が発進し、ミサイルが発射されるようになった。

そして、ＲＭＡの中でもとりわけ劇的なＲＭＡが訪れた。核兵器の開発だ。広島と長崎への原子爆弾投下によって戦争の性質が一変した。特に、水素爆弾と中性子爆弾が開発されると同時に、大陸間弾道ミサイル（ICBM）の配備が完了すると、すべての文明が地球上から抹殺されるという可能性さえ現実味を帯びた。バーナード・ブロディーと同様に、クレピネビッチは「多くの軍事戦略家の考えでは、新兵器（核兵器のこと）の唯一の目的は戦争開始ではなく、戦争抑止になった」と指摘している。

従って、二〇〇三年にアメリカ軍が主導したバグダッド侵攻と、第二次大戦中にドイツ軍が行ったベルギーとフランス両国への攻撃が似ているのは、偶然ではない。RMAの文脈では、ナチスドイツの「電撃戦《ブリッツクリーク》」は現代では最も際立つものの一つなのだ。[31]

ペンタゴン知識人の中で、マーシャルとウォルステッターの二人はRMAという新思考を体系化した初のアメリカ人だった。[32] かつてランドのインテリ連中は、「カウンターフォース（対兵力攻撃）」や「フェイルセーフ（多重安全装置）」といった新概念を編み出し、戦略分析に対するアメリカの考え方を変えた。同じようにしてマーシャルとウォルステッター、それに彼らの弟子も、レーガン政権が好んだ弾道弾迎撃ミサイル（ABM）システムなど「スターウォーズ」技術の重要性を説き、戦争理論を一変させた。向こう数年間、ハイテク兵器を重視するRMAはアメリカ軍の行動基準となり、より多くの、より大型の、より殺傷力のある武器に対するペンタゴンの欲求を刺激するのだった。

ウォルステッターの描いた戦争

実際に大きな変化がその後、起きている。最大の技術革新はマイクロチップの利用拡大である。それより前の数十年間で登場した戦車、空母、核兵器などと同様、マイクロチップの登場によって戦争のやり方が様変わりした。もはや国家機密でもなくなったデジタル通信の発展に助けられたアメリカは、日増しに老朽化していく核戦力への依存をやめた。代わりに身軽で高度な機動力を誇る下士官戦闘部隊を編成し、そんな戦闘部隊を使ってイラクの指導者サダム・フセインを倒したのだ。リチャード・パールは二〇〇三年のイラク侵攻について次のように解説している。「アルバート・ウォルステッターが思い描いていた未来の戦争ビジョンを現実化する方法で遂行された最初の戦争だ。これほど短い時間で圧倒的な勝利を収め、しかもほとんど死傷者は出ず、損害がないのである。ウォルステッターの戦略とビジョンを実行に移した戦争といってもいい」

元国防次官補のポール・ウォルフォウィッツによると、ウォルステッターが展開した「精密誘導兵器（PGM）は核兵器よりもさらに有用である」という主張は、第二次戦略兵器制限条約（SALT-II）をめぐる米ソの長期交渉の過程で裏付けされた。交渉中、アメリカが射程距離六百キロ超の巡航ミサイル「トマホーク」などの使用を全面禁止する場合に限って、ソ連はSALT-IIで合意する用意があった。トマホークミサイルは、攻撃型潜水艦が発射する核弾頭非搭載の巡航ミサイルである。SALT交渉を有利に進めるための切り札として、キッシンジャーの指示を受けて開発・製造されたものだ。海軍はこのような巡航ミサイル導入にあまり熱心ではなかった。核兵器の使用に欠かせない魚雷の格納スペースを使ってしまうからだった。

ウォルフォウィッツは次のように回想している。

「通常兵器（トマホークミサイルなどのこと）は魚雷の格納スペースに入れるだけの価値はあるはずだ」と言ったのはアルバートと彼のグループでした。（中略）当時の国防長官はラムズフェルドと呼ばれる男で、どんなことをしてでもソ連に屈したくはなかった。たとえ海軍幹部が「潜水艦にトマホークミサイルは要らない」と言ったとしても、ラムズフェルドは断じて認めることができなかった。（中略）そういうわけで、一九九一年の湾岸戦争でトマホークミサイルが直角に曲がる姿を見るのは、個人的に非常に大きな満足感を伴うものでした。このミサイルはアルバート・ウォルステッターが十五年も前に思い描いたことを実際にやってのけ、彼の考えが正しかったことを証明したのです。

通常兵器はベトナム症候群の特効薬

ＲＭＡ理論の最終勝利をめぐる議論で重要なポイントの一つは、ベトナム戦争が国の政策へ与えた長期的影響だ。ウォルステッターは「ベトナムで起きた最悪の惨事は、ベトナム戦争から我々が学んだ『教訓』かもしれない」と記している。何を言おうとしているのかというと、左翼グループはベトナム戦争に暴力的に反対し、タカ派グループは孤立主義者になって「アメリカ要塞（フォートレス・アメリカ）」の構築を提唱するなど、いろいろな力が相互作用し、アメリカは外国への介入全般に慎重になるというのだ（ウォルステッターはこの状況を「ＳＡＣ-ＳＤＳ体制」と呼んだ。すなわち、空軍の戦略空軍司令部（ＳＡＣ）のタカ派集団と左翼学生運動「民主社会のための学生連合（ＳＤＳ）」の革命家集団が思想的な同盟を組むというわけだ）。

こんな状況下で国民感情は内向きになり、ウォルステッターは「有権者が自己中心的な殻から抜け出すとすれば、それはアメリカ本土が直接攻撃を受けるという危機に直面したときだけ」と警告した。ウォルステッターにはもっと大きな懸念材料があった。「相互確証破壊（ＭＡＤ）」と呼ばれるアメリカの核戦略に変更がないことだった。彼は次のように説明している。「ＭＡＤは、あらゆる対立を二者択一にする。つまり、『核戦争』か『何もしない』かの選択にする戦略だ。（中略）これはそれほど悪いことでもない。（中略）なぜなら、左翼の楽観主義者の考えに従えば、我々は『核戦争』と『何もしない』の中間ではなく、必ず『何もしない』を選ぶはずだからだ。また、タカ派の楽観主義者の考えに従えば、敵は我々の大規模報復を回避しようと思い、同じように『何もしない』を選ぶからだ。たとえ『核戦争』で相互に破滅するシナリオを全面的に信じていなくても、敵が『核戦争』を選ぶことはないだろう」。ウォルステッターは常に柔軟な対応を提唱し、アメリカは国益を守るためにどこにでも介入する権利を保持すべきだと主張してきた。そのため、「核戦争」はもちろん「何もしない」展開にもおののいた。現実主義者であるウォルステッターは、通常兵器の開発によってベトナム症候群から脱せると考えたのだ。

踏み込んで語ることはなかったが、ウォルステッターとマーシャルの二人は「アメリカは博愛主義の国であり、世界各地で起きる紛争を解決する仲裁者として振る舞っても、それは正当化できる」という考え方を共有し、これがRMAの底流を流れる原則になった。この考え方が二人の判断基準を特徴づけたばかりか、ランドの同僚が手掛ける大量の研究も特徴づけたのは、偶然ではなかった。

この意味で興味深いのは、ランドのジョン・アーキラと駐国連大使のザルメイ・ハリルザドによる研究だ。元イラク大使でもあるハリルザドはシカゴ大学でウォルステッターの教え子だっただけに、とりわけ注目に値する。プラトンがソクラテスを解析したように、複雑で紛争が絶えない世界のためにハリルザドはウォルステッターの思想の体系化を試みている。

アフガニスタンに介入

アフガニスタンで生まれ、ベイルートのアメリカン大学で教育を受けたハリルザドは、シカゴ大学ではウォルステッターのお気に入りだった。ベイルートの同窓生によると、ハリルザドはパレスチナ解放を支援する会合に出席し、寮の自室の壁にはエジプトのナセル大統領のポスターを張っていた「急進的アフガニスタン人」だった。しかし、一九七〇年代半ばにシカゴ大学に入学し、政治の分野で博士号取得を目指し始めると、政治的立場をがらりと変えてしまった。

バグダッドのアメリカ大使館から電話インタビューに応じたハリルザドは次のように回想するのだった。「大学では何人か友人ができて、ウォルステッター教授の『核戦争と古典戦争』という授業に顔を出すよう勧められました。友人たちは『ウォルステッターはなかなかの教授で、現実世界の実例をたくさん使いながら教えてくれる。ケネディ政権で理論が実際にどのように応用されているとかもね』と言うのです。私はOKし、教室に入り、最後列に着席しました。間もなくアルバートが入ってきて戦争の確率をテーマに話し始めました。その中で、核戦争の『固定確率』が核戦争の『永久確率』を不可避にするという考え方に触れました。そこで私は手を挙げて、平和の『永久確率』はどうなのか、と質問したのです。すると、名を聞かれ、授業後に教室に残るように言われました。彼のゼミへの勧誘でした。『ゼミに登録していません。単なる聴講生ですから』と説明したのですが、熱心な誘いに根負けして、結局ゼミに入りました。その学期が終わるころには、彼の助手として働いていました」

ウォルステッターの国際的で洗練された生活スタイルは若い大学院生のハリルザドに深い印象を与えた。同窓生の一人が回想したところでは、ハリルザドはウォルステッターが主催する伝説的な夜会に魅了されてしまった。湖畔にあるしゃれたウォルステッター宅へ着くと、あまりに贅沢な環境に驚き、否定しようもない蓄財に目を丸くした。そこで、フランスのマルクス主義哲学者アレクサンドル・コジェーヴ著の『ヘーゲル読解入門』を一部借りた。返却の際には「ブルジョア知識人は決して戦

ランドの同窓生で、アルバート・ウォルステッターの秘蔵っ子である
国連大使ザルメイ・ハリルザド（右端）。国務長官のコンドリーザ・ライス（左端）と
大統領のジョージ・W・ブッシュ（手前中央）とともに、2007年9月の国連総会に出席。
彼らの後方に座るのは国家安全保障問題担当の大統領補佐官スティーブン・ハドレー。

Photo : Jim Watson/AFP/Getty Images

わないし、決して働かない」という一文に下線を引いていた。次の夏、ハリルザドはウォルステッターのコネを使ってランドで職を得た。

ハリルザドによると、ウォルステッターが用意したアフガニスタン構想の存在こそ、ソ連がアフガニスタンで失敗した一因であるという。彼は次のように説明している。

「アルバートとの議論の中でアフガニスタンの問題が出てきました。カーター政権は『アフガニスタンがソ連にのみ込まれるのは仕方がない』と考えていたのですが、アルバートはそれに同意できずに、代わりに猛烈に動き回りました。結局、『アメリカの十分な支援を受ければアフガニスタンはソ連に勝つ』という自説を関係者に認めさせたのです」

ハリルザドは「アメリカはゲリラ勢力を支援すべきだ」と主張し、ウォルステッターを援護射撃した。コロンビア大学の教授になると、息を合わせるかのように、ウォルステッターが掲げる「アフガニスタンでソ連を軍事的敗北に追い込むことは可能」という説を補強する論文を発表した。ハリルザドとウォルステッターの二人がカーター政権内の人たちに自分たちの考えを訴えたところ、最終的に同政権は折れ、肩に担ぐ携行式の地対空ミサイル「スティンガー」をアフガニスタンのゲリラ勢力へ供給した。この重要な決定によって、ゲリラ勢力はソ連の大幅な優位性を覆す手段を手に入れた。ソ連はそれまで武装ヘリコプターを使ってゲリラの拠点を攻撃していたのだが、地対空ミサイルの攻撃を受けるようになって優位性を保てなくなったのだ。

「アフガニスタンへのメッセージは『我々はその気になれば何でもできる』ということでした。スティンガーミサイルに限らず、大量の軍事関連機器を供給できるし、諜報活動でも協力できます」とハリルザドは振り返った。「いったんアメリカがノウハウを提供し始めると、ソ連は戦争をエスカレートさせるか、それとも引き揚げるか、どちらかの選択を迫られました。結局、ソ連は引き揚げたわけです」

次の焦点は「帝国の維持」

ロナルド・レーガンの大統領就任に伴い、マーシャルとウォルステッターは自分たちの「未来戦争理論」を実戦へ応用させるうえで理想的なポジションを得た。

二人はアメリカの世界観を再構築したいと思い、一九七〇年代後半にその思いを行動に移した。SALT交渉とABM制限交渉に反対する一方で、ロビイスト団体「現在の危機に関する委員会（CPD）」を支持し、いわゆる「チームB」の実験に賛成したのだ。次の一歩は理屈のうえではRMAになる。二人が描く新しい世界秩序では、アメリカが君臨し、アメリカの原則に導かれる世界が誕生し、そこではアメリカは自国の利益を守り、アメリカの価値観を海外に広めるために機先を制して、必要ならば一方的に行動するのだ。彼らが用意した処方箋は「力による平和」であり、それは古いパクスロマーナ（ローマ支配による平和）と何ら変わらなかった。初代皇帝カエサル・アウグストゥスはパクスロマーナの名の下に、ローマの力を既知世界の全域に広げようとしたのである。同じ考え方からポール・ウォルフォウィッツも「パクスアメリカーナ（アメリカ支配による平和）」を提唱したといっていいだろう。

このように大胆にアメリカの力を主張するのは、「帝国」以外の何ものでもない。「帝国」という言葉は、十字架やキリスト教と同じように最初のうちは聞き捨てならないものの、やがては名誉の勲章となるのだ。[33]

一九七〇年代終わりから一九八〇年代初めにかけて知的成熟を遂げたネオコン（新保守主義）は、ほとんど神聖な戒律として「アメリカが世界を支配すべき」と信じ込んでいた。アメリカ軍産複合体の中間管理職から指導者クラスの人間の多くは、ウォルステッターとマーシャルの信奉者だ。リチャード・パールが言ったように国防長官ドナルド・ラムズフェルドさえ自分のことを「ウォルステッターの門弟《もんてい》」と考え、アンドリュー・マーシャルの信奉者はあまりに多かったことから自分たちのことを「聖アンドリュー私立学校の生徒」と呼んだほどだ。

マーシャルは国防総省・相対評価局局長の立場から新型兵器の開発を求めた一方で、ウォルステッターはワシントンの有力議員を相手にロビー活動を展開し、新型兵器の開発を議会が承認するよう訴えた。たとえば空中発射型の対装甲誘導弾を開発すれば、アメリカ陸軍の機甲部隊を導入しなくても、敵の機甲部隊の前進をその場でストップさせることができる、と主張した。また、戦闘中に敵のコンピューターネットワークを無力化するサイバー技術の開発を提唱した一方、戦場にいる兵士の精神状態を混乱させる物質について研究するよう求めた。最新式の通信機能を備えた「外骨格」として機能する兵士用甲冑《かっちゅう》のほか、高性能の「スマートミサイル」の開発も検討課題として挙げた。スマートミサイルとは、百六十キロ以上も遠方に位置する潜水艦から打ち上げられながらも、イラク軍の戦車のエンジン音を頼りに自動的に目標めがけて飛んでいき、同軍の機甲部隊の前進をくい止めるというものだ。

マーシャルは、世界的規模でのアメリカの利権を守るための高度な新技術のことを日々考えていたわけだが、ほかにも仕事を抱えていた。毎年一連のセミナーを開き、想定外の敵の出現をめぐる議論も熱心に展開していた。毎晩、次の戦争のことで思い悩みながら就寝すると評判の男にはお似合いのテーマだった。一九八〇年代前半には、マーシャルは次の仮想敵として中国に注目し始めた。この分野では、ハリルザドが編集したランドの研究論文に助けられた。この論文は、中国の台頭は二十一世紀最大の安全保障問題になると断じていた。

ハリルザドは今、中国に対する見方は時期尚早だったと感じている。「多くの人たちが『冷戦後最大の緊急問題は中国』と思っていました。しかし9・11後、テロが最大関心事になったのです。時間とともに中国は重要になってくるでしょう。友人と冗談を言い合うことがあります。中国は間接的に9・11にかかわったかもしれない、と。なぜなら、9・11をきっかけに我々は中国問題を意識しなくなり、ほかの問題へ関心を移したからです」

ジョージ・H・W・ブッシュ大統領の時代にソ連が崩壊し、目がくらむほどの一極構造が生まれたことで、マーシャルとウォルステッターは当初混乱した。奇妙なことに、ペレストロイカ（改革）がソ連崩壊の引き金となり、ペンタゴンが明確に敵と定義する相手がいなくなるとは、二人とも予見しなかったのだ。

しかしネオコンは、アメリカの覇権を決定づける史上最高のチャンス到来と考えた。ソ連と同じような超大国が二度と現れないようにするばかりか、偉大な帝国よろしくアメリカはその国力維持に必要なエネルギー源確保へ動くことになるのだ。膨大な石油埋蔵量を誇る中東が焦点になるのは当然の成り行きだった。アメリカは中東での権益を拡大するためのキャンペーンに乗り出し、中東の反動的な独裁国家を作り変えようと動くのだった。平和的に、しかし必要ならば武力に訴えてでも、である。

このような政策スタンスは、親イスラエル派のウォルステッターにぴったりだった。世俗的なヒューマニストのウォルステッターは、かつてユダヤ人かどうか尋ねられて、彼らしい機知に富んだ表現で「神に誓って違います！　しかし、両親はユダヤ人でした」と答えている。中東で唯一の民主主義国家としてイスラエルを位置づけ、同国の熱烈な支持者であった。ソ連が崩壊し、イラン・イラク戦争がとりあえず終焉すると、ウォルステッターとマーシャルは「近いうちに中東へアメリカの地上軍を派遣しなければならないだろう」と認識した。イラクのクウェート侵攻が転換点だった。帝国主義、シオニズム、軍国主義、無知な理想主義など、ネオコンのさまざまな流派が「サダム・フセイン打倒」で一つにまとまったのだ。これはまた、RMA理論家にしてみれば新兵器や新戦術を実戦で使う実験にもなるのだった。

ウォルステッターは次のように記している。「イラクとクウェートから追い出さなければならないサダム・フセインの存在は、はるか前に自明となるべきだった事実を浮き彫りにしている。つまり、共産主義帝国が崩壊し、民主主義や自由経済へ移行しているなかで、世界になお軍事的脅威が残り、アメリカと同盟国の重要な利権が脅かされている、ということである。我々は、このような脅威と向き合うための戦略と軍事力を必要としている」

一九九一年の「砂漠の嵐」作戦は、ＲＭＡ理論家の正しさを裏付けたものの、政治的な側面では多くを達成しなかった。クウェートからイラク軍を撃退するのに成功した後、ジョージ・Ｈ・Ｗ・ブッシュ大統領がサダム・フセイン政権の転覆を拒否した。すると、マーシャル、ウォルステッター、それに二人を信奉するペンタゴンとランド関係者にとって、フセイン打倒は至高の目標となった。

彼らにとって最大の武器は、教養はあるものの、ヨルダンの銀行で横領罪や偽造罪などに問われて指名手配されたこともある小太りの亡命イラク人、アハマド・チャラビだった。

第21章　イラク占領

アハマド・チャラビが魅力的な男であることはだれも否定できない。高価なスーツ、異国風のアクセント、落ち着いた物腰を持ち味にしており、アジアのどこかの小国の君主と思われてもぜんぜん不思議ではない。サダム・フセイン打倒のためにアメリカをうまく説得して多額のカネを出させることができる亡命イラク人がいるとすれば、それはチャラビだった。彼は「イラクのタレーラン（フランス革命・第一帝政期の政治家）」を目指したが、あまりに現実離れした試みであり、成功するはずはない、と当初は見なされた。しかし、巧妙な策略を練り、アメリカ軍産複合体とのコネを使い、ニーチェならば「権力欲」と呼んだであろう志に従って、自らの目的を達成した。中東の勢力地図をアメリカに塗り替えてもらおうと画策する人たちの操り人形になって、である。

モデルはトルコ

チャラビがワシントンの政界で頭角を現すようになったのは、彼がポール・ウォルフォウィッツのオフィスでアルバート・ウォルステッターに会い、そそのかされたからである。中東研究家のバーナード・ルイスは、友人のウォルフォウィッツとウォルステッターがチャラビに利用価値を見いだすだろうと思い、前もって二人にチャラビのことを話してあった。ウォルフォウィッツ、ウォルステッター、ルイスの三人は価値観を共有していた。つまり、三人とも世俗的ユダヤ人で、イスラエルの擁護者であるうえ、合理性とアメリカ的価値観の普及に入れ込んでいた。ウォルステッターとルイスは、トルコ共和国の初代大統領ケマル・アタチュルクに心酔している点でも共通した。アタチュルクによるトルコ近代化をモデルにして、チャラビが新生イラクを率いる――このように期待したのだ。[34]

第一次世界大戦でオスマン帝国が崩壊すると、アタチュルクはイタリアのムッソリーニが権力把握に動くのを懸念し、トルコの国家体制を抜本的に作り変えた。強制的に近代化計画を実行し、問答無用で国民を近代世界の中へ放り込んだのだ。

チャラビ――七つの命を持つネコ

アハマド・チャラビという人間の中に、ウォルステッターとルイスはイラク近代化に必要なアタチュルク的な要素を見いだした。サダム・フセインのファシスト的なバース党が略奪行為に走った後だけに、西側自由主義世界ではチャラビと亡命イラク人の反体制組織「イラク国民会議（ＩＮＣ）」への期待はいやがうえにも高まった。つまり、チャラビとＩＮＣ主導で、選挙の洗礼を受けた民主的政府をイラクに樹立し、イスラエルと和平条約を締結し、アラブ世界のお手本にする、という期待だ。イラクはアラブ世界でいわば「文明発祥地」の役割を担うわけだ。ルイスは次のように書いている。

新政府の中核はすでに用意できている。アハマド・チャラビ率いるイラク国民会議だ。一九九〇年代に北部自由地帯で建設的な役割を果たしている。肝心なときに我々から必要な支援を受けていれば、彼らは（フセインを追い出して）イラク解放を実現していたかもしれない。サボタージュと呼べるほどアメリカの支援が欠けているにもかかわらず、イラクでなおも頑張って持ちこたえている。新生イラクを率いる候補として、経験、信頼性、誠意のどれをとっても彼らがベストであり、そのことに疑いの余地はない。

チャラビは波瀾万丈のキャリアを歩んできた。何度も死ぬ目に遭いながら、そのたびによみがえることから、「不死鳥」とも呼ばれた。イラク人がチャラビに付けたニックネームは「七つの命を持つネコ」だ。このネコは、何回窓から飛び降りようとも必ずうまく着地し、のこのこと歩いて行ってしまうのだ。抜け目なく、ゴロゴロとのどを鳴らしながら。

古代から続くイラクの名門一族の出身であるチャラビは早熟な子供で、バグダッド中心部にあるイエズス会系の学校に通っている間は何度も飛び級した。一九五八年に国王のファイサル二世が暗殺され、王制が打倒されると、チャラビ一族は財産の大半を失い、国外へ脱出した。十二歳のアハマドはイギリスの全寮制の学校へ通い、アメリカで教育を終えた。マサチューセッツ工科大学（ＭＩＴ）と同大大学院で数学の学士号と修士号を取得した。その後、ウォルステッターが当時教鞭を執っていたシカゴ大学へ移り、数学の博士号も取得した。チャラビによると、シカゴ大ではウォルステッターに会うことはなかったという。

イラク国民会議

一九七七年、ヨルダンのハッサン皇太子に呼ばれ、同国のアンマンへ移住した。そこでペトラ銀行を創業し、短期間で同銀行をヨルダン第二位の金融機関へ成長させた。また、イラク王家と同族のヨルダンの王室と親しくなった。モダンアートで飾られた豪華な邸宅に住み、子供たちは王室一族と乗馬を楽しんだ。亡命生活の苦しみは大きな富によって和らげられた。

　しかし、チャラビは一九八九年にヨルダンを逃れてロンドンへ移り、妻と子供四人と共に再び亡命生活を強いられた。自ら創業した銀行を破綻させたとして当局の追及を受けたためだ。一九九二年、ヨルダンの裁判所から被告人不在のままで、横領、偽造、窃盗など三十一項目に及ぶ罪で有罪判決を受けた。重労働を伴う二十二年の懲役刑で、七千万ドルの返還を求められた。[35]

　ヨルダンから逃れて以降、チャラビは銀行詐欺事件以上の重荷を背負うことになった。一九九二年五月、ウィーンにＩＮＣ、つまりイラク国民会議を共同で設立したのだ。ＩＮＣは政治的にも宗教的にも多様なイラク人で構成される反体制組織であり、民主主義、連邦主義、人権を基本理念とする政権の樹立を目的として掲げた。

　チャラビはクルド人支配地域であるイラク北部にＩＮＣ本部を設置した。湾岸戦争後の終戦協定に加えて、アメリカとイギリスによる飛行禁止空域の指定もあり、イラク北部の山岳地帯は事実上の自治区となったからだ。

　一九九二年七月、チャラビはサダム・フセイン打倒のための一連の計画を実行に移し始めた。三千人の兵士と数十台の装甲車による機甲部隊を編成し、バグダッドへ向けて送り込んだのだ。しかし、フセインに忠実な共和国防衛隊の待ち伏せに遭い、反乱軍は鎮圧された。その際、反乱軍の将校八十人以上が捕らえられ、拷問され、殺害された。三年後、チャラビは再びクーデターを画策。今回はバース党幹部や共和国防衛隊将官の一部と共謀しており、全国規模の蜂起を引き起こせると期待していた。ところが、フセインは反乱勢力側に内通者を忍び込ませており、蜂起計画が動き出す前に百人以上の将校が逮捕された。その後、わいろを受け取ったクルド人指導者の協力を得て、イラク軍はイラク北部のＩＮＣ本部を攻撃し、破壊した。

アメリカ新世紀プロジェクト

チャラビはついに「イラク人だけでは武力でサダム・フセインを打倒できない」と悟り、アメリカの戦略家や政治家の説得に全精力を注ぐようになった。イラク人に代わってアメリカ人に武力でフセインを打倒してもらおうと考えたのだ。ウォルステッター、ルイス、ウォルフォウィッツに加えて、ウォルステッターの秘蔵っ子ザルメイ・ハリルザドとリチャード・パールもすぐに賛同した。ハリルザドはチャラビについて「ヨーロッパ、アメリカ、イラクで支持を集めるため組織的なキャンペーンを展開しており、サダム・フセインとの戦いでは中心人物の一人」と評するのだった。

チャラビ自身は次のように語っている。「ルーズベルト大統領のことを念入りに研究しました。ナチスを忌み嫌っていたルーズベルトは、アメリカでは孤立主義が蔓延していたにもかかわらず、うまく国民を説得してアメリカを参戦へ導いたのです。ルーズベルトのことは非常に尊敬しています。そんな気持で彼のことを研究し、多くのことを学びました」

チャラビがアメリカの政策に影響を及ぼせた一因は、アメリカの外交政策集団が抱く罪意識だ。一九九一年にフセインがシーア派の反乱を弾圧した際に、アメリカが必要な武力介入を行わず、反乱勢力を見殺しにしたことに対する罪の意識である。チャラビのフセイン打倒キャンペーンはネオコン（新保守主義）と共和党の利益に合致した一方で、チャラビはネオコンと共和党から支援を受けるという形で利益を得た。双方の利害が一致したのだ。チャラビの存在はクリントン政権に次のことを思い出させるのだった。中東には仕掛かりの仕事があり、もし民主党がやり遂げなければ共和党がやり遂げる――。

チャラビはワシントンの政界に食い込むため、相手が聞きたいと思うことは何でも言った。「民主的な新生イラクはイスラエルと国交回復する」と確約したほか、「かつてイラクのキルクークとイスラエルのハイファをつないでいた石油パイプラインを再び開通させる」とまで公言した。アメリカ最強のロビイスト団体の一つ、アメリカ・イスラエル公共問題委員会（ＡＩＰＡＣ）の手法をまねて、積極的にロビー活動を展開したのである。

ウォルステッターとパールのコネを使い、チャラビは上院の大物議員トレント・ロットと下院議長のニュート・ギングリッチに加えて、二人の元国防長官にも話を聞いてもらえた。石油関連企業ハリバートン社長のディック・チェイニーとランド研究所理事長のドナルド・ラムズフェルドの二人だ。チャラビはまた、軍事的にサダム・フセインを打倒する計画をめぐり、中央情報局（ＣＩＡ）長官のジェームズ・Ｄ・ウルジーとウェイン・ダウニング将軍とも密接に連携した。同将軍は、ジョージ・Ｈ・Ｗ・ブッシュ（父）政権の国家安全保障会議のメンバーだった人物だ。「イラクの独裁政権転覆はアメリカの国益にかなう」とアメリカ国民に信じ込ませる道具となったのが、一九九七年に発足した非営利のシンクタンク「アメリカ新世紀プロジェクト（ＰＮＡＣ）」である。これはレーガン政権時代のロビイスト団体「現在の危機に関する委員会（ＣＰＤ）」に相当するものだった。

このシンクタンクの名称は、「タイム」や「ライフ」などの雑誌を創刊した雑誌王ヘンリー・ルースの言葉から借用したものだ。ルースは論文の中で「第二次大戦後にアメリカは歴史上比類ない大国になる」と予測し、次のように記している。「我々は世界に君臨する大国アメリカのビジョンを実現させなければならない。そのビジョンとは正真正銘にアメリカ的なものである。（中略）自由と正義の理想を実現する中心地としてのアメリカがある。これを基盤にして二十世紀のビジョンを築くことができる。（中略）つまり史上初の『偉大なるアメリカの世紀』の到来だ」。ルース同様の「戦争の叫び」はPNACの綱領にも反映されている。そこには次のように書いてある。「我々は自らの責任を自覚しなければならない。我々の安全保障、繁栄、原則に合致した国際秩序を維持・発展させるうえで、アメリカは特別な役割を担っている」

PNACの創業者はウィリアム・クリストルとロバート・ケーガンの二人だ。いずれも、ソ連崩壊後にアメリカによる一極支配構造が現れるなかで、アメリカが新政策を打ち出す必要性を熱心に提唱していた。クリストルは元トロツキー派の知識人アービング・クリストルの息子であり、副大統領ダン・クエールの首席補佐官を務めた。一方、ケーガンは国務長官ジョージ・シュルツのスピーチライターをしていた時期があった。二人は自分たちの豊富なPRノウハウを生かし、ニュース専門局フォックスニュースのオーナーであるルーパート・マードックから資金援助を受け、保守系の雑誌「ウイークリー・スタンダード」を創刊した。PNACについては「自分たちの政治信条を政府の政策へ転換させる道具」と見なした。

ブッシュ政権に入り込む

PNACは発足直後から、中東で新しい政治状況を作り出す柱としてイラクをはっきりと位置づけた。一九九八年にクリントン大統領に宛てた公開書簡で、「アメリカ政府はアメリカ自身、世界中の友好国、同盟国の利益を守るための新戦略を宣言する必要があります。新戦略の狙いは何にもましてサダム・フセイン政権の打倒であるべきです。（中略）そのためには外交、政治、軍事面での補強が欠かせません」と強調した。書簡に署名したのは、ポール・ウォルフォウィッツ、リチャード・パール、ダン・クエール、ディック・チェイニーのほか、多数のランド関係者だった。署名欄には元ランド所長のハリー・ラウエン、ランド理事長のドナルド・ラムズフェルド、フレデリック・S・パーディー・ランド研究所大学院学長のザルメイ・ハリルザドらの名前があった。

数カ月後、大統領への書簡に署名した同じ人たちはさらに踏み込んで、「チャラビのINCはイラク国民を代表する唯一の組織であり、クリントン政権はINCと直接交渉すべきだ」と主張した。一九九八年、チャラビはアメリカ上院に対して次のように訴えた。「イラク国民会議をサダム・フセインの戦車から守る基地を与えてください。解放されたイラク人の衣食住が満たされるよう一時的な支援を与えてくださ い。そうしていただければ、我々は自由なイラクをお返しします。つまり、大量破壊兵器を捨て去り、自由な市場経済を導入したイラクです」

クリントン大統領はその年の後半、「(サダム・フセインの) 政権を打倒する計画への支援はアメリカの政策であるべきだ」と宣言するイラク解放法に署名したのだった。もっとも、イラク解放法はイラクをどのように解放するのか明確にしておらず、その意味で強制力はなかった。水面下では、INCはCIAが用意した一億ドルの軍資金を使い込んでいた。一億ドルは湾岸戦争後、サダム・フセインの敵を支援するためにジョージ・H・W・ブッシュ(父)大統領が承認したものだ。イラク解放法成立後、国務省はINCに対し三千三百万ドルの追加援助を行った。この資金が枯渇《こかつ》すると、次は国防総省の国防情報局が代役を務め、INCに毎月三十三万五千ドルの資金を援助するようになった。

アメリカの支援と引き換えに、チャラビはイラクのフセイン政権転覆を提唱するネオコンの正当性を認めたほか、イラクが隠し持っているといわれる大量破壊兵器に関する情報をネオコンへ提供した。情報提供元は、イラク内外に存在するINC協力者で構成される広範なネットワークだ。そこから上がってくる報告はますます不吉な内容を含むようになっていた。「フセインは生物化学兵器を製造する研究所を持っている」「フセインはアルカイダに協力している」「フセインは核兵器製造に必要な核物質を購入している」――。その多くが虚偽だったと今では証明されている。

このような情報に基づいて、ワシントンにある茶色のれんが造りのINC本部ビルに加え、ネオコン系のシンクタンクとロビイスト団体からも「破滅的な危機が間近に迫っている」という警告がひっきりなしに発せられていたわけだ。

チャラビが勝利する瞬間は、二〇〇〇年の大統領選でブッシュがゴアを僅差で破った後に到来する。ロビイスト団体CPDのメンバーがレーガン政権の主要ポストを握ったように、PNACの有力メンバーがこぞって新ブッシュ政権の主要ポストを獲得したのである。

元ランド理事長のドナルド・ラムズフェルドは国防長官、ウォルステッターの秘蔵っ子ポール・ウォルフォウィッツは国防副長官、ウォルステッターの古い門弟リチャード・パールは国防政策諮問委員会の委員長、リチャード・アーミテージは国務副長官に任命された。ランド大学院の元学長ザルメイ・ハリルザドは亡命イラク人大使、続いて駐アフガニスタン大使、続いて駐イラク大使、最後に駐国連大使を歴任した。もちろんディック・チェイニーを忘れてはならない。彼はアメリカ史上最強の副大統領になった。

米軍とともにイラク進軍

二〇〇一年九月十一日の大惨事が起きると、チャラビを支援するネオコンのロビー活動はにわかに勢いを増した。数日内にウォルフォウィッツはブッシュ大統領に「イラクが攻撃に関与した可能性は一〇％から五〇％あります」と報告した。

間もなく大統領は、9・11とフセインを結び付ける証拠を探すよう諜報機関に指示した。国防長官ラムズフェルドと副大統領チェイニーは、一九七〇年代の実験「チームB」からヒントを得て特殊計画局（ＯＳＰ）を新設した。ＯＳＰが独自に情報分析を手掛けてＣＩＡに対抗し、イラクとの戦争開始を正当化しようとたくらんだのだ。ＯＳＰが使う情報は、チャラビのＩＮＣが提供したものだ。ネオコン論者はマスコミを使ってイラクとの戦争が必要であるとあおり立て、「フセイン政権打倒は朝飯前」と主張する人までいた。

二〇〇三年の一般教書演説でブッシュ大統領がサダム・フセインを激しく攻撃し、数週間後に現実となるイラク侵攻を実質的に予告したとき、チャラビは大統領夫人のローラ・ブッシュの近くに座って注目を集めた。あたかもブッシュ政権と手をつないでいるようだった。国務長官コリン・パウエルは国連で演説し、アメリカのイラク侵攻を正当化した。その際、彼がイラク侵攻の根拠として使った情報は、チャラビのＩＮＣが提供したものであり、それは「フセインは生物化学兵器の実験室を移動式トレーラーの中に隠し持っている」という失業中のエンジニアの話だった。

二〇〇三年三月二十日にアメリカ軍主導のイラク侵攻が始まると、チャラビの影響力は絶頂に達した。しかしもしチャラビがフセイン打倒後の新イラク政府を率いることになると期待していたとしたら、その期待はただちに打ち砕かれた。アメリカがイラクの占領国となることについて、ブッシュ政権は国連から承諾を得ていたのだ。すなわち、イラク人へイラクの統治権を移譲するまで、アメリカがイラクに自ら暫定政府を樹立するということだ。

「中東にアメリカ帝国を築く」という元ランダイトたちの夢には、アメリカ軍がイラク支配を確実にする前にイラク人に統治権を移譲する考えは含まれていなかったのだ。

大使のＬ・ポール・ブレーマー三世がイラク総督として暫定政府を率い、チャラビは純粋な諮問機関のメンバーに選ばれただけだった。それでもやはり、なんとか統治機構のトップに近づくことができ、石油相の地位を獲得した。また、彼自身の親族に暫定政府の主要ポストを与えることにも成功した。なかでも目立ったのは彼の甥サレム・チャラビであり、サダム・フセインを裁くイラク特別法廷の長官に就任した。

その後、チャラビとアメリカの関係は急速に悪化した。「イラク石油省から数百万ドルのカネを盗んだ」「中東のシーア派牙城であるイランに操られている」といった噂が広がったことがきっかけだ。

イラクの「世俗化」に失敗

新政府での立場を失い、チャラビはすぐにINCと統一イラク同盟（UIA）との連合に動いた。UIAはイスラム教シーア派の急進主義者ムクタダ・サドル師が率いる政党だ。分裂志向で問題含みの大衆指導者であるサドル師は、かつて占領政府から殺人罪で起訴されたこともある。彼の民兵組織マフディー軍はイラクのいくつかの都市の支配をめぐって占領軍と戦ったことさえあった。

彼はすべての面でチャラビとは正反対だった。宗教的で、田舎者で、反アメリカ的だったのだ。しかし、彼にはチャラビに唯一欠けていたものを持っていた。アメリカ軍に依存しなくても維持できる政治的基盤だ。サドル師のために死ぬ覚悟のある兵士は数十万人にも上るといわれていた。だからこそ、以前のチャラビがイラクの希望としてアメリカを手放しで褒めたたえたように、彼はイラク政策失敗をやり玉に挙げてアメリカを激しく批判し始めたのである。

二〇〇四年五月二十日、アメリカとイラクの両軍がバグダッドにある要塞化されたチャラビ邸に突入し、偽造通貨がないか捜しまわった。チャラビがイランのスパイではないかとも疑っていた。

アメリカとの関係悪化は、少なくともしばらくの間はチャラビにとって不幸中の幸いだった。占領下のイラクでは、反アメリカを掲げるイスラム教徒武装勢力による反乱が続出した。そのため、明確にイスラム側につき、さらに占領軍に迫害されたチャラビの評価はイラク国内でむしろ高まった。二〇〇五年一月に国民議会選挙が実施されると、チャラビのINCとサドル師のUIAの連合は相当数の議席を獲得し、チャラビ自身は副首相ポストを得た。

二〇〇五年も後半には、証拠不十分という理由で通貨偽造罪は取り下げられた。それまで頭痛のタネだった非難・中傷はすべて都合よく忘れ去られた。チャラビは再びブッシュ政権が頼りにするイラク人となり、次期首相候補とまで持ち上げられた。

二〇〇五年十一月、チャラビがワシントンを訪問すると、国務省本部ビルで国務長官コンドリーザ・ライスの歓迎を受け、副大統領ディック・チェイニーとは非公式に面会した。また、シンクタンクのアメリカン・エンタープライズ研究所（AEI）では、彼にふさわしい「ウォルステッター・コンファレンス・センター」という名称の会議場で記者会見を開いた。「チャラビはアメリカ政府を欺いてイラク侵攻に向かわせた」という批判について、「都市神話にすぎない」と一蹴すると、会場は笑いと拍手に包まれた。

アルバート・ウォルステッターも事実と作り話を巧みに操作するのが得意であり、もし会場に居合わせたらチャラビの華麗なパフォーマンスを褒めたたえたことだろう。だが、すべては遅すぎたようだ。数カ月後、チャラビはUIAとの連合を解消した。二〇〇五年十二月に再び国民議会選挙が行われると、チャラビは自ら旗揚げした世俗主義的な国民議会党を率いて選挙に臨んだ。翌月判明した選挙結果によると、国民議会党は投票総数千二百万票の〇・二五％しか得られず、新議会で一議席も確保することができなかった。選挙での敗北に懲りて、チャラビはサドル師の党に再び接近し、二〇〇七年になってサドル師主導のシーア派イラク政府でポストを与えられた。バグダッドに駐留するアメリカ兵が急増するなかで、「人民動員のための大衆委員会」の責任者を務めることになった。

イラクは宗教や民族別に一段と分裂していった。たとえばムクタダ・サドル師は、彼の民兵組織メ

2003年11月、バグダッド国際空港で、左からジョージ・W・ブッシュ大統領、
イラク統治評議会のジャラル・タラバニ議長、そしてアハマド・チャラビ。
翌年5月、チャラビは通貨偽造の罪で訴えられることになる。

Photo : Reuters/Kyodo

ンバーの六〇%が政府機関に潜入したと主張した。そんな状況下で、チャラビやウォルステッターをはじめとするネオコンの夢、つまり世俗的で穏健なイラク国家を建設し、しっかりアメリカと手を結ぶ国にする夢は遠ざかったのである。チャラビ自身が悔しがりながらイラク世俗化の失敗を認めた。イラクを支配する力は非合理性、宗教、無茶な民族主義であり、それを理解しなかったことが最大の失敗だったという。テレビ局アルアラビアテレビの取材に応じたチャラビは「イラク共産党さえもほとんど綱領を変えてしまいました。『万国の労働者よ、団結せよ!』をやめて『万国の労働者よ、教祖マホメットをたたえよ!』にしたのです」と語った。

帝国の夢の実現には時間がかかりそうである。

第六部

そしてこれから

二十一世紀。いまや多くのシンクタンクが生まれ、ランドの絶対的地位は失われた。しかしランドの生み出したこの世界に、私たちはいまも疑いもなく住んでいる。

2000-

第22章　戦略家の死

　ある冬の日、ニューヨーク・マンハッタン。明るく照らされた居間で、私はジョーン・ウォルステッターにインタビューしていた。そのときふと「ランド研究所の黄金時代は二十一世紀が始まるころに終わったのではないか」と思った。そのころまでに、永遠に現役のアンドリュー・マーシャルを除くと、ランドが生み出した主役の大半はランドに背を向けたか、引退したか、アルバート・ウォルステッターのように死亡したかで、姿を消していたからだ。

　ジョーンは一瞬、悲しみにうちひしがれた様子を見せた。ランドを長い間にわたって支えてきた偉大なアナリストの血を分けた唯一の子供である。ガラス製のテーブルの上に置かれたテープレコーダーを止めるように、身ぶりで私に合図した。私たち二人は、数時間に及ぶインタビューをそろそろ終えようとしていて、彼女の父の最後の日々を話し始めたばかりだった。父の死から七年もたったというのに、今も彼女の目から涙があふれ出てくるのだった。

「本当に悪夢でした」と彼女は静かに語った。「あんな風に死ぬ必要はなかったんです。でもどうすることもできませんでした」

彼女の背後にある大きな窓を通して、ニューヨークの空がちらちら光っているのが見えた。かつてウォルステッターのコンサルティング会社に勤め、今はランドで働いている人たちがジョーンを私に紹介してくれたのだ。彼女と私は、マンハッタンのアッパーイーストサイドにある友人宅で会う約束をした。ちなみに、その友人とジョーンは、偶然なのだが共にマンハッタンの東六十丁目と東六十九丁目に挟まれた区域に住んでいる。

私は写真の中でしかジョーンを見たことがなかった。写真家ジュリアス・シュルマンがウォルステッター宅で撮った写真にジョーンが写っており、両親にとって目に入れても痛くないような存在だったのは明らかだった。ふっくらとしたスカートに一九五〇年代の若者風のヘアスタイルといういでたち。簡素なモダニズム様式の家具に囲まれた一輪の花のようであった。玄関に現れたのは、もじゃもじゃの白髪頭で、どことなく自由奔放な雰囲気を漂わせている中年女性だった。かつての少女とは似ていなかった。ただし一点だけ例外があった。きらりと光る知性である。その知性は父から転生したものと思われる。この世の愚かさをあざけり、それをいたずらっぽく楽しむ点では、父と瓜二つだった。

ジョーンはインタビューに備え、幼少時に父からもらった絵がいっぱい詰まったフォルダーを手元に用意していた。これらの絵は、一九五〇年代に父が西側世界の権力の中心地をあちこち訪ねた際に娘へ送ったものだ。彼女はいろいろな写真を見せてくれた。両親が新婚旅行でメキシコのピラミッドを訪ねている写真、モダニズム建築の巨匠ル・コルビュジェに父が車からニューヨークの街を案内している写真、暑い夏の日に二歳のジョーンと父が水着姿で屋上に一緒にいる写真――。すべては、長い歴史の中で忘れ去られた土地から送られてきた牧歌的な絵はがきのようであり、スナップ写真と彼女の記憶の中だけで存在しているものだ。

友人たちによると、ジョーンは一九五〇年代の典型的な流儀で両親の名声と知性に反発し、両親とは正反対の知的キャリアを選んだ。すなわち、ヒッピーになり、中国研究を専攻し、ベリーダンサーとして働いたのだ。私が真偽のほどを尋ねると、ジョーンは肯定も否定もせず、「これは私の物語ではないですから」と言うだけだった。若い時期に両親に反発したにもかかわらず、ジョーンは両親に信頼される娘になり、ウォルステッター家の伝統の継承者になったのでは——私はこのように思わずにいられなかった。病気の母は二〇〇六年に亡くなったが、それまで看病に心身をささげている。私がキューバ系だと知ると、キューバのリゾート地バラデロの広大な砂浜の写真が一枚欲しいと言った。それも、バラデロの砂浜を見たがった母ロバータにあげるためだった。

ジョーンは、父が一九九六年の彼自身の誕生日（十二月十六日）にどのように心臓発作に遭ったか回想してくれた。その日、彼女はニューヨークに、両親はロサンゼルスのハリウッドヒルズにあるやや小さめのセカンドハウスにいた。建築家ジョセフ・バン・ダー・カーが設計した広大な邸宅は何年も前に売り払っていた。アルバートが誕生日に外出してからずっと体調を崩していたため、ロバータは心配してジョーンに電話した。喘息《ぜんそく》ではないかと思い、アルバートはアレルギー専門医に診てもらっていたという。

「母は『本当はアルバートの気分が良くなってから電話しようと思ったんだけれども、今は最悪の状態なのよ。体に機能障害があるみたいで、右手を動かせないの。アルバートはひどく落ち込んでいるわ』と言ったのです。なのに、父を動揺させたくない母は、救急車も呼ばなかったんです」

ジョーンはアメリカ赤十字で心臓蘇生法の講習を受けたばかりだった。何年も前に父がバイパス手術をしていたことを思い出し、母の話を聞いて心配になった。父には心臓発作のあらゆる症状が出ているのだ。「だから母に言ったのです。『すぐに九一一番（日本の一一九番に相当する緊急通報用電話番号）すべきよ。でもお父さんには言わないでね』と。もちろん母は父に『ジョニー（ジョーンの愛称）が九一一番すべきと言っているわ』と言いましたけれども」

二十分間、ジョーンと彼女の夫は救急車を呼ぶべきだと主張し続けた。ようやく救急車が到着すると、アルバートは娘に腹を立てて「救急車を呼ぶなんてばかげている。土曜日の夜に緊急外来へ運ばれるなんて最悪なんだよ！」とぶつぶつ言った。

病院では当初、アルバートを診た医師団が心臓発作ではないと判断したが、しばらくしてそれが間違いであることに気づき、心臓発作と結論した。病院へ運び込まれるや否や、アルバートはランドを代表する医学研究者アル・ウィリアムズに連絡を入れた。新たに血管造影図が必要かどうか聞くためだった。

「私は『お父さん、集中治療室にいるときは、何をするかは自分で決めるんじゃなくて、お医者さんに決めてもらったほうがいいんじゃない』と注意したんです」とジョーンは言った。

退院すると、アルバートは自宅へ戻り、二十四時間の看護が必要になった。彼はベッドを広い居間へ移した。居間では移動式のガラス戸が庭のプールに面しており、そこからは、何年も前に珍種の黒竹を植えて造った竹林を見渡せた。体の左側が動かせなくなったため、ベッドに椅子を据え付けた。これによって半分起き上がったような姿勢も可能になり、少し仕事ができるようになった。生れながらの習性で、何か受け入れがたい環境下に置かれると、それを修正しないではいられなかったのだ。

ジョーンは父が回復しつつあると思った。しかし、彼の心臓の半分が機能していなかったことにだれも気づかなかった。誕生日から三十日後、アルバート・ウォルステッターは息を引き取った。書籍、芸術作品、マル秘扱いの書類で埋められたキャビネットに囲まれながら。八十三歳だった。

ウォルステッターを育て、そして追放したランドは彼のために追悼式を開いた。場所は、ジョン・

ウィリアムズの考えを生かしたデザインの本部ビルの中庭だ。フランク・コルボム、ハーマン・カーン、J・ロバート・オッペンハイマーをはじめ、戦後のランドを背負ってきた多くの著名人の亡霊も出席していたに違いない。ウォルステッターが彼らと和解するには、本部ビルの中庭はふさわしい場所だった。ハリー・ラウエン、フレッド・ホフマン、アラン・エントーベン、ランド所長のジェームズ・トムソン、それにウォルステッターの休眠会社パン・ヒューリスティクスの社員たちが次々と思い出話を語った。その間、音楽隊がバッハのブランデンブルク協奏曲第三番ト長調とモーツァルトのオペラ『フィガロの結婚』を演奏した。ウォルステッターの友人ビリー・ストレイホーンが作詞・作曲したジャズの名曲『A列車で行こう』の生演奏が終わると、ランドのチャールズ・ウルフが最後に別れの言葉を述べた。彼の言葉は、軍産複合体の「合理性の宮殿」ともいえる研究所内のくねくねした廊下や秘密の小部屋の中でこだましていた。

一つの大切な命が失われた。多くの人たちの精神を高揚してきた一つの人生が終わったともいえる。「平和とは永遠に戦争に備えること」「国家安全保障という目標達成には絶え間ない技術革新が必要」「いつの時代でもアメリカの文化は全世界共通のひな型」――このように信じる人たちの精神をウォルステッターは高揚してきたのである。

ウォルステッターは一つの大きな運動を生み出した。その運動とは、権力者の行動に大義を与え、世界中の不正行為を糾弾し、人々を消費者として〝解放〟しようとするものだ。「ウォルステッターのネオコン（新保守主義）運動」と呼ぶ歴史家もいる。つまり、スクープ・ジャクソン上院議員やロナルド・レーガン大統領といった人物が主導し、悪の帝国であるソビエト社会主義共和国連邦を現代史から取り除いた運動である。しかし、「ネオコン運動がなくともソ連は自壊した」という説もある。実のところ、ウォルステッターを筆頭にしたランド組が不必要な冷戦を仕組んだことで、死にゆく帝国だったソ連が三十年間も余計に生きながらえた——こんな見方さえあるのだ。一つ確かなことがある。ウォルステッターは「テクノクラート」の典型だ。表向きは客観的・公明正大な方法を駆使して、世界の方向性を決める自称専門家ということだ。

喜んで死ぬ人はほとんどいないし、ともかくウォルステッターの死は彼にとっても想定外だった。それでありながら、彼は人生に満足して死んだに違いない。心の中では、彼自身の研究・啓蒙活動によってソ連帝国は崩壊し、アメリカの安全が確保され、世界中に繁栄が広がったのである。確かにやり残しの仕事はあった。バルカン半島で表面化しつつあった紛争は止めなければならなかったし、中東での核拡散と反啓蒙主義の台頭は抑え込まなければならなかった。しかし、全体としてみると、アメリカをより安全にし、より豊かにしたという点でウォルステッターは大きな貢献をしたのだ。

鋭い洞察力を働かせて空想しているとき、ウォルステッターは直観で「これまで長い間戦ってきたソ連という怪物は、実は音を立てて壊れつつある死体であり、対外的なスローガンとアメリカとの貿易協定があるから怪物のように見えるだけ」と思ったことはないのだろうか？　たぶんそう思ったことはあるだろう。だからこそ、米ソのデタント（緊張緩和）に反対するキャンペーンに意気軒昂に乗り出したのである。空っぽになった怪物ではあってもなお核という牙を持っていたし、元トロツキー主義者としてはクレムリンの冷酷な指導者たちの蛮行を決して許せなかった。スターリンは二千万人の自国民が戦争で命を失うのを黙認したのだ。新しいマルクス主義独裁者が戦争に勝つために、一億人の外国人の虐殺を黙認しないとどうして言えるだろうか？　結局のところ、それはソ連にとって合理的な行動なのだ。

やがて、ウォルステッターの後を継いだネオコン論者はウォルステッターのメッセージをねじ曲げるのだった。外交政策では現実を直視せずにアメリカの正義を振りかざすばかりで、「うぶ」と呼べるほど単純な行動に走ってしまうのだ。これはウォルステッターの責任ではない。ウォルステッターの元教え子で、現在はボストン大学で研究する中東専門家のオーガスタス・リチャード・ノートンは次のように語っている。「(ブッシュ政権の)主要ポストを占める人たちの多くは、知的に影響を受けたという意味でアルバートの『知的子供たち』です。でも子供たちは今、非常に危険なことをやっています。それを父親が認めるかどうか、ちょっと怪しいですね。なにしろ、子供たちの考え方には訳の分からないことがたくさんありますから」

悪行は人の死後も生き延びるものだ
しかし善行はしばしば骨と共に葬られる

――シェークスピアの『ジュリアス・シーザー』第三幕第二場

エピローグ　ランドはどこへ行く？

自由奔放だった一九六〇年代、ランド研究所の研究者は何時間にもわたって痛々しい自己分析にふけったものだ。メモ、論文、記事の中で、新しい世界を築くためにどの方向へ進むべきか思い悩んだ。多数の「神童《ウィズキッド》」がケネディ政権へ入り込み、空軍との関係が悪化すると、ますますその苦悩は強まった。ランドは無気力で格好いいだけのシンクタンクになり下がり、もはや独創性を発揮することが難しくなった。あまりにも多くの競争相手がランドのやり方をまねるようになったからだ。競争が激しくなるなか、ランドはどうすれば差別化できるのだろうか？

生きのこり戦略

最後の問いかけは、新しいシンクタンクが続々と誕生している今日、ランドにとってとりわけ切迫した問題である。多くのシンクタンクで込み合った市場で際立った存在になるため、ランドは海外、とりわけ中東での業務拡大に力を入れるようになった。

ランドは二〇〇三年、サウジアラビアに隣接する小国カタールに事務所を開設した。カタールの首長であるハマド・ビン・ハリーファ・アル・サーニ殿下に依頼され、ランドは穏健なイスラム教育の導入に向けて、同国の教育制度改革プロジェクトを請け負った。二〇〇三年から二〇〇五年にかけてのイラクでは、連合国暫定当局（CPA）の下でランドの顧問団が同国の法制度改革を引き受けたが、期待された成果を必ずしも出せなかった。ランドはまた、一個人から二百万ドルの寄付を受けて、中東に永続的な平和を確立するプロジェクトに取りかかった。そして二〇〇五年、パレスチナとイスラエルの紛争解決案を提示した。

この案は「アーク」と呼ばれ、ヨルダン川西岸とガザ地区を結ぶ鉄道や自動車など総合的なインフラ網を築き、地元のパレスチナ人に雇用、水、食糧、住居などを提供するのを狙いにしていた。しかし、宗教や土着文化など「非合理的」な力に押されてアーク計画は頓挫した。イスラエルとパレスチナの原理主義者が猛烈にアークに反対したのだ。ランドはまた、アルジェリアでの反乱勢力との戦いなど、一九六〇年代に引き受けた対ゲリラ活動研究をもう一度点検している。そこから得た教訓を、反乱が続くイラクでも生かせないかと考えている。

今日、ランドの問題点を批判する人はランド内部には残っていないようだ。厳しく自己分析し、反省する文化が消えてしまったのだ。ランドを批判する人はランドの外側にいる。たとえばリチャード・パールは「ランドは研究助成金の獲得を求めて走り回るシンクタンクの一つにすぎない」と一蹴するし、中東専門家のラリー・ダイアモンドは「イラクで起こっていることについてランドのアナリストは大して影響力を持っていない」と思っている。ランドは異端児を認めなくなり、シンクタンクというよりも企業的な体質を持つようになった。

多くの組織は集団的な思考を強制することで成功するが、ランドもその例外ではなくなった。このような体質は、研究面での合理性と独自性を尊重してきた組織にとって受け入れ難いばかりか、自己矛盾的である。外部の人間がランドと仕事のやり取りをすると、連邦政府の一機関を相手にしているような気持ちにさせられる。つまり、「組織の方針に従いなさい」とランド内のだれもが警告されているような印象を持たされるのだ。ランドの職員はだれ一人としてランドという企業を公に批判しない。もはやウォルステッターやカーンのような人間はいない。たとえるならばランドは知的な貝のような存在であり、異物（核）を入れてやると、幸運に恵まれれば素晴らしい真珠を生み出せる。ウォルステッターやカーンは貝の上品な内側の中ではいらだたしい存在だが、彼らのような異物が欠けていると真珠は生まれないわけだ。

しかし、ランドの現所長ジェームズ・トムソンは異端児の不在を残念に思っていないようだ。経験豊かな野球チームの監督のように、彼はホームランを打つスターではなく、シングルヒットやライナーを打つチームプレーヤーを重視している。「ウォルステッター、カーン、ブロディーのような戦略家はみんなから注目された。しかし、彼らとは無関係に、ランドはきちんと成果を出し、空軍との関係を改善していた」

「我々は非合理主義の防壁」

元物理学者のトムソンは、特別なコネも使わずに、軍産複合体の世界にたまたま入り込んだ。最初は、ペンタゴンのシステム分析局のヨーロッパ担当研究者として雇われた。同分析局は、マクナマラ国防長官時代にランドのアラン・エントーベンが創設したものだ。続いてトムソンは、カーター政権の安全保障担当大統領補佐官ズビグネフ・ブレジンスキーの助手になった。その後、政策決定の世界から政策助言の世界へ転向し、一九八九年からランド所長兼最高経営責任者（ＣＥＯ）を務めている。前所長のドナルド・ライスが決めた方針に従って、研究助成金については軍から半分、民間から半分のバランスを大まかに維持している。

二〇〇五年後半に行ったアメリカ自由人権協会（ACLU）コロラド支部での講演で、トムソンは反啓蒙主義の方向へアメリカが揺れ動いている現状を嘆いた。

　国の政策提案がどんな効果を生み出すのか――。そのことについて事前に調査しておく価値はあるでしょう。個人的な意見や偏見が渦巻き、意見と意見をぶつけ合うばかりで、収拾がつかない状況になる前に、です。現状は、事実に基づいた議論ではなく、意見と意見がぶつかり合う不毛な争いの方向です。アメリカがこんな傾向を強めていることを危惧しています。

ランドの新本部ビル内の一角。太平洋とハリウッドヒルズを見渡せる執務室で、ひょろ長い体格のトムソンはインタビューに応じ、アメリカで非合理主義がはびこっている現状について語った。「主義主張をはっきりと打ち出す党派主義が台頭し、プロフェッショナリズム（専門家気質）をわきに追いやってしまった。だれもが強い意見を持っていて、どちらの側にあっても反対意見に勝ちたいのです。第二次大戦後、我々は長い間、科学的思考と分析に軸足を置いて国の政策を決めてきました。『第二次大戦後』というよりも『第二次大戦によって』という表現が正確かもしれません。戦争に勝つためには客観的な科学と分析が不可欠だったのです。私のキャリア人生は、科学的思考と分析の役割がどんどん低下する歴史でもありました。ワシントンを拠点にする国内の各種機関はかつて客観的な分析機能を備えていましたが、今では意見を言うばかりです」

トムソンは現在、ランドが手掛ける分析から感情を排除するよう努めているという。具体的には、報告書を書く際にはできるだけ「フラット（平たい）」な言葉を使い、熱のこもった表現を避けるように促している。「形容詞がくせ者です。私はいつも形容詞を削除しているんです。たとえば『六という結果が出た。大きな数字である』と書く人がいます。そんなとき、私は『なぜ、単に六と書けないのか。六は六だ。なぜ大きな数字と言う必要があるんだ』と指摘するのです」

ランド流の分析手法が廃《すた》れていったのは、マクナマラ時代の失策と関係があるのか？　ベトナム戦争の殺戮を引き起こした「ベスト&ブライテスト（最優秀な人たち）」の失敗と関係があるのか？　この疑問に対してトムソンは反論し、「ランド流のやり方が利用されなくなり始めたのはレーガン時代だと思う。レーガン政権で働くためには共和党の専門家でなければならなかったのです」と指摘した。ホワイトハウスあるいは議会の支配政党が変わったところで、本質的には何も変わらず、どうでもいいことだという。

「これが時代精神なのでしょう。特定の政党に固有の問題ではないのです。多くの人たちが何かおかしいと思っています。毒されたのはワシントンであって、国ではありません。ベルトウェー（ワシントンの中央政界のこと）はまったく違う世界です。そこにいる人たちは大衆に向かって自らの主張をアピールし、認めてもらおうとします。しつこいほど自分を売り込みます。売り込みをやめると負けてしまうからです。我々は、そんな非合理主義に対する防壁になるべきなのです」

だが、合理性は万能か？

「組織的な傲慢」とも呼べるランド研究所の致命的な欠陥は、「あらゆる問題は解決可能だから、合理主義に徹していれば問題解決法が必ず見つかる」という信条にある。

合理性を究極の万能薬として使うという考え方は、戦後アメリカ、ひいては戦後西側世界を形づくる役割を担った科学者とエンジニアの信条だった。合理性の数値主義・利己主義に従い、彼らは人間を一連の方程式と見なしたのである。ノーベル賞を受賞したランド出身の研究者やアドバイザー二十七人のうち、一人の例外を除いて全員が物理学、経済学、化学分野での受賞となったのもうなずける。例外の一人は元国務長官のヘンリー・キッシンジャーで、一九七三年にノーベル平和賞を受賞している（キッシンジャーは一九六一年から一九六九年までランドのコンサルタントだった）。

アメリカの建国の父は違っていた。十八世紀の啓蒙運動時代の男たちであり、合理性の追求も含めて何事においても節度をわきまえていた。アメリカ合衆国憲法の署名者の多くは、十八世紀半ばのアメリカの信仰復活運動「大覚醒」の行き過ぎた熱狂を直接目撃していた。そのため、合理主義的思想の行き過ぎにも同様に警戒していた。彼らはしばしば人間の精神をむしばむ邪悪な力を認識していた。だからこそ政教分離に踏み切り、三権分立という「チェック・アンド・バランス（抑制と均衡）」体制を導入し、一方で初代大統領ジョージ・ワシントンは最後の演説で外国との紛糾を回避するよう呼びかけたのである。

歴史は「断ち切ることができないゴルディオスの結び目もある（難問題もあるということ）」と教えている。つまり、時間がたたなければ解決できない問題があるということだ。運に恵まれ、諸条件が徐々に変わってようやく「結び目」がほどけるわけだ。

しかし、いわば「共和国兼帝国」のアメリカに住むバビット（シンクレア・ルイスの小説『バビット』の主人公で俗物的実業家）的な人たちは、このようなやり方が大嫌いだ。「想像できる問題は解決できる問題である」と信じているのだ。

これに対し、「ベトナムはどうなんだ」と反論できる。あるいはイラクやイスラム原理主義を取り上げて反論してもいい。イラクのイスラム教急進主義者ムクタダ・サドル師のスポークスマンは「アメリカ人はイラク人をイラク人として見るべきだ。見習い中のアメリカ人と見てはならない」と言っている。

議論よりも密室の政策決定

ランド流の合理的選択理論は、間違った前提に基づいている。分かりきった事実を否定しているのだ。分かりきった事実とは、「協調、自己犠牲、禁欲は存在する」「人々は愛し合い、必ずしも自分第一ではない」「公正な選挙で国の指導者が選ばれれば、立候補者全員は納得する」「選挙で選ばれた政治家は公益のために尽くす」「結婚も組織も永続する」などだ。

アロー、シェリング、ウォルステッター、カーンらランドの著名人は完全に善意で行動し、危険極まりない非合理な世界を合理性という光で照らそうとしただけだ、と仮定しよう。

しかし、彼らが使った道具は欠陥商品であり、「自由な国」にとって根源的に危険なものだ。というのも、「自由な国」では、国民的な議論を促す透明な政治プロセスを経て、国の政策を決めるのである。自称専門家たちが密室会議で国の政策を決めてはならないのだ。隠したくても隠しきれない証拠もある。

ランドの報告書は科学的客観性に照らし合わせていつも「何が最適か」と問う。決して「人々は何を望んでいるのか」とは問わない。合理的選択理論はもっともらしい理論だ。この理論を提唱したのは、数学を愛し、利己主義の思想を吹き込んだ人たちだ。彼らは、大統領のジョージ・W・ブッシュ（子）のように、「決定者」の地位を保ちたいのだ。好むと好まざるとにかかわらず、アメリカの社会システムを再構築する政治上・経済上の目的を持つ集団にとって、合理的選択理論は使い勝手がいい武器になったのだ。社会システムを再構築する過程で、このような集団には数十億ドルの利益も転がり込んできた。
ランドはレーガン政権による経済政策の抜本的変革を後押しし、福祉、年金、賃金、労働環境などの面で劇的な変化を引き起こした。いわゆる「レーガノミクス」によって得をしたのは増大する上流階級であり、犠牲になったのは中流階級だった。結果として出現した新しいアメリカ社会では、たとえば人口の上位五％が富の六〇％を握り、企業経営者の平均報酬が平均的な労働者の賃金の四百倍になった。

合理的選択理論自体は合理的でもないというのも皮肉なことだ。現実の世界をありのまま理解することに失敗し（学問上の表現を使えば「規範的」であって「実証的」ではない）、一種類の合理性だけが存在するような架空の数学的世界を仮定しているのだ。我々の思い通りに行動してくれるほど従順な人々で構成される世界ならば、それでもいいだろう。だが現実は違う。このような世界では、人々が我々に背を向け、牙をむき出しにしてかみつくこともある。
合理的選択理論によって生じた格差問題に加えて、ランドは道義的問題をわきに追いやって政府の政策実行を優先するという、ランド誕生時からのジレンマの解消にも取り組まなければならない。このような重荷を背負うのは、ランド物語に登場するすべての主要人物だ。

私はかつて、ランドの幹部ポストにある友人に次の質問をしたことがある。「どこかの外国政府の担当者がやってきて、国家安全保障上の研究プロジェクトをランドに委託したいと打診したとします。プロジェクトの目的は、『拷問を受け、口を割るまでに人間はどれだけの苦痛に耐えられるか』を調べることです。つまり、その人の限界点を探るわけです。ランドはこのようなプロジェクトを引き受けますか？」

友人はこの質問を聞いて青ざめ、そして長々と回答した。このようなプロジェクトの受託はまずあり得ないということだった。そのうえで「プロジェクトの焦点をあえてずらそうとするかもしれないですね。たとえば目的を『有益で実証可能な情報を引き出すのに拷問は効果的かどうか』へ修正するよう促すわけです」と語った。この言葉からも「的確な質問は何か」というランド流の手法が垣間見える。その後、私はふと思った。もし依頼が外国政府ではなくアメリカ政府からだったら、ランドは引き受けるだろうか？　その場合、拷問の効果を判断するための情報はどこから来るのだろうか？

ランドはファウストと同じ境遇に直面している。つまり、博識であっても魂は救われないのだ。たとえアメリカ政府が認めたうえでの行為であっても、殺人、破壊、拷問に共謀してかかわった罪は容赦してもらえないのである。もちろん、同じような罪はほかのシンクタンクにもある。彼らは、政策決定について発注元である「お得意さん」に助言し、けしかける役割を担っている。実際に発注する人と受注する人は、共に同じ基準で評価されなければならない。

結局、ランドであれほかのシンクタンクであれ、政策助言機関に高い道義的基準を期待するのは無理なのかもしれない。パレスチナ人テロリストの暗殺命令を出したとき、イスラエルのゴルダ・メイア首相は「自分たちの基本的価値観と矛盾するつらい決定をしなければならない局面がある。それはすべての国に当てはまることだ」と言っている。「つらい決定」をしなければ自分たちの安全保障が脅かされるが、「つらい決定」をすると自分たちの基本的価値観を破壊することになりかねない。

たぶんランドの流儀に従えば、「的確な質問」をすべきなのだろう。我々アメリカ人は政府と助言機関に何を期待しているのか？　さらには、我々をより安全に、より富裕に、より幸福にするために政府と助言機関はどこまでやるべきなのか？　拷問が許されるとすれば、我々はどの程度まで認めるのか？　アメリカの繁栄維持のために無実な人たちの命をどれだけ犠牲にする覚悟があるのか？　数百万人か、数千人か、数百人か？　アメリカの安全確保のためには何人の命を犠牲にする覚悟があるのか？　どの程度の殺戮と不正を容認する覚悟があるのか？

われわれもランドの共犯者なのだ

ハーマン・カーンは批判者に対してまさにこれと同じ質問を投げかけた。グランギニョル（恐怖劇で有名なパリの小劇場）さながらに核戦争と生き残り戦略について語るカーンに恐れおののき、彼のことを「無神経」と攻撃していた批判者は、カーンの質問に答えられなかった。

というのも、我々はみんな共犯者だからだ。自分たちの生活を守るために、道義に反することを他人にやらせているにすぎない。私自身、カーンの「無神経」な疑問に答えられるとは思えない。私に分かっていることが一つある。ランドを激しく非難する人は、基本的には自分自身を激しく非難しているのである。

有権者、納税者も含め我々アメリカ人は、道義的に問題のある政策を考え出し、説明し、提唱する機関を誕生させ、その存続を認めてきた。単にアメリカの国益にかなうと想定されるという理由で、そうしてきたのである。従って、ランドの罪あるいは運命は、アメリカ自身の罪あるいは運命でもあるのだ。

合理的選択理論の神話を信じたのはアメリカ人自身、対価を払わずに政治、文化、技術の消費者になりたいと望んでいるのもアメリカ人自身、政府の政策が道義に反していてもそれを直視しないのもアメリカ人自身――。アラブの石油であれ、アメリカ製品を売る外国市場であれ、安価な中国製Tシャツであれ、欲しい物が手に入る限り我々は満足している。つまるところ、アメリカ帝国はアメリカのためにある。あるいは、そのように信じ込まされている。

鏡を見ると、我々の一人ひとりがランドの住人であることが分かる。問題は、そんな世界に住んでいることについて、我々がこれからどうするのかということだ。

あとがき

「もしこの戦争に負けていたら、我々は全員、戦争犯罪人として刑事告発されていたことだろう」

――カーティス・ルメイ空軍将軍

私が最初にランド研究所の存在について知るようになったのは、ベトナム戦争でアメリカが国家分裂の状態に陥るほど不安定になっていた時代であり、ニューヨークのコロンビア大学でデモ行進があった一九七〇年のことだ。その二年前には同大のモーニングサイドハイツ・キャンパスを占拠していた学生が市の警察当局によって排除される事件が起き、何百人もの学生が負傷し、逮捕された。一九七〇年の蒸し暑い四月の夜、同大の学生だった私も痛い目にあった。反戦運動を展開する学生を排除するため、再び市の警察が動員され、私も巻き込まれたのだ。その時代の多くの反戦運動がそうだったように、警察の導入でコロンビア大の反戦運動も血なまぐさい終わり方をした。多くの窓ガラスが割られ、ごみ箱が燃やされ、催涙ガスがまかれ、警察官の棍棒が学生の頭に振り下ろされた。そして、お決まりの「壁に向かって立て！　ろくでなしどもが！」という叫び声。

私と一緒にデモ行進していた学生の何人かは「モロトフ火炎手投げ弾」を作った。もちろん、本来のモロトフ火炎手投げ弾の作り方を知っていたかどうかは疑わしかったが、とにかく何らかの火炎手投げ弾を作り、ランド用のコンピューターを格納しているビルに向かって投げ付けたのだ。私はランドが何なのか知らなかったし、なぜランドがそんな破壊的行為の対象になるのか知るよしもなかった。だから、火炎手投げ弾を投げた学生になぜなのか聞いてみた。すると、ランドはカリフォルニアにあるシンクタンクで、そこでは戦争犯罪人がベトコンを打ち負かし、支配階級、つまり「エスタブリッシュメント」を永遠の存在にするためにどうしたらいいのかについて研究している、というのだ。

さて、手投げ弾を投げていた我が革命の同志だが、結局のところ目的は達成できなかった。突然、青い制服を着た警察官が何十人もやってきて、我々をあちこちへ追いやってしまったからだ。警察の摘発を逃れた学生たちは大学のたまり場である「ザ・ウエスト・エンド」で反省会をやった。そこで、ふやけたポテトフライを食べたり、ジョッキのビールやボイラーメーカー（バーボンのビール割）を飲んだりしながら、ランドという軍産複合体の非道な側面について聞かされた。ランドは、ストレンジラブ博士（核開発などに携わる科学者のこと）という気が狂った天才の役割に加えて、スヴェンガーリ（催眠術師のように他人を意のままに操る人のこと）という人形使いの役割も同時に演じているというのだ。

それから三十年後のことだ。ロサンゼルスの本屋ウエストウッドで、私は最新作（ナチスドイツのヒトラーがアメリカをテロ攻撃する秘密計画についての研究）の出版を記念してサイン会を開いた。サイン会を終えて帰ろうとしたとき、応援に駆けつけてくれた友人にあいさつした。その友人はランドで働いていた。テロ、ランド、書籍……。これらをつなぎ合わせると、名案がひらめいた。ランドについて本を書いた人はいるだろうか？　ランドでは国家機密の研究が引き続き行われているという点を考慮すると、そもそもそのような本を出すことは可能なのだろうか？　本を出すに値するのは確かだとしても、難しいかもしれない。そもそもランドが今、力を入れていることは何なのか？

本を出版するプロジェクトを立ち上げ、ランドの指導者に協力を求めたが、最終的に承諾してもらえるとは当初は想像もしていなかった。ランドはとても秘密主義だし、あまりに多くの謎に包まれた存在だからだ。スタッフの一人が言うには、ランドはかつて、自社名が新聞に出ないようにするため、わざわざカネを払ってＰＲ会社を雇ったこともあるという。

本の出版プロジェクトをめぐりランドのいろいろなレベルの人たちと議論した。最初はランド内部の友人であり、続いて広報部、続いて上層部と議論し、最終的には経営陣に対して直接売り込む機会を得た。それは、まるで国防総省《ペンタゴン》内にいるかのように、早朝七時半のミーティングだった。典型的なランドの流儀に従って、経営陣は票決を行った。経営陣の一人ひとりが単にイエスかノーを言うのではなく、一から十の十段階で評価するというのだ。一が最低で十が最高。五人が投票して、平均得点は七と出た。そのときに言われたのだが、ランド経営陣が長い間にわたって評価してきたさまざまなプロジェクトの中で、平均七は過去二番目の高さだったそうだ。経営陣の一人は「この本の出版プロジェクトにゴーサインを出すということは、ランドにとっては最も賢い決定であるか、最も愚かな決定であるかのどちらかだと思う」と語った。

ランドは自社の資料ファイルを見せてくれ、研究者やアナリストにインタビューする機会を与えてくれた。さらには、マル秘情報が含まれていないとの条件を守る限りは、ランドについて何を書こうが自由にさせてくれた。私はランドの歴史を調査し始めた。そして、数十年も昔にコロンビア大の「ザ・ウエスト・エンド」で友人がランドについて語っていたことが事実誤認だったことを発見した。同大で対ゲリラ活動の研究をしていたのはランドではなく、別のシンクタンクである国防調査研究所（ＩＤＡ）だった。しかも、同大は一九六八年の学生紛争を契機にしてＩＤＡとの契約を打ち切っていた。

　とはいえ、コロンビア大での私の仲間はランドについての基本認識ではそれほど大きく間違ってはいなかった。ランドは確かにベトナム戦争でベトコンを撃退するための広範な研究をしていた。その存在理由は、創設時点ではどうやって戦争を遂行し、勝利するかについてアメリカ空軍に助言することだった。まさに一九七〇年には、戦場で学んだ教訓を都市計画に生かしていた。つまり、完璧な社会を構築するというビジョン実現に向け、ニューヨーク市を実験場として使っていたのだ。

　それに、ランドそのものが本質的にエスタブリッシュメントの組織だった。当時も現在も、その歴史を通して一貫して、ランドはペンタゴンと経済界の欲望が混ざり合った世界の中心に位置してきた。アイゼンハワー大統領がいみじくも「軍産複合体」と呼んだものの中心に、である。

　しかし、ランドの役割はそれにとどまらない。ランドの研究者はインターネットの先駆けとなる研究を行っていたし、議論の余地はあるとはいえアメリカを核戦争の危機から救い出したともいえるのだ。同時に、十九世紀の南北戦争以来となる、国を二分するほどの決定的対立をもたらした戦争にもアメリカを追い込んだ。ベトナム戦争とイラク戦争だ。それらと同じぐらい重要なのは、ランドの研究者が、政府というものについての西側諸国の人々の考え方を変えてしまったことである。人々が政府に何を負っていて、政府が人々に何を負っているのかということについての考え方を。

　ランドはかつて、想像できないような危険を予知しようと試みたことがあり、その際に絶妙な論説方法を発見した。それによって、政府の効率性を最大化する方法を見いだすとともに、西側諸国が共産主義ブロックとどのようにイデオロギー上の戦いを展開したらいいのか、哲学的に位置づけたのだった。この過程でランドが頼ったのがいわゆる「合理的選択理論」の概念だ。この理論によると、近代世界の基本原理は自己利益の最大化である。つまり、宗教や愛国心など集団的な動きには影響されず、人々は自己の利益最大化を求めて合理的に行動するということだ。

合理的選択理論は共産主義打倒のためにつくり出されたものかもしれない。しかし、現実には、人々の日常生活を大変革させることにも威力を発揮した。税負担から子供の教育、医療サービスの内容、戦争の戦い方まで変えてしまった。そしてまた、この理論は部族的なイスラム社会が過激に行動するきっかけも作り出してしまった。イスラム社会では集団の利益は最優先されるべきものであり、合理的選択理論で代表される個人の利益追求は、文化的な死を意味している。

我々は「西欧文明」という大量消費社会の大混乱の中に生きている。我々はみんな、ランドが生み落とした隠し子のような存在なのであり、それはちょっと触れれば感じ取れることなのだ。日常的な表現を使えば、ランドの合理的選択理論は西側世界にある、映画『マトリックス』のような体系といえる。この映画と同様に、ランドが考える数字と合理性はある現実を構成しているのだ。その現実は、実際に目にする前に、少なくとも説明されなければならないし、そうしなければ決して理解されることはない。

本書については、『マトリックス』に出てくる赤い錠剤と考えてもらいたい。赤い錠剤を飲み込むと、我々全員を支配している秘密の世界の全貌が見えるようになるのだ。

注記

（1）この方法をブラケットがアメリカ軍幹部に説明した際、弁護士以外のあらゆる職業から人材を選び、彼の「混成チーム」に集めたと指摘したという。アメリカ空軍はブラケットの冷笑的なユーモアを誤解し、空軍の初代OR責任者として弁護士を選んだ。この人物はのちに最高裁判事となったジョン・マーシャル・ハーランだ。

（2）一九六〇年代までランドは、事務補助や秘書以外のポストで女性をほとんど雇わなかった。二〇〇四年になってもなお女性に対する不当な扱いが問題となった。女性職員たちが性差別を理由にランドを相手取って大規模な訴訟を起こしたのだ。

（3）空中戦の推進論者として論争の的になったビリー・ミッチェル将軍は、ランドの創設者フランク・コルボムにとって英雄であり、インスピレーションの源泉でもあった。

（4）その点では、ランドでのブロディーの経歴はランド全体で見れば常軌を逸しているわけでもなかった。ランドの著名アナリストとランドの関係をつぶさに調べると、同じパターンが浮かび上がるのだ。つまり、最初は注目され、称賛されるのだが、途中から（時に同時並行で）批判され、最後は組織的に攻撃され、決裂するのである。ブロディーの知的ライバルである数学者アルバート・ウォルステッターにも、物理学者・未来学者ハーマン・カーンにも、同じことが起きるのだった。

（5）コウルズ委員会は、シカゴの経済研究所であり、一九四〇年代から一九五〇年代にかけて計量経済学の理論を再構築した。アロー以外にもコウルズ委員会と関係したランドの経済学者は何人かいる。たとえばチャリング・チャールズ・クープマンス、ジェラール・ドブリュー、ハーバート・サイモンだ。

（6）意識的かどうかはともかく、戦争一般理論を追究していたジョン・ウィリアムズらのランド一派は、論理実証主義者として行動していたともいえる。第二次大戦前にウィーン大学を拠点に発足したウィーン学団と似ているからだ。同学団は論理実証主義を標榜し、「統一科学」構想を提唱していた。

（7）もちろん社会には法律があり、人々は共同作業することに同意している。そのため、専門外の人がアローの論文を読むと、『不思議の国のアリス』のように、頭からウサギの穴へ落っこちたかのような気分になる。その世界では、赤い女王が支離滅裂なことを言うのだ。古代ギリシャの哲学者ゼノンのパラドックスを思い出す人もいるだろう。ハンディをもらったカメを相手にウサギが徒競走すると、決して勝てない。というのは、ウサギが一歩進むと、カメも小さな一歩を進んでいるからだ。結局、ウサギが何歩進んでも、カメはなお先を進んでいる。カメとの距離が無限に縮まっても、である。

（8）興味深いことに、ランドの数学部と経済学部所属の研究者の多くが大戦中、アメリカ統計局で働いた経験を持つ。アルバート・ウォルステッター、J・C・C・マッキンゼー、オラフ・ヘルマーらだ。

（9）二〇〇一年九月十一日に世界貿易センターがテロ攻撃を受けた際、国防副長官のポール・ウォルフォウィッツは議会で証言し、『真珠湾――警告と決定』を引用した。ウォルフォウィッツ自身、この本の内容に詳しかった。アルバート・ウォルステッターの教え子であり、彼と家族ぐるみの付き合いをしていたからだ。

（10）ミサイルはもともと「ＩＢＭ」と呼ばれていた。しかし、同じ名前の企業ＩＢＭが抗議したのを受け、ペンタゴンはしぶしぶと頭文字の組み合わせを変えた。

（11）このような混乱は多くの場合、ソ連の計画について現場で諜報活動する人材が不足していたことに起因していた。つまり、アメリカは事実を探り出すスパイを十分に確保できず、代わりに写真、観察可能なデータに基づく科学的推論、仮説などに頼った。「ミサイル格差」問題が象徴するように、このような情報は完全に間違っていることが多かった。

（12）このように地味でありながらも基本的な研究プロジェクトは当時、ランドでも収益の大半を稼ぎ出していた。ランド所属の核戦略家が描いていた長期戦略プロジェクトの多くは、財政的には外部からの助成金ではなく、ランド自身が稼いだ利益の蓄えで支えられていた。核戦略研究はランドの評判を高めるのには役立ったものの、収益上の貢献度はわずかなものだった。

（13）偶然にも、アルバート・ウォルステッターの兄チャールズは小さな電話局をあちこちで買収して、合併を通じて大きな地域電話会社へ再編していた。その過程で数百万ドルもの資産家になっていた。コンチネンタル電話会社と呼ばれる大手に育て上げ、最後はAT&Tへ売却した。

(14) 言い伝えによると、行き詰まった助手がこのプロジェクトのことを「コロナ」と命名した。苦し紛れに自分のタイプライターを見たら、「スミス・コロナ」ブランドだったので、すぐに名前を決めたという。

(15) 古いオペレッタの歌詞には「私はマクナマラ楽団で唯一のドイツ人」などがある。

(16) その後数十年間、アメリカによる先制攻撃を回避しようとして、ソ連の指導者は核戦力でアメリカとの均衡達成に全力を尽くした。最近の研究によると、ソ連が崩壊したことに伴い、アメリカは再び核戦力での優位を確立している。その気になれば、先制攻撃によってロシア及び中国の核戦力を除去できるという。「フォーリン・アフェアーズ」誌二〇〇六年三-四月号の「アメリカ核優位の台頭（The Rise of U.S. Nuclear Supremacy）」を参照。

(17) もちろん、本質的に社会科学部と経済学部は名ばかりの区別であるといえよう。合理的選択理論の数値的アプローチによって社会科学部は事実上、経済学部の一部になっていたからだ。たとえば経済学も社会科学もゲーム理論と集合論を重視している。

(18) 何年も後になって応じたインタビューで、コーマーはなおもジョンソンが使った表現に驚いていた。「彼は本当にそう言ったんです。『新鮮な血』ではなく『新鮮な肉』と」

(19) シカゴ大学では、ウォルフォウィッツはアラン・ブルームの教え子にもなった。ブルームは同性愛者の哲学教授であり、多数の「隠れネオコン論者」に影響を与えた。ウォルフォウィッツとブルームの関係は、ノーベル文学賞受賞作家のソール・ベロー最後の小説『ラベルスタイン（Ravelstein）』で小説化されている。

(20) 現在、都市研究所（UI）はワシントンを本拠とする中立的な経済・社会政策シンクタンクを標榜しており、なおもランド流に忠実に従っている。すなわち、「的確な」テーマを選び、「的確な」チームを編成し、できる限り事実重視を貫き、研究結果を同僚に評価させ、最終報告を適切な関係者へ届けている。

(21) このような警察の腐敗は後年、『セルピコ』や『フレンチ・コネクション』といった映画の題材になり、一般に知られるようになった。

(22)「狂気」という言葉が「MADness」と大文字になっているのは、「MAD」、つまり「相互確証破壊(Mutual Assured Destraction)」の語呂合わせである。「MAD」は、核戦争に直面した場合のアメリカの公式戦略だ。

(23) ヘンリー・キッシンジャーによると、アンゴラへのキューバの軍事介入は想定外で、アメリカとキューバ両国の友好関係樹立への期待を台無しにしてしまった。両国の関係は一九六一年の「ピッグス湾事件」以来、こじれていた。

(24) オスワルト・シュペングラーは、憂鬱な大著『西洋の没落』を著したドイツの文化哲学者のことであり、ポール・ニッツェをはじめ保守系の思想家の多くに影響を与えた。

(25) 一連の人事はフォード大統領にとって裏目に出た。ロックフェラーを追い出したことについてリベラル派が批判し、シュレシンジャーを解任したことについて保守派が批判したからだ。結果として、フォードの人気が一気に低下する一方で、レーガンの人気が急上昇した。

(26) もともとの「現在の危機に関する委員会(CPD)」は一九四〇年に発足した。目的は、ヨーロッパでナチスの脅威が台頭しているなかで、アメリカの中立主義が引き起こす危機について警告することだった。

(27) 構造改革の嵐がアメリカの生活全体に押し寄せるなかで、スポーツの世界だけがほぼ無風だったのは、スポーツチームが独占事業として機能することが政府に認められているためだ。野球チームにその傾向がとりわけ強い。

(28) このような見方をしていた点で、当時の原理主義者やテロ集団も同じだったのは、偶然ではなかった。パレスチナ解放人民戦線(PFLP)の創設者ジョルジュ・ハバシュの発言が参考になる。「今日の世界では、無実の人はいないし、中立の人もいない。人間は、抑圧される側にいるか、抑圧する側にいるかのどちらかである。政治に興味を持たない人間は、現行体制の支持者と見なせる。現行体制とは、すなわち支配階級であり、搾取階級のことだ」

(29) イスラム聖戦士と同様に無政府主義者も目的達成のために自爆攻撃に走ることから、両者の間にはほとんど違いはないと主張する専門家もいる。たとえば、無政府主義者はアメリカ大統領ウィリアム・マッキンリーとロシア皇帝アレクサンドル二世の命を奪った。このような専門家によると、セルビアの古い「ブラックハンド（黒手組）」といった秘密組織が消え去ったように、イスラム原理主義運動もいずれ消え去る。西側政府が注意しなければならない本当の敵は、将来は中国になるという。二〇〇五年八月十八日付の「エコノミスト」誌、メアリー・エバンスによる「聖戦士のために、無政府主義者を読め（For Jihadist, Read Anarchist）」を参照。

（30）たとえば、一九四〇年時点では、フランス製戦車はドイツ製戦車よりも技術的に優れていた。しかしドイツ軍は、航空部隊の支援を得ながら、戦線を絞り込んで突破し、敵陣深く攻め入る作戦を展開した。作戦面での工夫によって、ドイツ軍は技術面で優位にあったフランス軍を打ち破ったのである。

（31）「電撃戦は戦争遂行の方法としては必ずしも人間的ではない」あるいは「電撃戦はナチス開発の手法だから永遠に汚されている」といった見方は、RMA理論家にとってはどうでもいいことだ。彼らの戦争理論の中では道義的な問題は排除されているのだ。

（32）このようなRMA理論を一層発展させたのが、アメリカ海兵隊のウィリアム・S・リンド大佐だ。彼は一九八〇年代、近代戦争を四世代に分けて理論を構築した。第一世代は十八世紀末に始まり、おおよそナポレオン時代と重なっている。リンドの考え方によると、第一世代は滑腔マスケット銃と横陣・縦陣戦術の時代だ。このような戦術が主流になった理由は二つある。一つは技術的要因。たとえば横陣は射撃能力を最大化し、高い射撃率を確保するために厳格な訓練が必要だった。もう一つは社会的条件や理念。フランス革命軍の縦陣は、革命の鋭気と徴集兵の未熟さを同時に反映した。第二世代は、リンドの表現を借りると「大砲で征服し、歩兵で占領する」時代、言い換えると火力と移動に基づく直線的戦術の時代だ。第三世代はアイデアが引き起こした変化の時代である。戦車など新技術の登場によって戦術が様変わりし、「ブリッツクリーク（電撃戦）」が登場した。第四世代が現在だ。最新技術を駆使するゲリラとテロリストの〝拡散〟戦術が象徴的であり、たとえば爆発物の代わりに生物化学物質を詰め込んだ自動車爆弾がある。

（33）マックス・ブートのようなネオコン論者は二〇〇一年には「アメリカは公に帝国であると宣言し、そのように振る舞うべきだ」と主張していた。二〇〇一年十月十五日付の「ウイークリー・スタンダード」誌の「アメリカ帝国論（The Case for American Empire)」を参照。

(34) ルイスはあまりに親トルコ派であったものだから、アタチュルクがアルメニア人を虐殺しようとしたことを認めなかった。フランスの裁判所は一九九三年、ルイスに対して、一九一九年のアルメニア人集団殺戮を否定したことで有罪判決を下した。すなわち、ルイスがトルコ政府の公式説明を繰り返したことを問題視し、有罪を宣告したのだ。罰金は一フランだった。

(35) チャラビの支持者は、ヨルダンの現元首であるアブドラ国王自身がチャラビを陥れた陰謀であったと認めた、と主張している。しかし、チャラビに対する判決は覆されていない。

訳者あとがき

かつてソ連共産党の機関紙プラウダが「科学と死のアカデミー」と呼んだのがランド研究所だ。だがこれはランドの一面を示しているにすぎない。大げさに聞こえるかもしれないが、ランドというシンクタンクは、第二次世界大戦後のアメリカの軍事・外交・経済・社会政策の方向を決定づけてきた。ゼロサムゲーム、囚人のジレンマ、システム分析、終末兵器、フェイルセーフ（多重安全装置）――。これらの言葉について一度は読んだり聞いたりしたことがある人は多いだろう。しかし、すべてがランドで考案された概念であるとは私も知らなかった。

本書の邦題を『世界を支配した研究所』としたが、その理由は、軍事的な戦略研究を出発点として始まったこの研究所が生み出した「方法論」の数々が、その後学問の各分野の基礎的なツールとなり、アメリカのみならず私たちの社会に大きな影響を与えたからである。

一九八〇年代にアメリカのレーガン政権が推し進めた「小さな政府」。この延長線上で、日本では小泉政権が規制緩和路線を掲げ、郵政民営化を実現した。減税や民営化などによって政府の役割を小さくし、代わりに市場にすべてをゆだねる市場原理主義の波が日本にも押し寄せたのだ。「小さな政府」の考え方は、元をたどればランドで生まれた合理的選択理論に行き着く。

合理的選択理論は、経済学者ケネス・アローがランド在籍中の一九五〇年に組み立てたものだ。のちに史上最年少の五十一歳でノーベル経済学賞を受賞するアローは、合理的選択理論の構築によって近代経済学の原理を書き換えた。ちなみに、彼がこの理論につながる研究に着手したのは、当時のソ連の指導者ヨシフ・スターリンの行動を予測するためだった。

アローとはどんな人物なのか。彼をよく知る日本人経済学者の一人は次のように書いている。

「ノーベル賞を受ける希有《けう》の業績、電光石火のごとき分析力、温かい心と鋭い社会的関心、森羅万象《しんらばんしょう》にわたる該博な知識と記憶力、どれをとっても当代超一流の学者で、世界中から優秀な若手研究者を集めていた。日本人に限っても宇沢弘文、森嶋通夫、稲田献一、根岸隆、村上泰亮《むらかみやすすけ》らそうそうたる諸教授がかつてのセラ・ハウス組だ」

このアロー評は、スタンフォード大学の青木昌彦名誉教授が書いた『私の履歴書——人生越境ゲーム』(日本経済新聞出版社刊)からの引用だ。日本人初のノーベル経済学賞候補にも挙げられることがある青木教授は、一九六〇年代後半にスタンフォード大の助教授に就任してアローのもとで学んだことがある。

セラ・ハウスとは、スタンフォード大学にある「数理経済学の聖地」のこと。ここの主宰者を務めていたのがアローだ。日本も含めて世界中から人材が集まり、アローの指導のもとで研究し、再び世界へ飛び立っていったわけだ。

このようにして、ランドで生まれた合理的選択理論が基礎となり、合理的期待形成論が生まれ、さらにこの理論がもととなってレーガン政権、サッチャー政権を支えたサプライサイド経済学が生まれた。アローの合理的選択理論は、市場の構成要素である企業や個人が合理的な選択をすること、すなわち利益を極大化すると仮定することから始まる。この理論は、政府の適切な介入によって人々の感情が刺激され、消費をうながすという相乗効果を認めていたケインジアンたちを駆逐し、景気は貨幣の供給量によって決まるとしたサプライサイド経済学者を政権中枢に推し上げた。それが九〇年代以降に市場原理主義となって世界中に広がったというわけである。

医療保険の分野でもランドは痕跡《こんせき》を残している。いわゆる「一部自己負担」は今では当たり前であるものの、ランドによる大規模実験があったからこそ実現したものだ。一九七〇年代初め、自己負担について科学的に利用できるデータが存在しなかったため、ランドは十年がかりで全国五千人以上を被験者にして実験を行った。その結果、医療サービスの質は、医療費が無料であっても一部自己負担であっても変わらない、という結果を出した。医療保険の実験でこれほど広範なものは後にも先にもこれが唯一であり、その実験結果は今でも世界中で活用されている。

ゲーム理論も例外ではない。

ランドは一九五〇年、多大な尊敬を集めていた天才数学者ジョン・フォン・ノイマンを正規採用し、「戦争一般理論」の開発を依頼した。数学的に戦争の原理を解明し、応用すれば、ソ連に勝てると考えたからだ。フォン・ノイマンは戦争一般理論を構築することはできなかったが、ゲーム理論の土台を築いた。

ゲーム理論は今日では、経済学のみならず、統計学、社会学、物理学はては生物学の分野にまで、基礎的なツールとして応用範囲が広がっている。

本書では、飲んだくれのパーティー好きだったフォン・ノイマンが「毎日ひげを剃《そ》っている間の思考だけ」をランドに提供し、月額二百ドルの報酬を得ていた秘話なども紹介しているが、この話も含めてフォン・ノイマンについてさらに知りたい人には、著名コラムニストのウィリアム・パウンドストーン著の『囚人のジレンマ――フォン・ノイマンとゲームの理論』（松浦俊輔訳・青土社刊）を薦めたい。またトム・ジーグフリード著の『もっとも美しい数学　ゲーム理論』（冨永星訳・文藝春秋刊）も入門書としてふさわしいだろう。

歴史を振り返ると、戦争によって国が飛躍的な科学技術上の進歩を遂げることが多い。第二次大戦中、アメリカはマンハッタン計画（原子爆弾開発・製造のための国家計画のこと）を原動力にして軍事超大国に躍り出た。この計画を実行するにあたって、亡命ユダヤ人を中心に一流の科学者や技術者を総動員し、原爆開発に世界に先駆けて成功したのだ。

アメリカとソ連の両超大国が軍拡競争を繰り広げた冷戦期、最大の焦点だったＩＣＢＭ（大陸間弾道ミサイル）の開発は、アメリカ側ではランドが請け負った。核爆弾搭載のＩＣＢＭは一瞬にして世界を灰にしてしまう終末兵器として恐れられた。将来のインターネットの土台となる通信技術も、ソ連による先制核攻撃にも耐えられる通信システムを構築する必要性から、ランドの技術者が開発した。

第二次大戦中のマンハッタン計画に相当する存在、つまり「冷戦版マンハッタン計画」がランドだった。アメリカはナチスドイツとの原爆開発競争に勝つためにマンハッタン計画を立ち上げたように、ソ連との軍拡競争に勝つためにランドに超一流の頭脳を結集させ、最終的にソ連を崩壊にまで追い込んだのである。

事実、一組織に第一級の頭脳が同時期に結集した点で、ランドはマンハッタン計画以来の存在だった。ランド出身の研究者やアドバイザーでノーベル賞を受賞した人物は実に二十九人にも上る。元国務長官のヘンリー・キッシンジャーのノーベル平和賞など一部の例外を除けば、ほとんど物理学、経済学、化学部門での受賞だった。

二〇〇八年八月末、私は南カリフォルニアのクレアモント大学院を訪ね、ロバート・クリットガード総長にランドのことを聞く機会があった。クリットガード総長は、一九七〇年代にランドの夏季研修生であったほか、一九九八年から二〇〇五年までランドに付属する公共政策大学院「フレデリック・S・パーディィー・ランド研究所大学院」の学長を務めていた。同総長は次のようにコメントした。「ランドでは非常に自由な環境で研究に専念できる。研修生時代に『国防と輸出規制』という論文を書き、ソ連への輸出規制を撤廃するよう提言したら、ランドを代表する核戦略家から『危険だから出版するな』と言われた。でも、結局のところ出版できた。何を研究テーマに選んでどんな結論を出そうが、何の制約もなかった。だからこそ最高の頭脳が集まったのだと思う」

著者のアレックス・アベラ氏は、「ロサンゼルス・タイムズ」紙などに寄稿するジャーナリストであると同時に、小説家でもある。前作は、ヒトラーのアメリカ攻撃計画をテーマにしたノンフィクション『シャドー・エネミーズ』。本書執筆に際しても、ジャーナリストとして多数のランダイト（ランドの研究者や出身者の総称）にインタビューし、丹念に事実を集めるといった基本をおさえながら、集めた事実をつなぎ合わせ、読みやすい物語として再現する能力を発揮している。

個々のランダイト（ランドの研究者や出身者の総称）は強烈な個性を持ち、魅力たっぷりだ。そんなランダイトが、小説家としての表現力も備えるアベラ氏によって描かれるのである。それだけに、ICBMやシステム分析、ゲーム理論などについて詳しくなくとも、特に苦痛を伴わずに楽しく読める。たとえばランドを代表する理論家で、ハドソン研究所の創設者ハーマン・カーンは「死の道化師」として、次のように紹介される。

「カーンは巨大な胴回りと冗漫なおしゃべりで際立っていた。上に高いのとほぼ同じぐらい横に広い体型だった。身長は一八三センチ、体重は一三〇キロを超えていたのだ。民間防衛や水爆戦争など自分の好きな話題であれば、即席で何時間でも演説できた」

カーンのようなランダイトは、ハリウッドも注目するキャラクターだった。スタンリー・キューブリック監督の映画『博士の異常な愛情——または私は如何《いか》にして心配するのを止めて水爆を愛するようになったか』では、カーンは病的なジョークを連発する主人公のモデルになった。勝手にモデルにされたカーンは怒り、キューブリックに対して肖像権が侵害されたとして抗議したという。

本書が最も多くのページを割いているのが、ランドの知的代表であり、ネオコン（新保守主義）の始祖といわれるアルバート・ウォルステッターだ。元は共産主義者でありながら「赤狩り」を免れ、アメリカの国防政策に多大な影響を及ぼす理論家になった経緯がカラフルに書かれている。クレアモント大学院のクリットガード総長のコメントの中に出てきた「ランドを代表する核戦略家」も、実はウォルステッターのことだ。日本ではあまり知られていない人物だけに、読者にとってはなおさら多くの発見があることだろう。

本書については、「カーンやウォルステッターのような著名なランダイトばかりに焦点を当てている」といった批判もあるようだ。確かに、フェイルセーフの考案者でもあるウォルステッターが核戦略家として成功し、世間の注目を集めたからといって、ランドに多額の助成金が入るわけでもなかった。事実、地味な研究活動がシンクタンクとしての収入の大半を生み出しており、その意味ではカーンやウォルステッターはランドの大多数と同じではなかったかもしれない。

しかし、「空軍のシンクタンク」として発足したとはいえ、ランドは非営利組織（NPO）である。

NPOとしての実績はどれだけ助成金を集められるかではなく、どれだけ政策決定に影響を与えられるかによって判定されるべきだ。ウォルステッターはアメリカの国防政策を方向づける研究を行ったことを評価され、大統領から民間人へ贈られる最高の栄誉である「自由勲章」を授与されている。

ウォルステッターは同時に、個人的に大きな富を手に入れた。本書の中では、現国連大使のザルメイ・ハリルザドがシカゴ大学の学生時代に指導教授のウォルステッターの自宅を訪ね、あまりに贅沢な環境を目《ま》の当たりにしてびっくりする様子が描かれている。ウォルステッターは核戦略家としての成功を跳躍台《ちょうやくだい》にして、積極的に執筆やコンサルティング活動を行い、経済的にも潤ったのだ。


ランドが象徴するように、アメリカでは国の政策決定過程でシンクタンクは欠かせない存在だ。多くはNPOであり、中立的な立場から建設的な提言や批判を行っている。慈善事業の有力スポンサーであるフォード財団やロックフェラー財団といった財団が公益活動を幅広く展開し、NPOのシンクタンクにも資金を回す機能があるからこそ成り立つ世界である。ランドが独立した組織になった際にもフォード財団が資金の出し手になっている。日本ではNPOへ資金が流れる仕組みが確立されておらず、結果としてシンクタンクも政府系と企業の系列会社ばかりになっている。

アメリカでは、非政府機関の民間シンクタンクの意見になぜ政府が耳を傾けるのだろうか。ワシントン政界内の論理だけで政策が決まると、どうしても党派色が強くなり、必ずしも国民全体の利益にかなわなくなるという考え方が背景にある。ただNPOだからといってシンクタンクが中立性を維持しているとは限らない。ワシントンを拠点に政策提言する有力シンクタンクも、新聞で紹介される際には「保守系」や「リベラル系」などと色分けされる。だが、中立性を疑われればシンクタンクとしての評判はもちろん傷がつく。

数あるシンクタンクの中でブルッキングス研究所は最も伝統があり、影響力もあるといわれている。元駐日大使のマイケル・アマコストが二〇〇二年まで七年間所長を務めたこともあり、日本でも知名度が高い。ホームページでは、第二次大戦後に国連創設の青写真を描き、さらには「マーシャル・プラン（欧州復興計画）」の枠組み作成にもかかわったと説明している。政策助言機関としてはランドよりも目立つ存在だ。

しかし本書を読むと、第二次大戦後の世界の枠組み作りにどれだけ影響を与えたかという点では、知名度とは裏腹にランドはブルッキングス研究所をはるかに凌《しの》いでいるのではと思えてくる。正確には、シンクタンクとしてのランドそのものの影響力というよりも、ランドが輩出した第一級の数学者や物理学者、経済学者、政府高官、つまりランダイトの影響力が大きいのだ。

アベラ氏の表現を借りれば、彼らがランド流の「合理性教会《チャーチ・オブ・リーズン》」の宣教師として世界へ散らばり、「ランド信仰」の布教に努めたのである。その布教活動は成功し、我々は無意識のうちに、ランドが形作った世界に住むようになった。本書の翻訳を文藝春秋から依頼される直前、個人的にそれを実感することがあった。

二〇〇七年の八月、私はアメリカ西海岸へ出張し、前出のスタンフォード大学の青木教授に二週間にわたってインタビューしていた。青木教授が同年十月に日本経済新聞の紙面上で「私の履歴書」を連載する予定で、その協力をしていたのだ。

インタビュー中、青木教授はマルクス経済学から近代経済学へ華麗な転身を遂げた経緯を詳しく語ってくれた。その過程で大きな役割を果したのが、「知的師匠」である経済学者アローだ。青木教授はアローの下で数理経済学を学ぼうと決意し、日本を離れてアメリカへ渡ったのである。その後、ゲーム理論を駆使して「比較制度分析」という独自の分野を開拓し、日本を代表する経済学者になった。

青木教授に出会う前の私にとって、アローとゲーム理論との間には何の関連性もなかった。同教授と出会ってアローとゲーム理論を同じ脈絡で初めて認識するようになったが、この段階ではランドのことなど思いもよらなかった。しかし、本書の翻訳に取りかかり始めると、再びアローとゲーム理論の話にどっぷりつかった。繰り返しになるがアローが合理的選択理論を構築したのはランド在籍中のことだったし、一九五〇年代にランドはゲーム理論の世界的な中心だったのだ。

つまり、本書を読む直前にアローとゲーム理論について詳しく聞きながらも、両者がランドという共通項を持つとはつゆ知らなかった。アベラ氏がランドをハリウッド映画『マトリックス』にたとえているように、私自身も赤い錠剤を飲んでようやくマトリックスの体系を目にしたのである。青木教授にランドのことを尋ねる機会はなかったが、底流では同教授もランドとつながっているわけだ。

アベラ氏はランドの取材協力を得て本書を出版し、しかもランドの数々の〝功績〟について書き込んでいる。ランドの内部文書に自由にアクセスできたジャーナリストは同氏が初めてである。

だからといって本書が「ランド公認本」で、ランドのPRを兼ねていると思ったら間違いである。訳者として私がランド広報部に情報提供を求めたところ、「アメリカ版については協力できないことになっている。日本版についても同様で、どんな情報提供もできない」とにべもない対応だった。ランドは本書の内容が気に入らず、アベラ氏はランドでは出入り禁止になっているようだ。

本書を訳すに際しては、専門用語などをどのように理解し、どのように日本語にするかで苦労することも多かった。扱うテーマが軍事や外交、科学、経済など多岐にわたるうえ、登場人物の顔ぶれも多彩だからだ。正確に訳すために、各分野の専門用語辞典も駆使した。軍事用語では、ペンタゴン編の『アメリカ国防総省軍事関連用語辞典（Department of Defense Dictionary of Military and Associated Terms)』が役に立った。たとえば、本書に何度も出てくる「トップシークレット（top secret)」「シークレット（secret)」「コンフィデンシャル（confidential)」という用語は、単純に訳せばすべて「機密」だが、この辞典に従ってそれぞれ「国家機密」「極秘」「マル秘」と訳した。

このほか、インターネット百科事典のウィキペディアや検索サービスのグーグルも活用した。もちろん、インターネット上の情報を全面的に信頼するのは危険である。自分で確認できない疑問点はすべて著者のアベラ氏に直接問い合わせた。優に百件以上の問い合わせをしたと思う。ここには登場人物の名前をどのように発音するのかという質問も入っている。アメリカでは有名だが日本のメディアでは無視されていたため、一度もカタカナ表記されたことがない人名があちこちに出てきたのだ。アメリカ人なのかドイツ人なのかなど、国籍を確認しなければ発音が分からず、きちんとカタカナで表記できない場合も少なからずあった。

アベラ氏は本書の原稿を最終チェックする作業のほか、本書出版に絡んだインタビューなどで大忙しだったのに、私からの多数の問い合わせに対して丁寧に答えてくれた。この場を借りて感謝したい。ランド初代所長のフランク・コルボムの名字「Collbohm」の発音について私が尋ねた際には、「It's actually more or less CALL-bomb. Funny, isn't it?（実際にはコールボムに近い。おかしいでしょう?・）」と書いてくるなど、ユーモアのセンスもある。「コールボム」とは「爆弾を呼ぶ」といった意味だ。

最後になるが、本書翻訳の機会を与えてくださった文藝春秋翻訳出版部の下山進、田中貴久の両氏に感謝したい。

二〇〇八年九月、カリフォルニア州クレアモントにて

牧野 洋

世界を動かしたランドの人脈

RAND...Research ANd Development
「研究と開発」を掲げたそのシンクタンクは、
1946年の創設以来、現代史に大きな影響を及ぼしてきた。

数学者たち
1950年代にソ連研究のなかから発達した「ゲーム理論」。
ランドはその殿堂として知られていた。

ジョン・フォン・ノイマン（John von Neumann 1903-1957）
「戦争一般理論」開発のため、1950年にランドに正規採用されたハンガリー生まれの著名数学者。経済学者モルゲンシュテルンとの共著『ゲームの理論と経済行動』を出版し、ゲーム理論の生みの親になる。「ゼロサムゲーム」という概念も生み出した。

ジョン・ウィリアムズ（John Williams）
ランドの５人目の職員で初代数学部長。初代所長コルボムの右腕。「ゲーム理論」に夢中になり、フォン・ノイマンに接触して「戦争一般理論」の開発を依頼。ランドが空軍から独立する際にコルボムと共同で綱領を執筆する。旧本部ビルも彼が設計した。

ジョン・ナッシュ（John Nash 1928-）
ノーベル経済学賞受賞の数学者。フォン・ノイマンらとともにランドでゲーム理論を研究し、1950年代半ばまでにランドをゲーム理論の世界的中心へと押し上げるのに一役買う。ハリウッド映画『ビューティフル・マインド』のモデルにもなる。

ジョージ・ダンツィーク（George Dantzig 1914-2005）
オペレーショナル・リサーチに必須である「線形計画法の父」で「シンプレックス法」の発明者である数学者。1952年から60年までランド数学部所属のアナリスト。シンプレックス法は、ランドが自前で開発した巨大コンピューター「ジョニアック」の計算力と組み合わせて用いられ、大活躍した。

経済学者たち
ランドの経済学は、「合理的選択理論」を発展させた。
それはのちに、1970年代の「新自由主義」への道を拓く。

ポール・サミュエルソン（Paul Samuelson 1915-）
1948年から90年までランドのコンサルタントを務めた著名経済学者。47年出版の『経済分析の基礎』で「すべての経済理論のカギは消費者行動の合理的な性質」と結論し、ケネス・アローらとともにランド流の「合理性」を説く。70年にノーベル賞受賞。

ケネス・アロー（Kenneth Arrow 1921-）
ノーベル賞受賞（1972年）の経済学者。50年にランドに正規採用され、ソ連の行動を予測するモデルの構築に着手。51年、『社会的選択と個人的評価』出版。合理的選択理論の基盤を築き、近代経済学の基本原則を書き換えた。ランドでの研究は今も機密扱い。

ジェラール・ドブリュー（Gerard Debreu 1921-2004）
「一般均衡理論」で有名な経済学者。1950年代にランドで働き、アローの合理的選択理論の概念をさらに発展させる。59年の著作『価値の理論――経済均衡の公理的分析』でアダム・スミスの「見えざる手」理論に数学的根拠を与えた。83年にノーベル経済学賞を受賞。

トーマス・シェリング（Thomas Schelling 1921-）
2005年にノーベル賞を受賞した経済学者。半世紀近くランドとかかわり、A.ウォルステッターを師と仰ぐ核戦略家でもある。1960年、『紛争の戦略』をまとめ、ゲーム理論を現実世界へ応用できるようにした。ベトナム戦争中、ジョンソン政権に「ランド流の北爆」を助言。

ゲーリー・スタンリー・ベッカー（Gary Stanley Becker 1930-）
著名経済学者。1957年にランドのコンサルタントを引き受け、68年から80年まで再びコンサルタントを務める。経済学とは無関係と考えられていた社会学や犯罪学、人類学にアローの合理的選択理論を応用し、その功績を認められ92年にノーベル賞を受賞。

技術者たち

「中性子爆弾」「ＩＣＢＭ」「インターネット」……

冷戦期、核戦争を戦い抜くために開発された様々な技術。

サミュエル・コーエン（Samuel Cohen 1921-）

中性子爆弾の発明者。マンハッタン計画に参加し、第２次大戦後、ランドに入所。中性子爆弾を開発した。ベトナム戦争での使用を主張したことで1969年、ランドを解雇される。軍事理論家ハーマン・カーンをランドへスカウトしたことでも知られる。

ブルーノ・オーゲンスタイン（Bruno Augenstein 1923-2005）

ドイツ生まれの物理学者。新型の水爆をミサイルの弾頭へ取り付ける構想を打ち出す。これによって第２次大戦後に最も切望された武器、ＩＣＢＭ（大陸間弾道ミサイル）の開発に成功する。「軍事アカデミー」としてのランドを象徴する存在。

ポール・バラン（Paul Baran 1926-）

現在のインターネットの基盤となる技術の考案者。ＩＣＢＭの設計エンジニアだったが、1959年、ソ連の先制核攻撃にも耐えられる通信システムの開発を依頼され、ランドに入所。分散型ネットワークの構想にたどり着いた。

戦略分析

「核抑止力」「フェイルセーフ」「限定戦争」……

軍産複合体を生み出した勢力は、ソ連の崩壊後「ネオコン」へと成長する。

バーナード・ブロディー（Bernard Brodie 1910-1978）

軍事戦略家・歴史家。核兵器保有によって戦争を抑止する「核抑止」の概念を編み出した。ランド内では後に台頭した核戦略家A.ウォルステッターとは肌が合わず、ことあるごとに対立した。

ロバータ・ウォルステッター（Roberta Wohlstetter 1912-2007）

軍事史研究家。アルバート・ウォルステッターの妻。ランド研究員時代、日本軍による

ハワイの真珠湾攻撃を研究対象にした『真珠湾——警告と決定』(1962年) を出版し、軍事史研究家として第一人者の評価を得る。

アルバート・ウォルステッター (Albert Wohlstetter 1913-1997)
核戦略家。「フェイルセーフ(多重安全装置)」の考案者。ランドの知性を代表する人物として多数の門弟を政府に送り込み、国防政策に大きな影響力を持った。「ネオコン」の始祖ともいわれる存在。

アンドリュー・マーシャル (Andrew Marshall 1921-)
1973年に国防総省の相対評価局 (ONA) が創設されて以来、歴代の大統領に再任され局長を務め続け大きな影響力を持った。入省前はランドに20年以上在籍していた。アメリカ人として「軍事革命 (RMA)」理論を初めて体系化した。

ハーマン・カーン (Herman Kahn 1922-1983)
軍事理論家。ランドでの研究をまとめた『水爆戦争論』(1960年) で有名になる。独特の「おしゃべり」で知られ、キューブリック監督の映画『博士の異常な愛情』では病的なジョークを連発する主人公のモデルになる。未来学のシンクタンク「ハドソン研究所」を創設。

政治家、その他
ランドと密接な関係を持つ
彼らはいまもアメリカの政治を動かし続けている。

カーティス・ルメイ (Curtis LeMay 1906-1990)
空軍将軍。第2次大戦中に東京大空襲を指揮したことなどで頭角を現し、1961年に空軍参謀総長に就任した。「壊滅作戦」に代表される徹底的な核攻撃の提唱者だった。キューブリック監督の映画『博士の異常な愛情』に登場する将軍のモデルにもなる。

フランク・コルボム (Franklin Collbohm 1907-1990)
ランドの創設者・初代所長。ダグラス・エアクラフト社の技術者として輸送機DC3などの設計にかかわる。ランドを創設後、1967年まで20年にわたって所長を務めるものの、国防長官マクナマラと対立しランドから追われることになる。

ポール・ニッツェ（Paul Nitze 1907-2004）
米ソ冷戦時代にアメリカ国防政策の決定に加わった政府高官。第２次大戦中に軍の戦略爆撃調査団副団長を務め、ルメイ将軍らランド創設者たちと接点を持った。ケネディ政権時代には後にランド所長となるハリー・ラウエンを国防総省へスカウトした。

ロバート・マクナマラ（Robert McNamara 1916-）
ケネディ、ジョンソン両政権下の国防長官。ランド出身の「神童」を大量に登用する一方、ランドで開発された「システム分析」を国の政策決定に導入する。結果的に、国防政策へのランドの影響力を飛躍的に高めるのを後押しする。自動車大手フォード・モーター元社長。

ジョン・リンゼイ（John Lindsay 1921-2000）
1966年から73年までのニューヨーク市長。69年、ランドと共同で非営利の研究組織「ニューヨーク市・ランド研究所」を設立し、ニューヨーク市の行政改革に着手。ランドによる非軍事分野への進出拡大を側面支援することになる。

ジェームズ・シュレシンジャー（James Schlesinger 1929-）
ニクソン、フォード両政権下の国防長官、ＣＩＡ長官を歴任。政権に入る以前はランドのアナリストであり、国防長官時代にはランドの元同僚を多数採用した。核戦略、資源戦略の泰斗として、その後も共和党政権に助言を続け大きな影響力をふるう。

ヘンリー・キッシンジャー（Henry Kissinger 1923-）
冷戦時代にデタントを推進して有名になった元国務長官。1961年から69年までランドのコンサルタントを務めている。経済学や物理学でノーベル賞を受賞したランド出身の研究者やアドバイザーは27人に上るが、平和賞での受賞はキッシンジャー１人だけ（06年現在、2007年にさらに２名受賞）。

アラン・エントーベン（Alain Enthoven 1930-）
ランド出身の「マクナマラの神童」の１人。ランドの経済学部長から国防次官補に転じたチャールズ・ヒッチとともに、新設のシステム分析局を率い、マクナマラ国防長官時代のペンタゴンで大きな影響力を持つ。その後、医療問題に関心を移した。

ダニエル・エルスバーグ（Daniel Ellsberg 1931-）
A.ウォルステッターの推薦でランドに入所。有能な男と目されていたが、ベトナム戦争

に疑問を感じ、国家機密の「ペンタゴンペーパー」をランドの金庫から盗み出してマスコミに暴露する。今もランドの敷地へは出入り禁止となっている。

ドナルド・ラムズフェルド（Donald Rumsfeld 1932-）
ブッシュ（子）政権の国防長官として、国防副長官のウォルフォウィッツとともにイラク戦争を指揮。ランドの理事長を務めたこともあり、「A.ウォルステッターの門弟」と自称する。フォード政権では史上最年少の国防長官。

リチャード・パール（Richard Perle 1941-）
ネオコンの軍事ロビイスト。反対者からは「暗黒のプリンス」、支持者からは「ペンタゴンの頭脳」と呼ばれる。レーガン政権では国防次官補、2001年発足のブッシュ（子）政権では国防政策諮問委員会の委員長を務める。ウォルステッター家の娘と高校時代の同級生であり、その後も親交は続いた。

ポール・ウォルフォウィッツ（Paul Wolfowitz 1943-）
ブッシュ（子）政権の国防副長官で、イラク戦争の推進者として知られる。ランドでは夏季研修生として働いただけだが、博士号を取得するシカゴ大学で、ランドを辞めて同大で教えていたA.ウォルステッターに出会い、師と仰ぐようになる。

ザルメイ・ハリルザド（Zalmay Khalilzad 1951-）
アメリカの現国連大使。アフガニスタン生まれで、もとは急進的なイスラム主義者。しかし、シカゴ大学でA.ウォルステッターの教え子となり、ウォルステッターのコネでランドに就職する。ランド大学院学長、駐アフガニスタン大使、駐イラク大使を歴任する。

フランシス・フクヤマ（Francis Fukuyama 1952-）
『歴史の終わり』（1992年）の著者で影響力のある歴史家、政治学者。ジョンズ・ホプキンス大学教授。ランドには79年から数度にわたって在籍し、現在は理事を務めている。ネオコンを代表する思想家と見なされていたが、ブッシュ政権のイラク戦争を批判した。

コンドリーザ・ライス（Condoleezza Rice 1954-）
アメリカの現国務長官。初の黒人女性国務長官であるとともに、ランドが輩出した有名なクレムリノロジスト（ソ連、ロシアの政治・政策研究家）でもある。ランドでは夏季研修生としてひと夏を過ごし、その後ランドの理事も務めていた。

著者

アレックス・アベラ　Alex Abella

キューバ生まれ。10歳のときに家族とともにアメリカに移住。コロンビア大学を卒業ののち、カリフォルニアで新聞記者の職に就く。ニュースチャンネルのプロデューサーなどを経て、現在、「ロサンゼルス・タイムズ」の寄稿記者。幾つかの小説も執筆している（未邦訳）。本書はアメリカの政治を動かしてきたランド研究所の歴史にはじめて正面から取り組んだ作品。

訳者

牧野 洋　Yo Makino

1983年、慶応大学経済学部卒業、日本経済新聞社入社。88年、コロンビア大学大学院ジャーナリズムスクール卒業、修士号取得。ニューヨーク駐在や編集委員を経て、2007年に独立。主な著書に『不思議の国のＭ＆Ａ』（日本経済新聞出版社）、『最強の投資家 バフェット』（日経ビジネス人文庫）、訳・解説書に『ドラッカー 20世紀を生きて』（日本経済新聞社）がある。現在ロサンゼルス近郊のクレアモント在住。

ランド　世界《せかい》を支配《しはい》した研究所《けんきゅうじょ》

二〇〇八年十月三十日　第一刷

著　者　アレックス・アベラ
訳　者　牧野《まきの》　洋《よう》
発行者　木俣正剛
発行所　株式会社文藝春秋
〒一〇二-八〇〇八
東京都千代田区紀尾井町三-二三
電話　〇三-三二六五-一二一一
印刷所　大日本印刷
製本所　加藤製本

ISBN978-4-16-370630-6　Printed in Japan